아이와 함께 공부하고 고민하고 노력하는

_____ 님께

이 책을 선물합니다.

미래 역량 키우는 우리 가족의 비밀

열두 달 하브루타

미래 역량 키우는 우리 가족의 비밀
열두 달 하브루타

초판 1쇄 발행 2023년 10월 15일
초판 2쇄 발행 2023년 10월 30일

지은이 국화, 김상미, 노우리, 민예은, 성하영, 이실, 정민지, 최정화
펴낸이 인창수
펴낸곳 태인문화사
디자인 플랜티
신고번호 제2021-000142호(1994년 4월 12일)
주소 경기도 파주시 탄현면 참매미길 234-14, 1403호
전화 031-943-5736
팩스 031-944-5736
이메일 taeinbooks@naver.com

ISBN 978-89-85817-62-2 03590

HAVRUTA

미래 역량 키우는 우리 가족의 비밀

열두 달 하브루타

—— **지은이** 국화, 김상미, 노우리, 민예은, 성하영, 이실, 정민지, 최정화 ——

태인문화사

추천의 글

★ 김금선 소장님 (하브루타 부모교육 연구소 소장, 메타인지 교육 협회 이사장)

추천사를 쓰기 위해 원고를 받아 읽는데, 문득 몇 년 전 8개월 된 아이를 안고 연구소에 들어서던 엄마의 모습이 생각났다. 이 책의 작가인 그녀는 갓난아이를 안고서 수업에 적극적으로 참여하는 모습으로 나에게 놀라움을 안겨주었다. 이런 노력의 시간이 모였기에 이 책이 세상의 빛을 볼 수 있음은 당연한 일이다.

하브루타 부모 교육에 오시는 부모님들은 '어떻게 하면 내 아이를 행복한 아이로 키울 수 있을까?' 고민하는 분들이 많다. 아이가 중심이 되고, 내 아이의 올바른 성장을 위해 부모로서 어떻게 도움이 될까 고민하시는 분들이다.

하브루타 부모 교육은 일방적으로 듣는 교육이 아니다. 함께하는 짝(하베르)의 생각과 삶을 나누면서 서로에게 배우는 관계 형성이 큰 장점이다. 아이를 키우며 겪는 힘듦을 함께하고, 내면의 어려움을 공유하며, 서로를 격려하고 위로하면서 진정한 생각 동지가 된다. 꾸준히 실천하기 힘들어 어느 순간 내려놓고 싶을 때 손을 잡아주고 끌어주는 하브루타 짝인 하베르가 나를 지켜준다. 그런 시간이 있기에 지금 여기 함께 있는 것이다.

부모 교육은 부모 자신이 성장하는 시간이다. 부모가 성장하는 과정에서 아이는 자연스럽게 수혜자가 된다. 부모가 성장하는 모습을 보면서 아이는 성장이 무엇인지, 배움이 무엇인지 부모 모습에서 배우게 된다. 이 책은 부모가 성장하는 모습이 오롯이 녹아있다. 함께 공부하고, 고민하고, 노력하는 하나하나를 기록했다. 많은 부모에게 자신들이 어떻게 성장하고 있는지 알려주고, 같이 성장하고 싶은 따뜻한 마음이 가득한 책이다. 그래서 감사하고, 쉽지 않은 실천을 기록하고 나누는 모습에 감동과 존경을 표한다.

이 귀한 책을 공동 집필하신 국화, 김상미, 노우리, 민예은, 성하영, 이실, 정민지, 최정화 선생님의 노고에 감사드린다. 협업의 정신이 빛나는 이 책이 많은 부모에게 큰 도움이 되기를 바란다.

부모는 아이에게 무엇이 되라고 하는 것보다, 어떻게 살아가면 나답게 살아갈 수 있는지 방법을 안내하고 보여주는 것이라고 생각한다. 부모성장이 자녀성장으로 자연스럽게 연결되는 것이 진정한 부모 교육이다. 8명의 작가는 지금도 하브루타 교육으로 성장하고 있고, 앞으로도 매일 성장할 것이다. 그녀들이 어떤 일들을 계획하고 있고, 어떤 미래를 만들어 갈지 벌써 궁금해진다. 이 귀한 책이 많은 분들께 도움이 되기를 바라며, 엄지 척을 외치면서 강추한다.

★ 김태윤 작가님 《유대인 교육의 오래된 비밀》 저자

대한민국 교육의 현실에서 '국·영·수' 등 주요 과목 성적으로 일렬로 세운 아이 중에 1등은 그 반에 단 한 명입니다. 하지만 아이들이 가진 저마다의 '달란트'로, '꿈과 끼'로 평가하면 모든 아이는 각자의 영역에서 1등이 됩니다. 이 책은 4차 산업혁명 시대를 이끌어갈 미래 인재 양성을 위해 창의적인 생각, 즉 하브루타를 통해 '생각 그릇'을 키우기 위한 실천서입니다. 《열두 달 하브루타》를 통해 '우리 아이들은 모두 인재'라는 평범한 진리를 깨우칠 수 있을 것입니다.

★ 김잔디 밴드 브로콜리너마저 멤버, 정신건강간호사

짧게나마 하브루타 모임에 참여한 것은 일에 매몰된 일상 속, 엄마로서의 나에게 강렬한 기억이었다. 하브루타가 단순히 육아하는 방식을 넘어 결국 삶 속에서 타인에게 다정하고 관심어린 태도를 견지할 수 있다는 점이 인상 깊었다. 그래서 '하브루타가 뭐야?' 라고 생각하는 많은 분들에게, 하브루타가 정말로 재미있어 자신의 삶을 확장시킨 엄마들이 직접 써내려간 이 책은 든든한 지원군이 되리라 확신한다.

★ 박미정 서울 두산초 교사, 《책 모임 이야기》 저자

책을 읽는 내내 부모와 아이가 얼굴 맞대고, 온 마음을 쏟아 대화 나누는 모습이 떠올라 행복했습니다. 책, 그림, 영화, 놀이 등 여러 매체와 주제로 이야기 나누니 이보다 더 좋을 수 없네요. 부모와 자녀가 동등한 위치에서 질문하고 답하며, 더 넓게 생각하고, 더 깊게 느끼는 과정이 잘 담겼습니다. 하브루타 전문가가 엮은 가족 하브루타 모임 방법서이면서, 좋은 부모가 되기 위해 고민하고 실천한 기록입니다. 아이와 울림 있는 대화를 나누고픈 어른, 대화 나누며 아이와 함께 성장하고픈 어른에게 추천합니다.

★ 김정진 서원대학교 교수, 세계 최초 하브루타 앱 '지혜톡톡' 개발자

8인의 엄마들이 모여 하브루타로 천하무적이 되었다. 엄마가 아이의 행복을 위하여 시작한 하브루타의 경험과 지혜를 고스란히 책에 담았다. 8인의 엄마가 정성으로 낳은 《열두 달 하브루타》의 신비! 내 아이의 교육을 위해, 행복을 위해 무얼 할까? 고민하고 있다면 당장 이 책을 펼쳐라!

★ 오혜승 《영어 하브루타 공부법》 저자, 국제통번역자원봉사자 교육위원, 진영 파머스어학원장

누구나 12달 동안 손쉬운 방법으로 가족 하브루타를 할 수 있는 가장

좋은 실천서를 만났다. 특히 하브루타를 알지만 '무엇을?' '어디부터?' '어떻게?' 적용할지 고민이라면, 따라만 해도 효과 만점인 다양한 방법을 제시하고 있으니 꼭 읽어보길 추천한다.

지난 8년간 내가 만났던 하브루타는 아이와 부모를 반짝거리게 하는 최고의 교육이었다. 그중에서도 여기 8명의 하브루타 가족은 그 반짝임을 발견하고 앎에서 단순히 끝나지 않고, 지속적으로 실천하고 다듬으며 아름다운 광채를 내는 보석이 되었다고 확신한다.

★ 허양임 CHA 의과대학교 분당차병원

치열한 현장에서 일과 육아를 병행하는 워킹맘에게 한줄기 등대의 빛 같은 책. 바쁜 일상을 살아내느냐 아이와 보내는 시간이 짧다고 빨리 답을 찾아주려고 하는 엄마로 변해버린 나를 되돌아보게 하는 책이다. 스스로 질문하고 생각하는 힘을 가진 아이로 자라도록 도울 수 있는, 누구나 매일 쉽게 활용할 수 있는 최고의 현실판 '하브루타 실천서'를 통해 부모와 아이가 동반 성장할 수 있을 것이라 기대한다.

★ 이백만 전 교황청 한국대사

아동심리학자들은 말합니다. 어린아이가 태어나서 6세까지 어떻게 보냈느냐가 평생의 삶에 결정적인 영향을 미친다고! 육아를 어떻게 할 것이냐의 문제입니다. 유대인의 독특한 육아법인 하브루타에 지혜가 담겨있습니다. 하브루타, 결코 쉽지 않습니다. 전문가의 지도가 필요합니다. 저자 8명은 하브루타 방식으로 자기 아기를 키운 젊은 엄마들로서 하브루타의 이론과 실제를 겸비하고 있습니다. 대한민국의 젊은 엄마들에게 이 책을 강추합니다. 저도 한 살배기 손주를 둔 할아버지로서 며느리에게 권할 것입니다.

이 책을 손에 든
당신에게

엄마로 다시 태어난 순간, 새로운 세상이 시작되었다. 단지 엄마라는 이유로 나를 믿고 의지하며 바라보는 까만 눈, 꼬물거리며 나를 찾는 모습, 한없이 울다가도 내 품에서 진정되는 모습을 보며 '아가야, 좋은 엄마가 될게', '우리 아이 진짜 잘 키워야지'라는 마음을 가졌다. 아마 모든 부모가 그럴 것이다. 그렇게 우리는 아이를 잘 키우기 위해 책을 읽고, 강연도 듣고, 공부도 했다.

육아에 대한 정보는 너무 방대했고 방향도 가지각색이었다. 방대한 정보를 접할수록 결국 육아는 나의 선택에서 시작된다는 걸 깨닫게 되었다. 그러면서 실패하고 싶지 않은 마음에 더 많은 육아서를 읽기도 했고 경험자인 엄마들의 정보에 의지하기도 했다. 이런 방황의 끝에서 만난 것이 하브루타였다.

모든 부모의 바람

"우리 아이를 잘 키우고 싶어서 시작했습니다."

우리가 부모 교육사 1급으로 처음 만난 날. 서로 낯선 얼굴 들이었지만 엄마인 우리의 마음은 모두 같았다. 우리는 내 아이를 잘 키우고 싶어 하브루타를 시작했다. 아이들의 나이도 달랐고, 사는 지역도 달랐고, 처한 상황도 다 달랐다. 하지만 어떻게든 내 아이를 잘 키우고 싶다는 마음이 우리를 움직였고 열정적으로 만들었다. 그렇게 열두 달 하브루타가 시작되었다.

하브루타를 통해서 우리는 우리의 아이들을 볼 수 있었다. 아이의 성적이나 스펙에서 벗어난 본연의 우리 아이를 바라보았다. 그렇게 아이를 바라보니 아이를 이해할 수 있었고 나와 다른 하나의 인격체로 인정해 줄 수 있었다. 그 결과, 아이의 마음과 생각도 함께 성장해 갔다.

모든 부모는 우리 아이가 잘 성장해서 인생의 탄탄대로를 걷기 원한다. 어른의 눈에 탄탄대로는 좋은 직업, 명예, 돈으로 표현된다. 하지만 그게 과연 아이가 바라는 미래나 행복일까? 아이의 행복은 스스로 선택하고, 결정하고, 자기 삶을 살아가는 데서 기인한다. 그래서 우리는 하브루타를 통해 아이가 주도적으로 자기 삶을 살 수 있게 이끌어 주려 한다.

모든 부모의 바람처럼 우리의 바람도 우리 아이가 잘 크는 것이다. 넓은 세상을 바라보고 그 세상에 호기심을 가지고 다양한 관점에서 생각하며 당당하게 자기를 표현하는 아이. 열두 달 하브루타를 통해 우리의 아이들은 이렇게 성장해 가는 중이다.

혼자 가면 빨리 가지만, 함께 가면 멀리 간다

가족과 하브루타를 진행하면 할수록 아이들과 내가 변화하는 모습이 눈에 보이기 시작했다. 교육 과정으로서 하브루타를 처음 시작할 때는 어른인 나도 질문 만들기 과제에 머릿속이 텅 빈 것 같은 느낌을 받기도 했고 내 생각을 이야기해야 할 땐 어떻게 말해야 할지 몰라 우물쭈물하기도 했다. 우리 아이도 하브루타를 처음 시작할 때 나와 비슷한 모습이었다. 그래도 하브루타의 좋은 점을 잘 알고 있었기에 꾸준히 실천하자, 처음엔 변하지 않을 것 같던 아이들도 서서히 변하기 시작했다. 바위 위로 떨어지는 물방울이 한 땀 한 땀 자신만의 길을 만들어 가듯, 처음에는 바위처럼 단단했던 아이들에게 유연한 생각의 길이 생겨나기 시작했다. 아이들의 변화를 접할 때면 감동의 눈물이 차올랐다.

하브루타를 시작하면 아이들이 곧바로 변할 것이라 믿는 부모들이 의외로 많다.

"하브루타를 두 번 정도 했는데 아이가 질문을 못 만들어요."

"하브루타를 한 달이나 했는데 아이가 자기 생각을 말로 잘 표현하지 못해요."

그러면서 결국 "나/우리 아이는 결국 안 되나 봐요"로 귀결된다. 하지만 하브루타는 기다림이다. 아이가 말을 하지 않는다고 해서 생각도 하지 않는 것은 아니다. 다만 아직 생각이 완성되지 않아 입 밖으로 나오지 못하고 있을 뿐이다. 조각조각 나뉜 정보를 머릿속에서 모으고 거기에 나만의 것을 더하는 일이 하루아침에 이루어지기는 어렵다. 정보의 조각이 많은 어른도 그 생각을 '말'이라는 형체로 만드는 것이 쉽지 않은데, 정보의 조각이 적은 아이들이 그 형체를 만드는 것은 얼마나 어렵겠는가. 그러니 천천히 나아간다는 마음으로 함께해야 한다. 어떤 정보를 끌어와야 하는지, 이 정보를 어떤 관점에서 바라봐야 하는지, 새로운 정보는 어떻게 입력해야 하는지 등을 함께 배우며 한 걸음씩 천천히 나아가야 한다. 아이가 세상을 통해 정보를 알아가고, 자신의 방법을 익히고 중구난방으로 흩어진 자신의 생각을 정리해 그걸 말로 표현할 수 있을 때까지 옆에서 이끌어 주어야 한다. 그 일에 끝까지 함께해나가는 끈기의 힘은 결국 우리 아이만의 멋진 생각의 길을 만들어 준다.

끈기는 모든 일에 적용되는 덕목이다. 그렇게 끈기가 계속 강조되는 이유는 꾸준히 실천하는 것이 그만큼 힘들기 때문이다. '열두 달 하브루타'가 지난 몇 년간 꾸준히 하브루타를 해올 수 있었던 동력은 무엇이었을까? 바로 함께했기에 가능했다고 본다.

하브루타를 함께하는 게 왜 좋을까?

첫 번째, 익숙함에서 벗어날 수 있다. 각 가정에서 하브루타를 실천하다 보면, 매너리즘에 빠지는 순간이 온다. 매번 익숙한 내용에 대해 하브루타를 하는 것 같고 그러다 보니 서서히 하지 않게 되는 경우가 생긴다. 하브루타를 공유하면 이런 익숙함에서 벗어날 수 있다. 다른 가정에서 실천하는 하브루타의 다양한 이슈들을 다양한 관점에서 접하며 새로운 것을 접목한 하브루타를 할 수 있게 된다. 그리고 여럿이 머리를 맞대고 의견을 내다보면 좋은 아이디어가 많이 나오니, 우리 만의 새로운 가족 하브루타를 만들어 갈 수 있다.

두 번째, 동료가 생긴다. 아이를 키우다 보면 어떤 육아법을 따르던 마음속에 갈등이 일 때가 많다. 하브루타도 그렇다. 하브루타는 우리 아이가 주도적으로 세상을 바라보고 세상에 당당하게 자신을 표현하며 행복을 찾아가는 삶을 학습하는 과정이다. 그렇기에 이 방법을 따라가다 보면 우리 아이가 남들보다 속도가 느린 것은 아닌지, 이 방법이 맞는지, 나도 대세를 따라야 하는 것인지, 순간순간 고민하게 된다. 사실 엄마라면 당연한 고민이다. 그럴 때 옆에서 잘하고 있다고 이끌어 주며 우리 아이의 행복한 미래를 함께해 주는 동지의 힘은 나를 다시 굳건하게 해 준다. 내가 아무리 흔들리더라도 결국은 내 자리를 찾을 수 있도록 잡아주는 크고 단단한 뿌리가 바로 동료의 힘이다.

세 번째, 동기 부여가 된다. 아이들과 하브루타를 진행하다보면 아이들만 성장하는 것이 아니라 가족이 함께 성장하게 되고 그 과정에서 나 자신을 돌아보는 시간도 갖게 된다. 늘 아이들이 우선이어서 정작 나 자신은 돌아볼 시간이 없었던 우리가 자신의 길을 찾아가는 과정에 동기를 부여해 주는 것이 함께하는 이들이다. 사람은 저마다 강점을 하나씩 가지고 있다. 함께하면 그 각자의 강점이 모여 시너지를 만들어 낸다. 그 속에서 서로 힘을 주고 힘을 받는다. 이것이 바로 소속감의 힘이다. 혼자가 아니라 함께한다는 든든함, 나보다 한발 먼저 가고 있는 이들이 내밀어 주는 따스한 손에서 나도 할 수 있다는 마음이 생긴다. 그렇게 서로 손잡고 한 걸음, 한 걸음 나아간다.

"함께하면 멀리 간다"라는 말이 있다. 열두 달 하브루타도 함께했기에 꾸준히 실천하며 성장할 수 있었다. 그 꾸준함의 결과로 개개인이 성장했고 각 가정이 성장할 수 있었다. 하브루타로 인한 변화는 우리 가족이 바라보는 세상이 달라지는 것이다. 그러니 우리 아이를 기다려 주자. 놓지 않는 끈기를 가지고 열두 달 하브루타와 함께 앞으로 나아가자.

열두 달 하브루타 사용 설명서

처음 하브루타를 공부할 때 하브루타에 관련된 수많은 책을 읽었다. 유익하고 도움이 되는 내용이 정말 많았다. 하지만 책을 덮고 나면 '그래서 그림책으로 어떻게 하라고?', '아이와 지금 당장 뭘 해야 하는 거지?', '어느 책으로 해야 하는 거야?'라는 물음이 생겼다. 그래서 우리는 그 물음에 답이 되는 책을 만들고 싶었다. 당장 우리 아이와 함께 실천할 수 있는 책을 만들기 위해 8인의 하브루타 실천가들이 실제 가정에서 아이들과 함께하는 하브루타를 담았다.

1부에서는 우리가 하브루타를 통해 어떻게 변화되었는지 서술했다. 하브루타를 통해 내가 변하고 아이가 변하고 가족이 변하니 내 삶이 변했다. 내 아이를 잘 키우고 싶어 고군분투했던 8인의 엄마들이 하브루타를 통해 변화해 가는 과정이 담겨 있다.

2부에는 하브루타란 무엇인지와 하브루타의 핵심을 알기 쉽게 풀어 놓았다. 그리고 가정에서 하브루타를 해 볼 수 있는 주제를 다루었다. 거기에 우리의 핵심 노하우, 우리가 주로 사용하는 책 등 하브루타를 위한 기본 정보를 담았다.

3부는 우리가 열두 달 동안 진행했던 하브루타의 실전편이다. 1월부터 12월까지, 각 달의 특성에 맞는 주제와 다양한 활동법이 담겨 있다. 더불어 8인의 가정에서 실제 아이와 하브루타를 했던 내용들도 구체적으로 작성해서 각 가정에서 바로 활용할 수 있도록 실전 팁을 담았다. 아이들과 하브루타를 하면서 의도대로 되지 않았던 경험, 아이들이 따라오지 못하는 경우 우회할 수 있는 방법 등 8가정의 우여곡절 사례를 가감 없이 기록함으로 각 가정에서 바로 적용할 수 있도록 했다. 특히 3부는 월별로 나눠 구성했지만 무조건 처음부터 시작할 필요는 없다. 하브루타를 시작하는 그 달부터 시작하면 된다. 지금이 3월이면 3월부터, 8월이면 8월부터 시작하자.

이 책을 펼친 당신이 하브루타를 처음 시작하는 초심자라면 2부부터 읽어나가길 추천한다. 2부에서 하브루타에 대한 개념을 정립하고 질문 놀이로 질문을 만들어 본 후에 응용편인 3부로 넘어가는 것이 좋다. 그리고 하브루타에 대해 대략 알고 있는 중급자라면 바로 3부 응용편으로 하브루타를 실천하면서 2부의 핵심 노하우를 참고하면 될 것이다. 중급자는 하브루타를 하는 방법은 알지만 특정 상황에 대한 대처를 힘들어 할 때가 많다. 그러므로 실제 사례를 참고해 고비를 넘길 수 있도록 하자. 하브루타를 실천하고 있는 실천가들은 1부를 통해 다시 시작하는 마음으로 동기를 부여하는 시간을 가져보도록 하자. 하브루타도 하다 보면 익숙해지고 매번 똑같은 형식으로 진행하면 매너리즘에 빠지기도 한다. 그러니 우리의 변화와 성장 과정을 보면서 초심으로 돌아가 다시금 열정을 품어보길 바란다.

우리 여덟 가정 안에는 이제 갓 돌이 지난 아이부터 고등학생까지 다양한 연령대가 모여 있다. 그래서 이 책에는 다양한 연령대 아이들의 이야기가 담겨 있다. 그러니 우리의 성공과 실패의 이야기들을 읽으며 아이의 나이만으로 난이도를 설정하지 말고 현재 아이와 엄마의 상황에 맞는 난이도에서 시작해 보라. 그리고 그 상황에 어울리는 사례에 집중해서 활용하길 바란다.

하브루타는 내가 할 수 있는 것을 할 수 있는 만큼 꾸준히 실천하는 것이 중요하다. 앞서도 말했듯이, 꾸준히 오래 하려면 혼자보다 여럿이 함께하는 것이 좋다. 우리도 여덟 가정이 함께했기에 꾸준히 실천할 수 있었고 그 결과 개개인이 성장했으며 책도 집필할 수 있었다. 그러니 나와 손잡고 함께할 '하베르'(짝)를 구하자. 주변에서 짝을 구하기 힘들다면 '열두 달 하브루타'가 당신의 짝이 되어 줄 것이다. 지금 열두 달 하브루타 커뮤니티가 당신의 손을 기다리고 있다.

이 책이 나오기까지 많은 이들의 도움이 있었다. 그중에서도 우리가 하브루타를 만나 변화되는 과정에 빛을 밝혀주신 분이 있다. 바로 '하브루타 부모교육연구소' 김금선 소장님이시다. 그저 내 아이 하나 잘 키우고 싶었던 우리에게 하브루타의 힘을 알려 주셨고, 우리가 성장할 수 있도록 동기를 부여해 주신 김금선 소장님 덕분에 《미래 역량을 키우는 우리 가족의 비밀 열두 달 하브루타》라는 책이 세상에 나올 수 있었다. 이 자리를 빌어 김금선 소장님께 감사의 말을 전하고 싶다.

그리고 매 순간 우리에게 최고의 짝이자 우리가 꿈꿀 수 있도록 해 주는 존재인 아이들, 열정적인 아내들을 늘 응원해 주고 힘이 되어주는 남편들에게도 감사의 말을 전하고 싶다. 평범한 엄마였던 우리가 함께였기에 이렇게 놀라운 결과물까지 만들 수 있었다. 앞으로는 함께이길 원하는 더 많은 이들과 손잡고 걸어가고 싶다.

국화, 김상미, 노우리, 민예은,
성하영, 이실, 정민지, 최정화

차례

3부. 우리 가족 열두 달 하브루타 ✦ ☽

1부

변화의 시작,
하브루타

HAVRUTA

진정한
배움의 주체는?

아이들은 자라면서 "왜?", "이건 뭐야?", "그건 왜 그런 거야?"라며 세상 모든 것을 궁금해 하는 시기를 거친다. 말 그대로 호기심 천국이다. 호기심은 아이들이 세상을 탐구하고 사고를 확장할 수 있도록 도와준다. 하지만 답을 해 주어도 아이들은 똑같은 것을 재차 물어본다. 질문은 꼬리에 꼬리를 물고 끝없이 이어지고 줄기차게 답을 해 주던 부모는 결국 지쳐버린다. 이런 과정들은 반복된다. 왜 그럴까?

그건 아이의 호기심이 제대로 충족되지 못했기 때문이다. 아이들은 자신의 호기심이 충족되면 다른 것에 대한 호기심으로 옮겨간다. 하지만 부모가 검색해서 알려 주는 정보는 아이의 뇌리에 박히지 않고 흘러가버린다. 이는 배움의 주체가 아이가 아니라 부모이기에 나타나는 현상이다. 배움의 주체가 아이가 되려면 호기심을 가지고 정보를 탐색하고 답을 알아가는 과정을 아이가 직접 경험해야 한다. 이렇게 얻은 정보와 지식은 오롯이 아이의 것이 된다. 답이 정해진 지식만 아니라 삶을 살아가는 지혜를 배울 때에도 그렇다.

일곱 살 혜인의 '친구란 무엇인가?'

하루는 유치원에 다녀온 일곱 살 혜인이가 속상하다고 말했다. 왜 기분이 좋지 않으냐고 물었더니 친하게 지내는 친구가 같이 안 놀아줘서 속상했단다. 위로 나이 차가 제법 있는 오빠 둘을 둔 막내인지라 마냥 어리게만 느껴지는 셋째였다. 속상해하는 혜인이가 안쓰러워 "그럼 너도 그 친구랑 놀지마!" 하는 말이 목 끝까지 차올랐다. 하브루타를 배우지 않았더라면 입 밖으로 나왔을 말이었다. 하지만 목 끝까지 차오른 말을 꾹 누르고 혜인이에게 물어보았다.

"친구가 왜 너랑 안 놀려고 할까?"

질문이 끝나자 혜인이는 조용히 앉아 생각에 잠겼다.

"내가 다른 친구랑 놀아서 그런 것 같아. 어제는 친구가 나보고 다른 친구랑 논다고 뭐라 했거든. 그것 때문에 그런 것 같아."

"아~, 그런 일이 있었구나. 그럼 너는 그 친구랑 다시 놀고 싶어?"

"응, 난 다시 친구랑 놀고 싶어."

"그럼 네가 어떻게 하는 게 좋을까?"

"'난 다 함께 노는 것이 친구라고 생각하는데, 넌 친구가 뭐라고 생각해?' 하고 말할 거야."

그렇게 혜인이는 스스로 관계의 답을 찾았다. 내가 만일 속상한 엄마 마음을 그대로 감정 이입해서 아이에게 답을 내려줬다면 아이는 '친구'라는 관계에 대해서 자신만의 생각을 정리할 수 있었을까? 그러지 않았을 것이다.

아이들도 할 수 있다

대부분의 부모는 아이의 질문에 정답을 알려 줘야 한다고 생각한다. 아이가 관심을 가졌을 때 정보를 제공해야 한다는 생각, 처음부터 잘못된 정보가 아니라 제대로 된 정보를 제공해야 한다는 생각, 부모가 인생 경험이 더 많으니 더 많은 답을 알고 있다는 생각에 최선을 다해 답을 알려 주려 한다.

나와 남편도 그랬다. 아이의 질문에 책을 찾아보고 인터넷에 검색하며 답을 알려 주려 노력했다. 하지만 그 노력들은 결국 나와 남편의 지식을 늘려주었을 뿐이다.

아이들은 자신이 직접 한 것에 대해 큰 의미를 부여한다. 배움도 마찬가지다. 스스로 생각하고, 질문하고, 답을 찾는 과정에서 얻는 것들은 아이들의 뇌에 오래 기억된다. 그리고 그것들은 기존에 가지고 있던 지식에 더해져 더 현명한 해답을 찾아가는 길을 열어 준다. 이것이 아이가 배움의 주체가 되어야 하는 이유며 이것이 하브루타를 해야 하는 이유다.

모든 교육의 주춧돌,
애착 형성

아무리 강조해도 지나치지 않은 말이 있다. 바로 부모와 자식 간의 애착 형성이다. 대체 '애착'이 무엇이기에 그럴까?

'애착'의 사전적 의미는 '부모나 특별한 사회적 인물과 형성하는 친밀한 정서적 유대'를 말한다. 이런 애착 형성을 위해서는 태어나서부터 36개월까지의 시기가 가장 중요하다. 그 시기 동안 형성된 애착으로 세상을 신뢰하며 용기를 가지고 도전하는 힘을 얻는다.

그렇다면 36개월이 지난 이후에는 애착 형성이 불가능할까? 그렇지는 않다. 학령기, 청소년기, 성인이 된 자녀와도 충분히 관계를 만들어 갈 수 있다. 다만 관계를 형성하기 위한 노력이 더 많이 필요할 뿐이다.

관계를 형성할 때 중요한 것은 아이에 대해 알아가는 것이다. 아이에게 필요한 것이 무엇인지 관심을 가지고 지켜봐야 한다. 아무리 좋은 것이라도 아이가 그것을 필요로 하지 않는다면 무용지물이다.

또한 아이와의 관계는 아이마다 다르게 형성되어야 한다. "열 손가락 깨물어 안 아픈 손가락 없다"라는 말이 있다. 물론 안 아픈 손가락은 없다. 하지만 유독 애정이 가는 손가락, 습관처럼 익숙하게 사용하게 되는 손가락은 존재한다. 내가 낳아 키우는 내 아이들은 모두가 소중한 존재다. 아이들이 아프면 내가 대신 아팠으면 좋겠고 아이들이 잘 먹으면 내 것을 모두 내어줘도 아깝지 않다. 이렇듯 소중한 내 아이들이지만 그중에도 유독 눈길이 더 가는 아이가 있고 유독 나와 잘 맞는 아이가 있는 반면에 그렇지 않은 아이도 있다.

우리 아이가 느끼는 나의 사랑법

중학생인 영수가 그랬다. 엄마는 늘 영수에게 최선을 다했다. 그럼에도 영수와 엄마 사이의 간격은 줄어들지 않았고 마치 그 사이엔 보이지 않는 투명한 벽이 있는 느낌이었다. 영수는 이런 간격을 손톱으로 표현했다. 늘 손톱을 물어뜯었고 엄마는 제지하기 바빴다.

그러다 하브루타를 공부하면서 엄마는 영수의 시선에서 모자 관계를 바라보았다. 영수는 스킨십을 통해 사랑은 느끼는 아이였다. 반면 스킨십을 좋아하지 않는 엄마는 아이들과 특별한 스킨십을 하지 않았다. 이런 엄마에게 영수는 부족한 사랑을 느끼게 된 것이다.

영수와의 관계를 인지한 엄마는 마음이 아렸다. 하지만 영수 엄마는 스킨십이 낯설었기에 체크 리스트를 만들어 의식적으로 사랑을 표현하고자 애썼다. 이후 엄마는 매일 세 번씩 영수를 안아주었고 하루하루 지나면서 영수의 손톱에서부터 변화가 생기기 시작했다.

한 달이 되었을 때 영수는 손톱을 깎아 달라고 했다. 길게 자란 영수의 손톱을 보는 순간, 엄마는 눈물이 핑 돌았다.

대부분의 부모는 영수네처럼 부모의 관점에서 부모가 줄 수 있는 것을 최선을 다해서 주려 한다. 하지만 그게 곧 아이가 바라는 것은 아니다. 연희네도 그랬다. 책을 좋아하는 아이를 위해 시기에 맞는 전집을 빼곡하게 채워주는 연희네였다. 연희 엄마는 늘 책을 손에 쥐고 있는 연희를 보며 조용히 책을 읽는 시간이 연희가 가장 좋아하는 시간이라 생각했다. 하지만 하브루타를 시작하고서 그것이 아니었다는 것을 알게 되었다.

하루는 《왕 짜증나는 날》이라는 그림책을 읽고 '짜증'이라는 감정을 해결하는 방법에 대해 대화를 나눴다. "연희야, 짜증이 날 때 어떻게 하면 기분이 좋아질까?"라는 엄마의 질문에 연희는 "나는 짜증이 날 때 엄마가 꼬옥 안아주면 기분이 좋아져요"라고 말했다.

예상치 못한 답에 연희 엄마는 놀랐다. 연희 엄마는 연희가 조용히 자신만의 시간을 가지고 책을 읽은 것을 좋아할 것이라 예상했기 때문이다. 아이의 마음을 알게 된 연희 엄마는 연희를 꼭 안아주었다.

필요한 순간에, 필요한 사랑을

아이들은 부모의 사랑을 먹고 자란다. 그리고 모든 부모는 아이를 사랑한다. 그럼에도 아이들은 부모의 사랑을 갈망한다. 그 이유는 부모의 사랑이 아이에게 제대로 전달되지 못하기 때문이다. 대부분의 부모는 아이들을 위해 많이 고민하지만 그 사랑을 제대로 전달하는 방법에 대해서는 많이 고민하지 않는다.

애착 형성의 기본은 우리의 사랑이 아이에게 전달되는 것이다. 그러니 관심을 가지고 아이를 지켜보자. 그럼 아이가 지금 무엇을 필요로 하는지, 어디에 관심이 있는지, 컨디션은 어떠한지 알 수 있게 된다. 그리고 그에 맞춰 아이가 필요한 순간, 필요한 사랑을 최선을 다해서 전달할 수 있다. 이렇게 부모의 사랑을 충만하게 채움 받은 아이들은 세상을 온전히 자신의 빛으로 채워갈 수 있게 된다.

엄마,
나 이제 뭐할까?

'매니저 엄마'라는 말이 있다. 아이가 눈뜨는 순간부터 눈 감는 순간까지 관리해 주는 엄마를 두고 하는 말이다. 이런 엄마는 아이가 아침에 눈 떠서 옷 입는 것, 학원 스케줄, 놀이하는 것 등 모든 것을 관리한다. 모든 것을 관리해 주는 엄마에게서 편안함을 느끼는 아이들이 있다. 엄마가 시키는 대로 하면 혼날 걱정도 없고 생각하고 고민하지 않아도 일상이 순조롭기 때문이다. 아이의 엄마 의존도는 그렇게 높아진다.

엇, 뭐라고?

찬영이도 그랬다. 찬영이 엄마는 두 아들의 엄마다. 코로나19로 어린이집에 가지 않는 동생을 24시간 돌보아야 하는 엄마에게는 늘

체력이 부족했다. 찬영이 엄마는 공감, 경청, 기다림에서 점차 멀어졌다. 상황을 빠르게 파악해 정리하는 엄마, 허둥대거나 실수하지 않도록 판단해서 효율적으로 지시하는 엄마, 어느새 목소리마저 커져 버린 엄마가 되었다.

그렇게 효율성을 추구하며 찬영이의 일상을 엄마의 통제 아래 두며 살던 어느 날이었다.

"엄마, 나 이제 뭐할까?"

찬영이가 물어왔다. 찬영이 엄마는 그 순간 아무 말도 할 수 없었다. 일상 속의 모든 답을 엄마에게서 찾으려는 아이를 발견했기 때문이다. 찬영이 엄마는 아이의 삶에서 아주 중요한 것을 놓치고 있었다는 것을 깨달았고, 이 문제를 빨리 풀어내지 않으면 안 될 것 같은 마음이 간절해졌다.

보검 엄마도 간절한 마음으로 보검이를 바라보았다. 대기업에 다니는 보검 엄마는 회사에서도 인정받는 워킹맘으로 부족한 것 없이 사는 듯 보였다. 하지만 보검 엄마에게 보검이는 늘 마음 한 켠에 자리한 미안함이었다. 보검 엄마는 '육아와 일'이라는 두 마리 토끼를 잡기 위해 남들보다 늦게 자고 일찍 일어났으며 남들보다 더 많이 움직였다.

그런데 초등학생이 된 보검이와 대화하던 보검 엄마는 이상한 점을 발견했다. 대화의 주체는 늘 엄마였고, 대화에서 의견을 피력하는 이도 엄마뿐이었다. 그때부터 보검 엄마는 보검이에게 생각과 의견을 물어보기 시작했다. 하지만 수많은 엄마의 질문에도 보검이의 답은 오로지 "몰라요" 하나였다. 엄마는 질문을 계속해 나갔고, 결국 "엄마 생각이 내 생각이에요"라는 보검이의 답이 돌아왔다.

보검이의 말에 보검 엄마는 너무 놀랐다. 아이가 일하는 엄마에게서 부족한 사랑을 느끼지 않았으면 하는 마음에 하나부터 열까지 최선을 다했다. 하지만 아이는 스스로 생각하는 것도 힘들어 했다.

변화가 시작되다

찬영 엄마와 보검 엄마 모두 아이를 잘 키우고 싶은 마음을 가지고 있었다. 다만, 두 엄마의 방법은 아이가 스스로 성장하지 못하게 하는 방법이었다. 찬영 엄마와 보검 엄마는 간절한 마음으로 '하브루타'라는 동아줄을 붙잡았다.

두 아이 다 처음에는 큰 변화가 없었다. 그럼에도 두 엄마는 꾸준히 실천했고 아이들은 서서히 변화하기 시작했다.

찬영이는 점점 자신감이 생기고 자존감이 높아졌다. '밝고 긍정적이고 순수한 에너지가 넘치는 아이로 자기표현이 돋보입니다. 자존감이 높은 아이로, 다양한 질문으로 궁금증을 풀어가는 모습이 좋은 아이입니다'라는 가정 통신문은 찬영 엄마에게 그 어떤 칭찬보다 듣기 좋은 칭찬이었다.

엄마의 생각이 자기의 생각이라고 말하던 보검이 입에서 스스로 생각한 질문이 나왔다.

"엄마, 궁금한 것이 있는데, 왜 명작이나 전래 동화에서는 꼭 막내가 착하게 나오고 첫째와 둘째는 못되게 나올까? 왜 형제/자매가 3명씩 등장하는 것이 많을까? '3'이 무슨 의미일까?"

보검이가 스스로 생각해 낸 질문을 들으며 보검 엄마는 하염없이 눈물을 흘렸다.

경험의 기회를 주자

아이는 부모와 다른 존재다. 아이도 스스로 자신의 삶을 일궈야 한다. 그런데 많은 부모가 아이의 삶을 대신 일궈주고 있다. '돌봄'이라는 핑계로 아이가 스스로 생각하고 행동하며 자기 자신을 찾아가는 과정을 막고 있다.

부모는 아이에게 믿음과 안전을 주어야 한다. '넌 할 수 있다'라는 믿음과 '실패하고 넘어져도 괜찮아. 엄마가 지켜줄게. 엄마가 다시 일어설 수 있게 손잡아 줄게'라는 심리적 안정이 필요한 것이지 매니저가 필요한 것이 아니다. 그러니 아이가 겪고 넘어가야 할 소중한 경험의 기회를 꺾지 말고 한 발 떨어져서 아이가 '나다움'을 찾아갈 수 있도록 든든한 등대가 되어 주어야 한다.

읽기만 하는 아이,
깊이를 아는 아이

책을 좋아하고 많이 읽는 아이의 모습은 모든 부모의 로망이다. 그렇기에 '책 육아', '100일 독서 습관', '우리 아이 책 많이 읽히는 법' 등 책과 관련한 육아법이 다양하게 제시되는 현실이다.

책은 많이 읽는 것이 좋다. 이는 자명한 사실이다. 하지만 우리 아이가 책을 어떻게 읽는지도 매우 중요하다.

양이냐 질이냐

희수 엄마는 희수를 임신하면서부터 육아서를 탐독하기 시작했다. 칼비테의 영재 교육, 책 육아 등의 육아법을 공부하며 아이가 태어나길 기다렸다. 그리고 태어난 희수를 안고 젖을 물리는 순간 '이게 모성애구나' 하는 감정을 느꼈다. 희수를 행복한 아이로 키우겠

노라 다짐하며 모든 에너지를 희수에게 쏟았다.

24개월이 된 희수의 의사 표현이 확실해지자 카드와 포스트잇을 활용한 엄마표 한글 교육을 시작했다. 이후 36개월까지 책을 읽기 시작한 희수에게 자극을 주며 책에 빠질 수 있도록 도와주었다. 그 덕에 희수는 다른 아이들보다 빠르게 스스로 책을 읽기 시작했고 거실에 책을 쌓아 놓고 읽는 희수를 보며 희수의 엄마와 아빠는 각자 평온한 시간을 보냈다.

이 평온함이 그동안 책 육아를 위해 노력한 대가라 생각하며 그 시간을 즐길 때 쯤 희수엄마는 '속독할수록 독서의 질이 떨어진다'란 말을 접하게 되었다. 책을 읽고 난 후에 희수와 나누는 대화에서 희수가 책의 내용을 세세하게 기억하지 못하거나 제대로 이해하지 못했다는 느낌을 받고 있던 엄마였기에, '독서의 질'이라는 단어가 깊이 와닿았다. 처음에는 아이가 성장하면 저절로 해결될 것이라고 막연하게 생각했다. 하지만 아이가 책 읽는 모습을 보고 있을수록 이 문제를 덮어둬선 안 되겠다는 마음이 일었다.

최적의 해결법을 찾다

읽기만 하는 아이에서 빠져나올 수 있는 새로운 해결법이 필요했고, 그렇게 찾은 해결법이 하브루타였다. 책을 읽기만 하는 아이, 수동적인 아이, 스스로 사고하지 않는 아이, 그리고 현실에서 도피하고자 책 속에 빠져 사는 아이를 위해서는 책을 읽고, 생각하고, 질문을 만들고, 대화하는 하브루타가 최적의 해결법이 되었다.

책 읽기에 하브루타를 적용하고 난 후, 점점 빨라지던 책장 넘기는 속도가 느려지기 시작했다. 그리고 책을 읽은 후에도 책 내용에 대해 생각하지 않던 아이가 내용에 대해 생각하게 되었다. 점점 책의 깊이를 알아간 것이다. 그러면서 책 육아를 할 때보다 책을 더 좋아하는 희수가 되었다.

'책 육아'라 하면 '책을 많이 읽는 것'이라 생각하는 경우가 많다. 하지만 책은 제대로 읽는 것이 중요하다. 책을 읽고 사고하며 내용을 내 것으로 만드는 것이 더 필요하다. 읽기만 하는 책이 아니라 아이 생각의 깊이와 넓이를 확장할 수 있는 책 읽기가 되어야 한다. 책의 깊이를 아는 아이가 세상의 깊이를 학습하는 아이로 자란다.

우리 가족 마음 지킴이,
하브루타

아이를 잘 키우기 위해 하브루타를 시작했는데, 하브루타를 해나가면서 '내 안의 나'를 만나는 경우가 많아졌다. 그러면서 아이를 잘키우기 위해서는 내 안에 남아 있는 묵은 감정을 먼저 해결해야 함을 알게 됐다. 묵은 감정을 헤집어 보니 나에게도 아직 부모님과의관계가 큼지막하게 남아 있었다. 모든 부모와 자식이 좋은 관계를맺고 있지는 못하다. 거리감이나 벽이 있는 관계도 있으며, 부모이기에 오히려 자식에게 더 큰 상처가 되는 경우도 있다.

나를 알고, 서로를 알아가는 시간

나는 부모님과의 관계가 불편했다. 그런데 하브루타를 통해 부모님과의 관계를 직시하게 되면서 더 힘들어졌다. 아이들과 부모님을

35

뵈러 갈 때마다 뭐라 표현하기 어려운 괴로움 때문에 힘들었다. 그 괴로움이 무엇 때문인지 고민하던 나는 그것이 어린 시절 부모님과의 관계에서 기인한다는 것을 알게 되었다. 그리고 아이를 키우면서 부모님과 관계를 지금처럼 유지해선 안 된다는 생각이 들었다.

나는 부모님에게 하브루타를 함께하길 권했고 부모님은 흔쾌히 받아 주셨다. 부모님과 함께하는 하브루타는 어색했다. 부모님과 함께 이런 종류의 대화를 많이 해 보지 못했기 때문이었다. 하지만 횟수가 거듭될수록 가랑비에 옷이 젖듯이 괴로웠던 마음이 서서히 풀어지기 시작했다.

처음엔 내 상처를 치유하기 위해 시작했는데 하브루타를 통해 부모님과 이야기를 나누며 부모님을 이해할 수 있게 되었다. 부모님도 부모가 처음이었고, 예전엔 지금처럼 육아에 관한 교육이 활발하지 않았기에 부모님도 몰랐던 것이 많았다. 더해서 부모님 또한 자신들의 어린 시절 받았던 교육의 피해자였다. 그런 부모님은 자신이 성장했던 방법이 옳다고 생각하며 나를 키웠다. 그 속에서 부모님과의 거리가 벌어진 것이다.

내가 몰랐던 부모님의 이야기를 접하니 머리가 아닌 마음으로 느끼게 되었고 부모님에 대해 응어리진 마음들이 조금씩 풀어졌다. 이전에 함께했던 30여 년의 시간보다, 하브루타를 하고 난 후 부모님과 더 많은 이야기를 하면서 부모님과 나의 상처를 함께 치유할 수 있었다.

마음 건강을 지켜내는 일

하브루타를 하면서 우리 아이, 남편, 부모님과의 관계에 충만함이 생겼다. 마음속에 존재하던 묵은 감정이 만들어 낸 공허함이 하브루타로 채워진 것이다. 사실 마음 속 묵은 감정이 길을 잘못 찾을 때면 그 감정들이 가족을 향하기도 했고 그 공허함을 다른 곳에서 채우려 하기도 했다. 하지만 하브루타를 통해 나를 알고, 묵은 감정의 원인을 제대로 파악하고, 그 원인을 제거했더니 나를 포함한 아이들, 남편, 부모님과의 관계가 원만해졌고 함께 웃는 날이 많아졌다. 그 덕분에 가족 간에도 건강한 마음으로 서로를 마주할 수 있게 되었다.

　아이를 잘 키우는 것은 결국 나 자신을 잘 키우는 것에서 시작된다. 나를 잘 키우기 위해서는 내 마음을 건강하게 지켜내는 것부터 시작해야 한다.

하브루타로
성장하는 나

엄마들의 마음에 비수를 꽂는 말이 있다. 경.단.녀. 아이를 낳기 전까지는 자신을 가꾸고 자신을 위하면서 자신의 커리어를 쌓으며 지내던 여자의 삶이 결혼하고 아이를 낳으면서 일시정지를 경험한다. 사람들은 이렇게 경력이 단절된 여자를 일컬어 '경.단.녀'라 칭한다.

경.단.녀에게 아이는 언제나 우선순위이자 변수이기에 재취업도 쉽지 않다. 그러다 보니 육아만 전담하는 엄마들은 자신의 쓸모에 대해 고민하게 되고 마음에 우울감이 생기기도 한다. 엄마들에게 이런 마음이 생기는 이유는 사회적 시선이 육아를 경력으로 인정하지 않기 때문이다. 하지만 육아도 충분히 경력이 될 수 있으며, 새로운 방향을 제시해 주는 등대가 되기도 한다.

나만이 할 수 있는 것을 찾아서

10년간 육아에 전념했기에 무엇을 해야 할지 몰랐던 나는 아이들이 학교와 어린이집에 가 있는 동안 책을 읽기 시작했다. 그러다 책에서 '콘텐츠 제작자'라는 직업에 대해 알게 되었다. 유튜브에서 영상을 제작하거나 블로그에 글을 올리며 콘텐츠를 만들어 가는 사람 말이다. 나도 콘텐츠 제작을 해 보고 싶어졌다.

10년을 육아만 해온 내가 만들어 낼 수 있는 콘텐츠는 단연 '육아'였다. 그렇게 내가 경험했던 육아 이야기를 옆집 아줌마와 수다 떨듯 풀어냈다. 그러자 나의 콘텐츠에 공감하는 엄마들이 모이기 시작했다.

그러던 중 코로나19로 세상이 멈추었다. 세 아이와 24시간 집에만 있다 보니 '엄마표 실내 놀이'라는 새로운 콘텐츠가 생겨났다. 그렇게 점차 새로운 것들이 보이기 시작했다. '나'라는 브랜드를 제대로 만들고 싶어졌다. 그래서 나와의 하브루타를 시작했다.

종이를 펴고 나에게 질문을 던졌다.

'내가 누구를 도울 수 있는가?'

'나는 무엇을 잘하는가?'

'내가 이룬 작은 성공은 무엇인가?'

이렇게 꼬리에 꼬리를 무는 질문을 적고 생각하기를 반복했다. 그때까지 자녀 교육에만 관심을 가졌던 데에서 나의 관심사를 키우는 것으로 방향을 정했다. 그렇게 하브루타를 통해 아이를 잘 키우면서도 '나'라는 브랜드를 키울 수 있는 길을 찾게 되었다. 그리고 지금은 한국의 초 경쟁 사회에서 어떻게 우리 아이를 잘 키울 수 있는지 질문하며 고민하고 있다.

엄마가 성장하면 아이도 성장한다

세 아이 육아만 하던 10년차 엄마이자 대표 경.단.녀였던 나는 이제 세 아이를 잘 키우는 엄마이자 자신만의 브랜드를 일구어가는 1인 창업가가 되었다. 처음 시작할 때는 마음 깊숙한 곳에 불안과 두려움이 존재했다. 이게 맞는지, 사람들이 좋아할지, 아이들에게 소홀해지면 어떻게 될지 등의 불안이 계속해서 덮쳐왔다. 하지만 아이와 하브루타를 하면서 나를 알게 되었고 스스로에게 '내가 잘하는 것은 무엇이고 내가 지금 원하는 것은 무엇이며 내가 무엇을 해야 하는가'에 대해 질문하고 답하는 과정에서 새로운 길을 발견하고 용기 내어 발을 내딛을 수 있었다.

우리는 모두 자신만의 브랜드를 가지고 있다. 그러니 꾸준히 스스로에게 질문하고 답하며 나를 들여다보는 시간을 가지고, 꿈이 있는 엄마로 나아가길 바란다. 꾸준히 실천하고, 성장하고, 노력하는 엄마의 모습을 통해 우리 아이도 함께 실천하고, 성장하고, 노력하는 멋진 성인으로 성장하게 될 것이다.

2부

우리 가족
실전 하브루타

H A V R U T A

하브루타란?

HAVRUTA

특별하게 자라난 아이

스타벅스, 페이스북, 구글, 하겐다즈, 허쉬 초콜릿, 베스킨라빈스, 비달사순. 한 번쯤 들어 봤을 브랜드 일 것이다. 이 브랜드들의 공통점은 무엇일까? 첫 번째는 세계적으로 이름을 알린 브랜드라는 것, 두 번째는 유대인이 만들어 낸 브랜드라는 것이다.

유대인은 세계 인구 중 약 0.3%라는 적은 인구 비율로 지금까지 약 30%의 노벨상을 수상했다. 또한 미국 400대 재벌의 약 23%가 유대인이다. 이처럼 유대인들은 정치, 경제, 과학, 문화, 경영 등 다방면에서 특출함을 선보이고 있다.

"유대인이 똑똑해서 그런 거 아닌가요?"

많은 이들이 유대인의 이야기를 들으면 이렇게 말하곤 한다. 하지만 유대인의 IQ는 평균 95로 중위권에 위치한다. 반면, 대한민국의 평균 IQ는 106으로 싱가포르 108, 홍콩 107 다음으로 세 번째로 높다. 흔히 IQ가 높은 사람을 두고 똑똑하다고 생각한다. 앞서 수치에서 볼 수 있듯 유대인은 최고로 똑똑함을 타고난 것이 아니다. 그렇다면 그들이 우리와 다른 점은 무엇일까? 그들은 특별하게 키워졌다.

유대인의 특별한 교육법은 가족 문화 속에 있다. 유대인은 어릴 때부터 부모와 아이가 자유롭게 토론한다. 부모와 아이들이 마주 앉아 진행하는 토론은 부모의 권위와 강압 아래 이루어지는 것이 아니다. 자발적으로 참여하는 즐거운 토론이라는 것이 중요하다. 부모는 아이들이 적극적으로 토론에 참여할 수 있도록 이끌며 질문을 던진다.

"네 생각은 어떠니?"

"왜 그렇게 생각했니?"

"다른 방법은 없을까?"

이렇게 아이의 생각을 물어보고 아이의 생각을 수용해 주며 아이의 생각을 인정해 주는 문화 속에서 아이들은 생각이 탄탄한 아이로 성장한다.

아이들의 생각 근육을 키우기 위해 유대인 부모는 평범한 일상 속에서 특별한 시간을 만든다. 밥상머리 교육과 잠들기 전 베드타임 스토리가 그것이다. '밥상머리 교육'은 우리나라에서도 흔하게 사용하는 말이다. 다만 우리나라의 밥상머리 교육은 양반 교육이다. 큰소리를 내지 않고 음식을 입에 넣은 채로 말하지 않으며 정갈하게 먹어야 하고 올바른 수저 사용과 더불어 집안 어른의 이야기에 경청하는 시간이다. 여기서 아이들은 어른의 말씀에 자신의 소리를 죽이라고 배운다.

유대인의 밥상머리 교육은 우리의 것과 다르다. 유대인은 종교적인 이유로 매주 안식일을 지키며, 안식일에는 온 가족이 모여 식사한다. 그 식탁 위에서 많은 이야기가 오간다. 그 주에 있었던 일, 아이들의 고민거리, 시사, 정치, 탈무드, 교과 내용 등 다양한 주제로 아이들과 대화한다. 모두가 자기 생각을 이야기하고 토론한다. 식탁에서 함께하는 동안 하브루타가 진행되는 것이다.

대화 속에서 부모는 자신의 의견을 아이에게 강요하지 않는다. 부모는 100명이 있으면 100가지의 생각이 있다는 것을 아이에게 알려 준다. 그렇게 해서 아이가 다양한 생각, 남들과 다른 생각, 나만의 개성을 가진 생각을 이끌어 낼 수 있도록 자리를 마련해 주는 것이다. 이것이 유대인의 밥상머리 교육이다.

또 한 가지의 특별한 시간은 베드타임 스토리로 잠들기 직전 몸과 마음이 평안한 상태에서 부모와 아이가 함께 책을 읽고 대화하는 시간을 갖는다. 베드타임 스토리는 아이가 갓 태어났을 때부터 시작한다. 아이가 어릴 땐 아이가 잠들기 전까지 조용하고 나긋한 목소리로 아이에게 책을 읽어준다. 그러면서 아이와 눈을 맞추고 다정한 손길로 아이와 스킨십을 한다. 아이가 대화할 수 있는 나이가 되면 책을 읽고 함께 이야기를 나눈다. 베드타임 스토리는 아이들의 정서적 안정에 도움이 된다. 몸과 마음이 평안한 상태에서 엄마의 나긋한 목소리, 눈 맞춤, 스킨십은 아이에게 안정감을 준다. 이런 정서적 안정감은 아이들의 스트레스를 완화시켜주고 도전할 수 있는 힘을 키울 수 있도록 도와준다.

대부분의 대한민국 부모와 아이들은 비슷한 환경에서 살아간다.

부모는 아침부터 저녁까지 직장이나 가정에서 자신이 맡은 업무를 이행한다. 아이들은 기관, 학교에 가서 자신에게 주어진 학업을 수행한다. 모두가 자신의 역할을 책임지느라 바쁜 일상을 보낸다.

이렇게 반복되는 평범한 일상을 어떻게 활용하는지에 따라 우리 아이가 특별해질 수 있다. 함께하는 식사는 일주일에 한 번이어도 좋다. 온 가족이 모여 앉아 편안하게 자신들의 일상, 생각을 공유하는 자리를 가지는 것이 중요하다. 또한 잠들기 전 15분간이라도 엄마의 목소리를 들으며 눈을 마주하고 손길을 느끼면서, 하루를 보내며 지쳤던 마음을 안정할 수 있는 시간을 가져보자.

이처럼 매일 반복되는 평범한 일상에서 아이의 소리에 귀를 기울이는 특별한 시간을 만드는 것이 바로 우리 아이가 특별하게 성장할 수 있는 길이다.

짝 그리고 부모

'친구'라는 뜻의 '하베르'라는 단어에서 유래된 '하브루타'라는 단어는 우리나라에 정착되며 생겨난 말이다. 지금 하브루타는 '짝과 함께 질문하고, 대화하고, 토론하고, 논쟁하는 것'으로 정의된다.

하브루타의 정의를 듣고 나면 많은 이들이 '토론'과 '논쟁'이라는 단어에서 거부감을 느낀다. 이는 잘못된 인식 속의 토론과 논쟁을 떠올리기 때문이다. 우리에게 토론은 찬반으로 나뉘어 한쪽이 이길 때까지 진행하는 장면을 떠올리게 한다. 하지만 하브루타에서의 토론은 사전적 의미의 '토론'과 '토의'가 합쳐진 느낌으로, 주제에 대해서 각자의 의견을 논의하는 것을 말한다. 주제에 대해 자신의 의견을 논리적인 근거를 들어 제시하고, 상대의 의견을 수렴해서 더 좋은 방법으로 결론을 도출하는 일련의 과정이다. 즉, 누군가를 이기는 것이 아니라 더 좋은 해답을 찾아가는 과정이다.

'논쟁'의 사전적 의미는 '서로 다른 의견을 가진 사람들이 각각 자기의 주장을 말이나 글로 논하여 다투는 것'을 말한다. 그러나 하브루타에서의 논쟁은 무턱대고 싸우는 언쟁을 말하는 것이 아니다. 논쟁을 위해서는 상대를 설득할 수 있도록 자신의 주장을 뒷받침할 수 있는 논리적인 근거를 찾고 모순은 없는지 비판적인 시각으로 바라볼 수 있어야 한다. 상대의 주장을 마주할 때도 마찬가지다. 감정적으로 받아들이는 것이 아니라 상대의 말에 대해 옳고 그름을 판단해서 수용할 것은 수용하고 반박할 수 있는 부분은 근거를 들어 정당하게 반박할 수 있어야 한다.

하브루타는 이런 일련의 과정을 반복하고 학습한다. 그 과정에서 생각의 폭이 넓어지고 깊어지며 생각 근육이 단단해진다. 더불어 다름을 인정하고 받아들이면서 다양한 관점에서 바라보는 능력이 향상되고 옳고 그름을 분별하기 위한 비판적인 시각도 키울 수 있게 된다. 이게 바로 하브루타가 말하는 토론하고, 논쟁하는 과정이다.

이런 하브루타에 필요한 세 가지 요소가 있다. 나, 짝, 텍스트다. 하브루타를 행하는 주체는 나와 짝이다. 유대인에게 있어 짝은 '나와 토론할 수 있는 누구나'가 된다. 친구, 선생님, 가족, 길을 걷다 만난 행인도 가능하다.

우리 아이가 만나는 최초의 짝은 누구일까? 바로 부모다. 부모와 아이는 뱃속에서부터 함께하는 평생의 짝이 된다. 하브루타에서 짝은 중요하다. 그 이유는 짝의 질문, 생각 등에 많은 영향을 받기 때문이다. 특히 어릴수록 그 영향력은 크기 마련이다. 그렇기에 우리

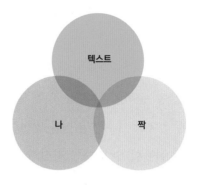

하브루타의 3요소

아이 최초의 짝인 부모는 질문을 통해 아이의 생각을 키우고, 다양한 관점에서 사물을 바라보며 많은 경험을 할 수 있도록 이끌어주는 중요한 존재다.

　하브루타의 주체인 나와 짝이 있다면, 어떤 내용으로 하브루타를 할 것인지가 정해진다. 이 내용에 해당하는 것이 텍스트다. 이 텍스트는 책, 글자만 해당하는 것이 아니다. 텍스트의 종류는 일상, 인성, 그림책, 고전, 역사, 그림, 음악, 과학 등 다양하다. 텍스트는 나와 짝이 함께 대화할 수 있는 요소면 무엇이든 가능하다. 예를 들어, 길을 가다 장미꽃을 발견한다면 그 장미꽃이 텍스트가 될 수 있다. 눈에 보이지 않는 용기나 사랑과 같은 것들도 텍스트가 될 수 있다.

　하브루타를 처음 접하는 이들은 하브루타가 어렵다고 생각한다. 그 이유는 대부분 이 텍스트에 무엇을 두어야 하는지를 잘 알지 못하기 때문이다. 그래서 어떻게 텍스트의 주제를 정하고 하브루타를 진행하면 되는지 그 방법을 다음 장에서 살펴보려 한다. 텍스트 활용법을 터득한다면, 언제 어디서든 우리 아이와 하브루타를 실천할 수 있을 것이다.

하브루타,
어떻게 하면 되나요?

하브루타를 처음 배워 가정에서 막상 실행하려면 막막해진다. 무엇을 어떻게 시작해야 할지 모르기 때문이다. 처음 하브루타를 시작할 때 우여곡절을 많이 겪는다. 하지만 하브루타의 기본 순서를 알고 접근한다면 어렵지 않게 시작할 수 있다. 꼭 이 순서를 지켜야 하는 것은 아니다. 하지만 줄기가 정해지면 줄기에서 여러 가지가 뻗어가는 것은 쉬워진다. 그러니 처음에는 이 순서를 큰 줄기라 생각하고 따라 시작해 보자.

텍스트 풀어내기

처음 하브루타를 하기 위해 그림책을 꺼냈을 때, 그림책 표지만 바라보게 되는 일이 많았다.

'어떻게 시작해야 하지?'

'무엇을 먼저 말해야 하지?'

'어디에 포커스를 맞춰 진행해야 하지?'

여러 가지 생각이 들기 때문이다. 그럴 때는 텍스트를 마주할 때 기본이 되는 순서를 따라가 보자.

1. 도입

도입 하브루타는 흔히 아이스 브레이킹과 비슷하다. 첫 번째 과정은 오늘 하려는 하브루타의 내용에 대해서 생각의 물꼬를 틔우는 과정이다. 예를 들어 그림책 하브루타를 진행한다고 할 때는 그림책 표지를 보고 이야기를 나누는 것, 과학 하브루타를 할 때는 재료를 탐색해 보는 것들이 가볍게 분위기를 올려주는 요소가 된다.

도입 하브루타를 할 때 오늘의 주제와 너무 벗어나는 것보다는 연계되는 내용으로 진행하면 본격적인 하브루타에 들어갔을 때 아이들이 집중하기가 쉬워진다.

2. 내용

내용 하브루타는 텍스트의 사실에 기반한 내용으로 하브루타를 하는 것이다. 텍스트 속에 나오는 개념 정리, 텍스트에 나와 있는 정보를 기반으로 토론하기, 텍스트를 잘 이해했는지 내용 정리하기 등이 모두 내용 하브루타이다. 예를 들어, '용기'가 주제라면 '용기'라는 단어의 의미, 텍스트에서 말하는 용기란 무엇인지, 왜 그렇게 생각했는지 텍스트에서 찾아보기 등이다.

3. 심화

심화 하브루타는 텍스트에 있는 것 이외에 더 깊이, 더 넓게 보는 것이다. 텍스트에 나와 있는 정보를 토대로 상상하고 추측하면서 관점을 더 깊고, 넓게 바라볼 수 있다. 예를 들어, 이 텍스트 이후의 내용은 어떻게 되었을지, 다른 과정으로 진행하면 어떤 결과가 나올지 등을 생각해 보는 것이다.

4. 적용

적용 하브루타는 그 텍스트를 내 삶에 어떻게 적용할지 유추해 보는 것이다. 이전에 이와 비슷한 경험은 없었는지, 그때 어떻게 해결했는지, 내 삶에 이런 상황이 생기면 어떤 방법으로 해결할 것인지, 내가 만약 주인공이라면 어떻게 되었을지 등을 실제 내 삶에 적용해서 빗대어 생각해 보는 시간이다.

5. 종합

종합 하브루타는 앞선 일련의 과정을 돌아보고 나아가는 시간이다. 하브루타를 한 내용을 종합 정리하며 오늘 깨달은 점, 느낀 점 등을 다시 상기하고 앞으로 어떻게 나아갈 것인지 생각해 보는 시간이다. 이때 혼자 생각하는 것에서 끝내지 말고 가족과 함께 공유하는 것이 나를 움직이는 원동력이 될 수 있다.

이 다섯 가지 순서가 텍스트를 대하는 큰 줄기다. 이 커다란 줄기를 두고 '우리 가족의 생각'이라는 많은 가지를 만들어 가면 된다. 가지는 줄기 끝에서 뻗을 수도 있지만 줄기 중간에서 뻗을 수도 있다. 즉, 순서가 있다고 무조건 그 순서를 지켜야 하는 것은 아니다. 우리 가족 생각의 흐름에 따라 중간에서 가지를 뻗을 수도 있고, 끝까지 가서 가지를 뻗을 수도 있다. 그러니 기본 순서를 염두에 두고 우리 아이 생각의 흐름에 맡겨 진행하는 것이 좋다.

하브루타를 시작해 보자

텍스트에 접근하는 방법을 알아보았으니 이제 실제 하브루타를 진행하는 순서에 대해서 알아보자.

1. 텍스트를 준비한다.
2. 텍스트를 읽고 각자 질문을 만든다.
3. 짝을 나눈다(예를 들어, 4인 가족이면 2명씩 나누고, 3인 가족이면 다함께 한다).
4. 서로 만든 질문으로 짝과 토론한다.
5. 짝을 바꿔 토론 시간을 가진다.
6. 온 가족이 모여서 짝과 토론한 내용에 대해 이야기한다.
7. 토론 내용을 정리하고 각자의 생각과 느낌을 나눈다.

가급적 짝과 함께 두 명이 토론하게 하는 이유는 3명 이상 모이면 자기 생각을 많이 말하는 사람과 적게 말하는 사람으로 나뉘기 때문이다. 2명씩 짝을 이루면 서로 대화를 주고받게 되기 때문에 자기 생각을 더 잘 이야기할 수 있다. 그러니 4인 이상 가족인 경우 2인 토론 시간을 짧게나마 가지는 것이 좋다. 그리고 짝을 바꿔서도 토론한다. 그 후에 온 가족이 모여 짝과 함께 토론한 내용을 공유하고, 그 내용 중 인상 깊었던 것을 다시 토론해 보자. 마지막으로는 토론 내용을 정리하고 이번 하브루타를 통해 느낀 점, 깨달은 점들을 이야기 나누는 것으로 마무리하자.

처음 시작할 때는 2인으로 하는 짝 토론이 힘들 수 있다. 그럴 땐 부담 없이 온 가족이 모여 함께하는 것부터 시작해도 좋다.

처음에는 누구나 어렵고 낯설다. 처음부터 완벽하게 할 수는 없다. 할 수 있는 선에서부터 시작하는 것이다. 익숙해지면 한 발씩 더 나아가면 된다. 하브루타에서 가장 중요한 것은 완벽한 것이 아니라, 꾸준히 하는 것이다. 이 책과 함께 내가 지금 할 수 있는 만큼만 우리 아이와 함께 실천해 보자.

즐거운 질문 놀이

하브루타에서 '질문'은 핵심 요소다. 질문이란 무엇일까? 질문의 사전적 의미는 '알고자 하는 바를 묻는 행위'다. 그렇다면 하브루타에서 말하는 '질문'이 오롯이 사전적 의미로만 쓰이는 걸까? 그렇지 않다. 하브루타에서 질문은 모든 것이다. 상대와 대화를 시작할 때, 생각을 이끌어 낼 때, 관심을 표하고 싶을 때, 관심을 받고 싶을 때, 토론할 때, 반박할 때, 비판할 때 등 모든 순간에 녹아 있는 것이 질문이다.

한데 우리 아이들은 질문하는 것을 어려워한다. 사실, 어른인 부모도 질문 만들기는 쉽지 않다. 키즈 클래스와 성인 클래스를 진행해 보면 아이들보다 부모님들이 질문 만드는 것, 질문하는 것, 질문에 답하는 것을 더 어려워한다. 질문이 익숙하지 않기 때문이다.

우리는 질문이 막혀 있는 어린 시절을 보냈다. 그리고 어디에서도 질문하는 방법에 대해 알려 주지 않았다. 이것이 질문의 중요성을 알지만 질문이 어려운 이유다. 부모가 질문을 어려워하고 일상에서 사용하지 않으니 아이들도 질문에 익숙해질 수 없다.

우리 아이가 질문에 익숙해지려면 어릴 때부터 가정에서 질문에 많이 노출되어야 한다. 어떻게 하면 부모도 하기 어려운 질문에 자주 노출할 수 있을까? 바로 놀이로 접근하는 것이다. 놀이로 접근하는 것은 아이도 부모도 적은 부담으로 즐기면서 할 수 있는 활동법이다. 열두 달 하브루타가 알려 주는 질문 놀이에 대해 함께 알아보자.

1. 스무고개

질문 놀이 중 가장 많이 알려져 있고 쉽게 할 수 있는 놀이가 '스무고개'다. 단어 카드를 활용해도 좋고 없이도 할 수 있다.

○ 가족 중 한 명이 단어 카드를 뽑는다. 단어 카드가 없는 경우에는 단어 하나를 머릿속으로 생각한다.

○ 다른 가족 구성원은 그 단어를 찾기 위해 20개의 질문을 할 수 있다. 질문자는 질문에 답한다.

○ 이 질문을 통해 단어 카드에 적힌 단어를 맞춰야 한다.

이 놀이는 20개의 질문 안에서 답을 유추해 내야 하기에 질문을 효과적으로 잘 만들어야 원하는 정보를 얻을 수 있다. 이런 과정에서 아이들은 내가 듣고 싶은 답을 얻기 위해 어떻게 질문을 만들어야 할지 고민하게 되고, 그 과정에서 질문의 질이 향상된다. 연상으로 하는 경우, 처음엔 구체적인 사물부터 시작하고 점차 추상적인 개념에 대해서도 스무고개 놀이를 해 보자.

2. 사물 질문 놀이

'사물 질문'은 한 개의 사물을 가운데 두고 돌아가며 질문을 만드는 것이다. 서로 돌아가며 질문을 만들어 보고, 그 질문에 해당하는 답도 함께 찾아본다. 더불어 그 사물과 관련된 자신의 이야기를 생각해 보기도 하고 상상으로 이야기를 만들어 보는 것도 아이들과 함께 즐기며 할 수 있는 놀이 방법이다.

○ 질문 만들기

- 두루마리 휴지는 무엇으로 만들어졌을까?
- 두루마리 휴지는 어떻게 생겨났을까?
- 두루마리 휴지와 각티슈의 차이점과 공통점은?
- 두루마리 휴지의 사용 용도를 다양하게 말해 보자.

○ 사물과 관련된 자신만의 이야기

- "엄마, 내가 전에 화장실에서 볼 일 보고 나왔는데 옷에 휴지가 끼인 적 있었잖아. 나는 휴지가 끼어 있는 것도 모르고 신나게 놀았는데, 나중에 알고 나서 조금 부끄러웠어."

– "엄마, 우리 두루마리 휴지를 찢어서 만들기 놀이했잖아. 종이컵을 사자 얼굴로 하고 두루마리 휴지는 찢어서 사자 갈기를 만들어서 휴지에 알록달록 물감으로 색칠했었지. 그래서 우리가 그 사자를 '무지개 사자'라고 불렀잖아. 그때 재미있었는데. 또 했으면 좋겠다."

○ 상상으로 이야기 만들기

– "풀어도 풀어도 줄지 않는 두루마리 휴지가 있었으면 좋겠어. 그럼 두루마리 휴지를 매번 사지 않고 평생 쓸 수 있잖아."

– "두루마리 휴지가 열리는 나무가 있으면 재미있을 거 같아. 그럼 새 나무를 베지 않고도 두루마리 휴지를 얻을 수 있잖아."

3. 까바 놀이

'까바 놀이'는 하브루타에서 가장 많이 사용하는 질문 놀이다. 먼저, 문장을 만들 수 있는 텍스트를 활용하자. 그림, 글, 장면 등 문장을 만들 수 있는 어떤 것이어도 좋다. A는 눈에 보이는 것을 보고 보이는 대로 문장을 만든다. 그럼 B는 그 문장을 '까'로 바꾼다. 다시 역할을 바꾸어 진행한다. 까바 놀이에서는 문장을 만들기 위해 텍스트를 잘 관찰해야 하기에 관찰력이 커지고, 상대의 이야기를 그대로 전달해야 하기에 상대의 말에 집중하는 능력도 향상된다.

A : 한 아이가 울고 있습니다.

B : 한 아이가 울고 있습니까?

훈장님이 곤란한 표정을 짓고 있습니다.

A : 훈장님이 곤란한 표정을 짓고 있습니까?

4. 육하원칙 질문 만들기

 문장을 구성하는 가장 기본이 되는 요소가 육하원칙이다. 질문도 문장의 한 종류다. 그러니 질문을 만들고 싶은 데 잘 되지 않는다면 육하원칙에 맞추어 질문을 만들어 보자. 처음에는 육하원칙 중 한 가지 요소에 입각해서 질문을 만들어 보자. 그러다 익숙해지면 한 질문에 두 가지 요소를 넣는 것으로 난이도를 올려보자. 점차 세 가지 요소, 네 가지 요소, 다섯 가지 요소, 여섯 가지 요소로 넓혀가면서 질문을 만들 수 있다.

· 누가 – 훈장님이 있습니까?

· 언제 – 아이가 울 때 친구가 책을 보여 주고 있습니까?

· 어디에서 – 예전 서당에서는 어떤 공부를 주로 했습니까?

· 무엇을 – 한 아이가 울고 있습니까?

· 어떻게 – 훈장님은 우는 아이를 어떻게 바라보고 있습니까?

· 왜 – 이 아이는 왜 울고 있습니까?

5. 왜.만.나 놀이

'왜.만.나 놀이'는 '왜?', '만약에', '나라면'이라는 세 단어의 첫 음절로 만든 놀이다. 각 단어를 이용해 질문을 만들어 보자.

왜.만.나 게임에 익숙해지면 난이도를 올려 세 단어를 차례로 질문을 만든다. A가 '왜?'로 질문을 만들었다면, B는 '만약에'로 질문을 만들고, C는 '나라면'으로 질문을 만들고, D는 다시 '왜?'로 질문을 만드는 것이다. 왜.만.나 놀이를 통해서 질문의 폭이 넓어질 수 있다.

· 왜? – 한 아이는 왜 울고 있습니까?
· 만약에 – 만약에 지금의 초등학교라면 그림이 어떻게 바뀔까요?
· 나라면 – 나라면 울고 있는 친구를 보며 어떻게 했을까요?

6. 꼬꼬무 질문 놀이

'꼬리에 꼬리를 무는 질문 놀이'의 줄임말로, 말 그대로 상대의 질문에서 꼬리를 물고 질문을 만드는 게임이다. 꼬꼬무 질문 놀이를 통해 다양한 시각의 질문을 만들 수 있으며, 경청을 통해 상대의 말에 집중하게 하는 질문 놀이다.

서당에서는 공부를 합니까? → 무슨 공부를 합니까? → 공부는 왜 합니까? → 내가 한 공부 중 가장 재미있었던 공부는 무엇입니까? → 그 공부가 왜 재미있었습니까? → 재미있는 공부와 재미없는 공부는 어떤 차이가 있습니까? → 재미없는 공부는 왜 재미가 없는 걸까요? → 재미없는 공부를 재미있게 할 수 있는 방법은 무엇일까요?

하브루타를 처음 접하면 누구나 질문 만들기를 어려워한다. 우리도 질문 만들기를 시작할 때 머릿속이 하얗게 되는 경험을 했었다. 이는 질문에 익숙하지 않아서 그렇다. 그러니 처음에는 아이들과 즐겁게 놀이로 시작해 보자. 처음부터 완벽한 하브루타를 생각하지 말자. 내가 할 수 있는 것부터 아이와 함께 꾸준히 실천하는 것이 하브루타의 핵심이다. 그러니 아이와 함께하는 시간에 바로 눈에 보이는 요소로 질문 만들기 놀이를 시도해 보자. 꾸준히 하다 보면 질문에 익숙해지고 질문의 깊이도 깊어진다. 그렇게 질문에 대한 두려움이 없어질 때쯤, 본격적으로 형식에 맞춘 질문을 도전해 보는 것이 좋다. 그러니 처음에는 아이들이 질문과 친해질 수 있도록 놀이를 통해 함께하는 시간을 가져보자.

그림책으로 만나는
하브루타

글과 그림으로 구성된 그림책은 우리 아이의 또 다른 친구다. 아이들은 그림책을 통해 무한한 상상의 세계로 빠져든다. 그림책의 깊은 곳으로 빠지기도 하고 뒷이야기 속으로 빠지기도 하며 책 속에 있는 자신을 상상하기도 한다. 나아가 그림책에는 풍부한 표현력과 울림을 주는 글이 담겨 있다. 이처럼 그림책은 우리 아이의 상상력과 창의성을 길러주고, 표현력과 어휘력을 키워주는 훌륭한 텍스트 중 하나다.

많은 이들이 그림책을 그저 어린이들을 위한 책이라고 생각하지만, 그림책은 남녀노소 모두를 위한 책이다. 그림책의 울림은 상처받은 어른들의 처방전이 되기도 하고 안식과 치유를 주기도 한다. 자기 조절이 힘든 청소년들이 처리하지 못한 감정을 받아주기도 하며, 관계가 틀어진 부모와 자식 사이에서 소통의 매개체가 되어 주기도 한다. 겉으론 단순해 보이지만 바다처럼 넓고 깊은 것을 품고 있는 그림책은 우리 모두를 위한 책이며, 어른과 아이를 이어주는 훌륭한 매개체다.

★ ★ ★ ★
열두 달 하브루타가 알려 주는 그림책 하브루타

그림책, 어떤 것이 좋은가?

부모는 아이에게 좋은 것만 주고 싶어 한다. 그림책도 마찬가지다. 좋고 유익한 그림책을 선정해 주고 싶은 것이 부모 마음이다. 그렇다면 어떤 그림책이 좋으면서 유익한 책일까? 바로 우리 아이가 좋아하는 책이다. 아이가 좋아하고 관심을 가지는 그림책이 아이에게 필요한 그림책이다.

어른들의 시선과 아이의 시선은 다르다. 그러니 어른에게 좋은 책이 꼭 아이에게 좋은 책이 되는 것은 아니다. 간혹 아이들은 자신이 좋아하고 재미있어 하는 그림책을 여러 번 반복해서 읽는다. 같은 책만 100번 이상 읽는 아이도 있다. 이런 경우, 다른 책을 읽어보라고 권유하거나 화내지 말고 아이를 기다려줘야 한다. 같은 장면과 문장이라도 아이는 매번 다르게 느낄 수 있기 때문이다. 다른 책을 권하고 싶을 때는 아이가 좋아하는 그림책 작가의 다른 그림책이나 비슷한 주제의 책을 선정해서 아이의 눈앞에 놓아보자. 아이의 그림책 영역이 점차 넓어질 것이다.

그림책, 왜 매번 실패할까?

시대의 흐름이 바뀜에 따라 많은 이들이 온라인 서점에서 책을 구매한다. 그림책의 경우에는 오프라인 서점에서도 내용을 볼 수 없게 묶어놓기도 한다. 그러다 보니 고민하고 비교해서 아이가 좋아할 것 같은 책을 구매했는데 막상 보면 생각했던 내용이 아닐 때가 있다. 이럴 때 그림책 선정에 참고할 수 있는 여러 가지 기준이 있다.

첫 번째, 상을 받은 책을 먼저 찾아보자. 요즘은 전 세계 여러 곳에서 좋은 그림책에 상을 수여한다. 물론 상 받은 책이 무조건 좋은 책이라는 말은 아니다. 그래도 공신력 있는 기관에서 인정한 책들이기 때문에 좋은 책일 확률이 높다.

두 번째, '그림책 박물관'이라는 웹사이트가 있다. 이곳에서는 오래된 그림책부터 신작까지 다양하게 볼 수 있다. 그림책에 대한 간략한 소개도 있으니 소개를 읽어보고 그림책을 구매한다면 좋은 책을 구할 수 있다.

세 번째, 도서관을 이용하는 것이다. 그림책을 다 사서 볼 수는 없다. 아이와 손잡고 도서관에 가서 여러 그림책을 읽어보고 아이 마음에 드는 그림책을 구매하는 방법도 효과적이다.

표지와 면지도 그림책의 일부다

맨 앞장과 뒷장을 '표지', 첫 장을 넘겼을 때와 뒷표지에서 한 장 앞으로 넘긴 곳을 '면지'라 부른다. 우리는 흔히 이 표지와 면지를 그냥 지나치는 경우가 많다.

표지와 면지에는 작가의 많은 생각이 재미있게 숨겨져 있다. 의도적으로 앞표지와 뒷표지를 연결시키기도 하고, 앞표지에는 앞면을,

뒷표지에는 뒷면을 그려 입체적으로 보이게도 한다. 면지도 마찬가지다. 내용의 시작과 끝을 넣기도 하고, 책 내용의 복선이 담겨 있기도 하다. 그러니 그림책의 재미 포인트인 표지와 면지를 놓치지 말자.

그림책 하브루타! 이렇게 해 보자

그림책을 두 번에 걸쳐 읽자. 처음에는 글을 읽지 않고 그림만 보고 아이와 대화하고 질문을 건네며 질문을 할 수 있도록 유도한다. 두 번째는 글을 함께 읽는다. 두 번 읽고 나서 처음 보았을 때와 다른 점을 함께 공유해 보자. 아이가 책 읽는 도중 질문하는 것을 막지 말자. 한 장을 넘기는 데 오래 걸려도 괜찮다. 그러니 아이의 생각 흐름을 따라가면서 아이가 그림책에 푹 빠질 수 있도록 하자. 그림책을 다 보고 난 후에는 질문을 만들어 보자. 질문은 크게 세 부분으로 나눠 만들 수 있다.

1. 책 내용과 관련된 단순한 질문들
2. '왜?'를 활용한 궁금증 질문들
3. 나와 연결해서 삶에 적용해 보는 질문들

아이의 질문을 듣고 함께 이야기를 나누며 연결된 질문을 만들어 보자. 또한 각자 베스트 장면과 문장을 선정하게 하고 왜 그 장면과 문장이 가장 마음에 와닿았는지 생각을 나누어 보자. 여러 장면, 여러 문장이어도 좋다. 마지막에는 아이가 자신에게 대입해서 생각할 수 있도록 이끌어 주는 것이 좋다.

그림책은 접근하기 쉬운 텍스트다. 그러나 하브루타를 처음 접하는 이들에게는 모든 것이 어렵게 느껴질 것이다. 이 또한 시간을 두고 천천히 다가서야 한다. 아이들이 너무 낯설어 하면 엄마와 아빠가 질문을 만들고 대화하는 일련의 과정을 먼저 보여 주자. 아이들은 그런 부모의 모습을 보며 질문을 따라 만들기도 하고 자신의 이야기도 서서히 말로 표현하게 될 것이다. 여유로운 마음으로 우리 아이가 익숙해질 때까지 기다려 준다면 자신만의 질문과 이야기로 풍성해지는 날이 반드시 올 것이다.

그림책 하브루타 순서

1. 그림책 표지와 그림 위주로 본다.
2. 그림으로만 보았을 때 들었던 느낌과 어떤 내용일지 추측해 보는 등의 이야기를 간략하게 나눈다.
3. 글과 함께 그림책을 읽는다.
4. 질문을 만들어 가족과 토론한다.
5. 토론한 내용을 바탕으로 나의 생각, 나의 변화, 나의 삶에 적용하는 법 등을 이야기하며 마무리한다.

그림으로 만나는
하브루타

그림은 우리 아이들이 처음으로 표현할 수 있는 끄적임이다. 역사 속에서도 우리의 조상은 글자가 나오기 이전부터 그림으로 의사소통을 나눴다. 그런데 우리는 왜 그림 감상을 어렵게만 생각할까? 그림에서 답을 찾으려 하기 때문이다.

매년 많은 전시관, 갤러리에서 그림을 전시한다. 우리는 그곳에서 줄지어 걸어가며 대충 그림을 훑고 나와 '미션 클리어'를 외친다. 그리고 그림을 배울 때도 작가의 의도, 그림의 의미 등에 집중하다 보니 우리에게 있어 그림은 답이 있는 과제처럼 느껴지는 경우가 많다.

최근 '체험 미술'이란 이름으로 아이들 미술 교육의 저변이 넓어지고 다양해지고 있다. 그럼에도 부모들이 아이들과 함께 그림을 감상하고 이야기 나누는 것은 어렵게 느끼는 것이 현실이다.

그러나 하브루타를 만나면 기차를 타고 지나치는 풍경 같던 그림도 전공자만이 속 내용을 파헤칠 수 있는 어려운 작품이 아니라 나의 삶 안에 들어오는 그림이 되고 함께 속 깊은 이야기를 나눌 수 있는 마중물이 될 수 있다.

★ ★ ★ ★
열두 달 하브루타가 알려 주는 그림 하브루타

아이의 그림에서부터 시작하자

아이가 그린 첫 그림을 기억하는가? 아이가 최근에 그린 그림을 보고 어떤 반응을 해줬는가? 보통은 "와, 잘 그렸네" 정도로 반응했을 것이다. 하브루타를 만난 지금부터는 어린 작가를 인터뷰하는 시간을 가져보자.

"왜 이런 그림을 그리게 되었나요?"

"이 부분에는 왜 이 색을 사용했나요?"

"어떤 마음으로 그림을 그렸나요?"

이와 같은 질문으로 아이의 생각을 물어보자. 세세하게 묻기 힘들다면 그림에 대해 간략하게 설명해 달라고 요청해 보자. 그럼 아이들은 자기 그림에 주는 관심이 좋아 미주알고주알 설명할 것이다. 그림 하브루타라고 해서 그럴싸하고 멋지게 그린 작품만 감상하는 것이 아니다. 우리 아이 손으로 직접 그린 그림이 더 훌륭한 텍스트가 될 수 있다. 아이의 표현을 들여다 보고 이야기를 들어주는 것이 훌륭한 그림 하브루타의 시작이다.

색이나 도형에 대한 감각을 익히자

이제 막 걸음마를 뗀 아이에게 뛰어보라고 하는 부모는 없을 것이다. 그림을 볼 때도 마찬가지다. 아이의 그림을 가지고 이야기 나누는 것이 익숙해졌다고 바로 명화에 대해 다양한 이야기를 나눌 순 없다. 처음에는 아이들이 익숙한 도형으로 시작하는 것이 좋다. 세모, 네모, 동그라미 등 단순한 구조의 도형을 그려보고 느낌이 어떻게 다른지, 형태를 일그러뜨렸을 땐 어떤 느낌인지, 도형 안을 꽉 채웠을 때와 비었을 때의 느낌은 어떻게 다른지 이야기 나눠보자.

도형과 더불어 색으로도 많은 이야기를 할 수 있다. 빨강, 노랑, 파랑 등 각 색깔이 어떤 느낌으로 다가오는지, 한 색이라도 명도와 채도를 달리했을 때 느낌이 어떻게 달라지는지, 선호하는 색이 있는지, 왜 그 색을 선호하는지 물어보면서 감각을 익힐 수 있다. 아이의 속도에 맞춰 여유를 가지고 접근하는 것이 좋다.

그림 하브루타! 이렇게 해 보자
명화, 이젠 두렵지 않다

그림 하브루타는 풍경화, 인물화, 정물화 등 그림을 텍스트로 활용하며 그림을 놓고 색감, 사용된 도형, 느낌 등을 공유한다. 그림 하브루타를 시작할 때는 제목을 알려 주지 않고 오로지 그림만으로 하브루타를 시작하자. 그림의 요소만을 보고 어떠한 상황일지 유추해 보자. 그리고 여러 가지 질문 놀이를 통해 질문을 만들거나 나만의 이야기를 구상해 볼 수도 있다.

이런 과정을 통해서 그림을 더 자세히 바라보게 되고 그림 속 숨겨진 요소를 발견할 수도 있다. 보여지는 감상, 느낌 등을 모두 나누었다면 그림의 제목을 지어보자. 각자가 생각한 그림의 느낌을 제목에 담아 나만의 제목을 만들고 실제 제목과 비교해 보는 것이다.

〈아를의 침실〉
빈센트 반 고흐

○ 이야기 만들기

방 주인이 자고 일어났는데 창문에서 이상한 소리가 나서 나가 보니 친구가 같이 놀자고 창문에 돌을 던지고 있었다. 그래서 친구들과 놀기 위해 이불만 대충 정리하고 창문을 닫지 못한 채 외출한 것이다.

○ 질문 만들기

– 액자 속 인물은 누구일까?

– 의자는 왜 서로 떨어져 있을까?

– 창문은 왜 열려 있을까?

– 작가는 왜 아무도 없는 방을 그림으로 그렸을까?

– 방은 전체적으로 어떤 분위기인가?

그림의 제목과 작가 이름에 대해 알게 되었다면, 작가의 삶에 대해서 더 알아보자. 그림의 경우 작가의 상황에 많은 영향을 받는다. 작가의 상황에는 작가의 배경, 여건, 심리 상태, 건강 상태, 시대적 배경 등이 포함된다. 그리고 작가의 다른 작품을 비교해서 볼 수도 있다. 작가와 시대적 상황에 대해서 알고 그림을 다시 마주하면 그림이 또 다르게 보이기도 하고 못 느꼈던 것을 느끼기도 한다.

이렇게 하브루타로 만난 그림과 작가는 아이들의 머릿속에 오래 각인된다. 그리고 꼭 그림으로만 하브루타가 가능한 것은 아니다. 조각품, 조형물 등으로도 충분히 하브루타 할 수 있다. 그림 하브루타는 부담이 적어 어른도 아이도 쉽게 접근할 수 있다. 그러니 가정에서 그림을 한 장 출력해서 아이들과 가볍게 대화 나누는 것으로 시작해 보자.

전시회를 관람하자

이제 작가의 작품을 실제로 만나보자. 책에 실린 그림이나 출력된 그림과 실제 전시된 그림을 접하는 것은 느낌이 다르다. 색감, 양감, 질감, 붓 터치의 느낌이 살아 있는 실제 작품은 더 많은 생동감을 준다.

"아는 만큼 보인다"라는 말이 있다. 전시회에서 작품을 제대로 즐기고 싶다면 작가와 대표 작품에 대해 미리 알아보고 관람하자. 작가의 생애와 작품의 뒷이야기를 알아보고 간다면 그 작품을 맞이했을 때 작품의 이해도가 깊어진다. 그리고 미리 알아 본 내용과 실제로 본 작품의 비슷한 점과 다른 점을 직접 비교해 볼 수도 있다.

그러니 우리 아이와 어떤 전시회를 갈지 정하고 작가는 누구인지, 대표 작품에는 어떤 것이 있는지, 그 작품엔 어떤 스토리가 담겨 있는지 함께 알아보자. 그 과정에서 작품을 보는 아이들의 시야가 넓어지고 예술을 즐길 줄 알게 되며 감성 지수를 키울 수 있게 된다. 이때 주의할 점은 모든 작품을 알아야 할 필요는 없다는 것이다. 단 한 작품을 보더라도 아이와 함께 깊이 이야기 나눌 수 있다면 그것으로 충분하다.

감상 후기를 나누거나 이후 활동을 해 보자

작품을 감상하고 난 후 전체적인 소감을 공유하자. 전체적인 소감을 공유한다는 것은 전시회, 작품을 본 후 머릿속에 중구난방으로 떠돌아다니는 생각을 정리할 수 있는 시간이 되어 준다. 또한 예술은 바라보는 이의 심리 상태를 대변하기도 한다. 그러므로 작품 소감을 나누면서 아이의 심리가 어떻게 변화되고 있는지도 느낄 수 있으며, 아이의 작품 취향도 알 수 있다.

최근 진행되는 전시회는 끝나기 전에 체험할 수 있는 곳들이 준비되어 있는 경우가 많다. 이곳에는 전시회와 관련한 체험들이 많으니 아이와 함께 참여해 보기를 권한다. 보기만 할 때와 작가처럼 내가 직접 그려보거나 만들어 보는 것은 느낌이 다르다.

감상 후기라고 해서 과제나 숙제처럼 강압적으로 진행하라는 말이 아니다. 아이들에게 질문과 권유로 다가서야 한다. 아이가 소감 공유를 어려워한다면 부모가 먼저 소감을 공유하며 가이드가 되어 주는 것으로 시작하자. 그 과정이 반복되면 아이들은 어느 순간 자기 생각을 잘 표현하게 될 것이다.

그림 하브루타 순서

1. 그림을 준비한다.

2. 그림을 보며 눈에 띄는 것들을 이야기해 본다.

3. 그림을 보며 궁금한 점들을 질문으로 만든다. 아이의 연령이 어릴 경우, 질문 놀이를 통해 아이가 질문을 만들 수 있도록 한다.

4. 질문으로 가족 토론을 진행한다.

5. 질문을 통해 해결하고 싶은 그림의 배경이나 작가에 대한 이야기를 함께 찾아본다.

6. 작가의 다른 작품이나 비슷한 주제를 그린 다른 작품을 찾아보며 이야기를 확장할 수 있다.

7. 토론한 내용을 바탕으로 나의 생각, 나의 변화, 나의 삶에 적용하는 법 등을 이야기하며 마무리 한다.

역사로 만나는
하브루타

'역사' 하면 어떤 생각이 떠오르는가? 아마도 학창 시절 지겹게 외워야 했던 연대표가 생각날 것이다. 혹은 누가 누구인지 헷갈릴 정도로 많은 인물이 생각나기도 할 것이다. 우리에게 역사는 학창 시절 성적을 위해 외우고, 외우고, 또 외웠던 과목이기 때문이다.

최근에는 역사의 중요성이 강조되고 있다. 우리 아이에게 역사 공부가 필요하다는 것은 세상도 인지하고 있는 바다. 한편으로는 '역포자'(역사를 포기한 자)라 칭하는 아이들도 늘어나면서 아이와 함께 역사 공부를 시도하려는 부모가 많아지는 추세다. 하지만 막상 아이와 함께 역사를 공부하려 하니 어디에서 어떻게 시작해야 할지 막막해지는 것이 현실이다. 그 이유는 학창 시절 배웠던 역사가 어렵고 힘들다는 인식이 남아 있기 때문이다. 게다가 무구한 역사를 자랑하는 우리나라인지라, 역사의 깊이가 너무 깊다는 것 또한 그 이유다. 우리 역사의 방대한 양은 우리를 움츠리게 만드는 요인이 된다.

가정에서 아이와 함께하는 역사는 선사 시대부터 근현대사까지 순서대로 이어져야 하는 것이 아니다. 역사 하브루타는 우리가 가진 역사 공부에 대한 틀에서 벗어나 즐겁고 재미있고 직접 체험해 볼 수 있는 시간이 되어야 한다. 역사 공부라는 부담감을 내려놓고, 우리 아이와 함께 즐기는 마음으로 역사 하브루타를 시작해 보자.

★ ★ ★ ★
열두 달 하브루타가 알려 주는 역사 하브루타

아는 만큼 보이는 유물, 유적

주말이면 아이들과 나들이를 나서보자. 가족 나들이도 역사 하브루타로 즐길 수 있다. 바로 유물, 유적을 직접 보고 체험해 보는 것이다. 역사적인 장소로 나들이를 간다면 그곳의 정보를 함께 찾아보고 가자. 예를 들어, 경복궁에 가기 전에는 경복궁에 대한 정보를 검색해 보자. 어느 시대의 궁인지, 각 전각의 의미와 역할, 건축 모양 등은 어떤지 알아보고 간다면, 경복궁이 입체적으로 보일 것이다.

이때 여유가 된다면 그 장소에 얽힌 이야기들에 대해서도 알아보면 좋다. 그러면 실제 장소에서 그 이야기의 장면을 상상해 보며 역사를 한 번 더 상기할 수 있다. 요즘에는 유물이나 유적들을 직접 만들어 볼 수 있는 키트들도 많이 팔고 있다. 아이가 흥미를 보인다면 유물, 유적 키트를 구입해서 만들어 보고, 그저 바라만 볼 때와 직접 만들어 봤을 때의 느낌을 함께 공유해도 좋다.

국경일은 쉬는 날이 아니다

"3·1절, 광복절, 한글날, 개천절이 무슨 날일까?"라는 질문에 "쉬는 날이요." 하고 답하는 아이들이 종종 있다. 국경일은 그냥 쉬는 날이 아니다. 국경일은 선조들이 우리가 지금의 문화 혜택을 누리며 편하게 살 수 있도록 만들어 준 날이다. 그러므로 하브루타를 통해 이런 국경일에 대해 아이와 함께 알아가는 시간을 가져보자. 예를 들어, 3·1절은 어떤 날인지, 3·1 운동은 왜 일어났는지, 독립을 위해 노력한 독립 운동가에는 어떤 분들이 계신지에 대해 이야기를 나눠보자. 수많은 독립 운동가 중 매년 한 명씩 알아보는 것도 좋은 방법이다.

국경일에 태극기를 다는 의미와 태극기를 다는 방법, 국경일과 관련한 특별한 일화에 대해서도 함께 알아볼 수 있다. 이처럼 국경일에 대해서 알아보고, 질문하고, 스스로의 생각을 정리한다면, 국경일은 더 이상 단순히 쉬는 날이 아니라 현재를 있게 한 의미 있는 날로 다가올 것이다.

생각 먼저, 검색 나중

역사를 다루면 생소한 단어를 많이 접하게 된다. 모르는 단어가 나왔을 때 우리는 자연스럽게 휴대폰을 꺼내 검색하게 된다. 하지만 역사 하브루타를 할 땐 검색은 뒤로 미뤄두자. 먼저 이야기의 앞·뒤 문맥을 파악하고 그 뜻을 유추해 보는 시간을 가지는 것이 좋다. 나아가 왜 그렇게 유추하였는지 아이의 설명을 함께 들어보자. 아이의 엉뚱한 이야기에도 "그럴 수도 있겠다"라며 환영해 주자. 아이가 유추한 뜻이 답이라면 자연스럽게 다시 이야기로 돌아가면 되고, 혹

다르다면 그때 아이와 함께 검색해서 뜻을 알아보자.

'생각'이라는 과정 없이 단어의 의미를 습득한 것과 '생각'이라는 과정을 거치며 습득한 단어의 의미는 다르다. '생각'이라는 과정은 정보를 아이의 머릿속에 더 오래 남게 하는 장치다. 그러니 아이가 정보를 자기의 것으로 만들 수 있는 시간을 기다려 주어야 한다.

역사 하브루타! 이렇게 해 보자

1. 역사도 사람으로부터 시작한다

역사는 사람에 의해 기록된 사람 사는 이야기다. 그러니 인물에서부터 역사 공부를 시작하면 재미있고 쉽게 역사를 접할 수 있다. 인물과 관련된 책들이 시중에 많이 나와 있으니 적당한 것을 골라 함께 읽으면 된다. 한 가지 소개하자면 《전래 동화보다 재미있는 한국사 100대 일화》가 있다. 이 책은 시대 순으로 인물의 이야기를 전개한다. 인물의 이야기를 통해 아이들의 호기심을 불러 일으키는 이 책을 통해 그 인물에 대해 알 뿐 아니라 그 시대의 배경과 사건 등으로 확장해 갈 수 있다. 그러니 이 책으로 아이에게 암기 공부를 바라지 말자. 부모와 아이가 즐거운 분위기에서 역사 속 인물에게 빠져 보기를 바란다. 한 장에 한 인물의 일화가 축약되어 있기에 베드타임 스토리, 즉 잠자리에서 아이와 함께 읽기에도 좋은 책이다.

책 속 인물의 이야기를 접한 후에는 아이들의 생각을 들어보자. 예를 들어, 단군 신화를 읽고 "네가 호랑이였다면 동굴을 뛰쳐나왔을 것 같아? 아니면 곰처럼 꾹 참았을 것 같아?" 혹은 "환웅의 배필이 된 곰을 보고 호랑이는 어떤 마음이 들었을 것 같아?" 등의 질문을 통해 역사 속 이야기에 아이의 생각을 확장시킬 수 있고, 아이의 상황에 적용해 볼 수도 있을 것이다.

2. 통사를 익히고 역사 동화로 재미를 더하자

인물에 대해 익숙해지면 이제 시대적 배경과 연결지어 보자. 시대적 배경을 접할 수 있는 역사책이나 역사 동화를 통해 역사 하브루타를 이어갈 수 있다. 이에 대해서는 《한국사 읽는 어린이 시리즈》를 추천한다. 이 책은 이야기 형식으로 쓰여 쉽게 읽히고 그림, 유물·유적 사진, 지도 등도 풍부하게 들어 있다. 게다가 통사, 문화, 종교 등 각 시대별 특징을 따로 다룬다.

'통사를 시작하면 시대순으로 다뤄야 하는 것이 아닐까?' 고민하는 부모님도 있을 것이다. 하지만 굳이 시대순으로 시작하지 않아도 된다. 예를 들어, '계백'을 알고 '김유신'을 알면 자연스레 둘이 만나 치른 황산벌 싸움으로 이어지게 되고, 그 이야기는 신라의 삼국통일로 이어질 수 있다. 이처럼 인물과 인물 주변의 시대상을 알게 되면 다른 역사의 조각들이 거미줄처럼 연결된다. 이렇게 역사의 폭을 넓혀가는 것이다.

고조선 시대부터 암기하기 시작하면 역사에 대한 흥미가 확 떨어진다. 한 사건이 담긴 스토리를 읽고 아이와 대화를 나눠보자. 신라 화랑에 대한 이야기를 듣고 "네가 김유신이라면 말의 목을 잘랐을까? 말의 목을 자르는 것 말고 방법은 없었을까?", "네가 화랑 관창이었다면 몇 번이고 죽음을 무릅쓰고 적과 싸우러 나갔을까?" 등의 질문으로 아이와 역사 하브루타를 할 수 있다.

역사 동화는 보통 비슷한 줄거리를 가지고 있다. 주인공인 아이가 역사적 배경 속에서 어려움을 딛고 성장해 가는 과정이다. 예를 들어, 《초정리 편지》를 읽으면서는 주인공 '장운'이가 세종대왕과 비밀 친구가 되어 한글 창제에 도움을 주고 석수로서의 실력도 쌓아가는 내용을 통해 '친구', '경쟁'에 대해 생각해 볼 수 있다. 또한 이 책을 읽다 보면 한글이 만들어지던 시기의 한글 표기법과 현재의 한글 표기법을 비교하고 없어진 글자들이 왜 없어졌는지 궁금해 지기도 한다.

동화 속 이야기를 접한 후에 그 동화의 배경이 된 시대에 대해 아이와 적극적으로 알아보는 시간을 가지자. 장운이가 세종대왕과 함께 일군 업적에 대해 스스로 검색해서 알아내 공부한 내용은 더이상 교과서 속의 역사가 아니게 된다. 주인공 장운이가 알려 준 재미있는 역사 여행이 된다. 또 다른 책으로는 《서찰을 전하는 아이》, 《손탁호텔》, 《왕세자가 돌아온다》 등을 추천한다. 역사 동화를 통해 하브루타를 진행하면 역사적 사실에 대해 알 수 있을 뿐 아니라 조상들이 알려 주는 삶의 지혜도 자연스럽게 습득할 수 있다.

아이가 어려 동화책을 읽기 어렵다면 역사 그림책을 통해서도 쉽게 접근할 수 있다. 역사 그림책의 경우 그 시대의 배경을 그림으로 표현하기에 시대를 직관적으로 확인할 수 있다. 또한 역사 그림책은 보통 역사 자료를 부록으로 제공한다. 이 자료는 역사를 모르는 부모도 손쉽게 활용할 수 있다. 《시골 쥐의 서울 구경》의 경우 그림책 내용을 통해 경성 시대의 시골과 서울의 모습을 확인할 수 있다. 더불어 방정환 선생님에 대해서도 알아볼 수 있다.

역사는 우리가 살아온 모든 날의 기록이다. 이 기록은 미래를 살아가야 할 우리에게 중요한 자산이다. 이런 중요한 자산을 알아보는 일을 힘들다는 이유로 자꾸 미루지 말고, 지금 생각나는 것들부터 아이와 이야기 나눠보자. 역사 하브루타로 역사에 즐거움과 흥미를 느낀 아이에게 역사는 새로운 이야기 세상이 될 것이다.

역사 하브루타 순서

1. 이야기 나누고자 하는 역사 주제의 그림책, 동화책, 소설 등을 읽는다.(글을 읽지 못하는 아동의 경우, 엄마가 먼저 읽고 이야기로 들려주어도 좋다.) 또는 유물, 유적의 사진을 보아도 좋다.
2. 책을 읽고 혹은 사진을 보고 느낀 점, 자기 생각을 공유한다.
3. 1, 2번의 내용을 통합해 질문 만들기를 한다.
4. 질문으로 가족 토론을 진행한다.
5. 어려운 단어, 모르는 단어, 역사적 배경에 대해 사실 확인 작업을 한다.
6. 토론한 내용을 바탕으로 나의 생각, 나의 변화, 나의 삶에 적용하는 법 등 이야기하며 마무리한다.

고전으로 만나는
하브루타

아이들의 책 읽기와 글쓰기에 많은 관심이 쏟아지고 있다. 이를 증명하듯 최근 독서 토론, 글쓰기 수업 등이 우후죽순으로 생겨났으며, 책 읽기, 글쓰기와 더불어 고전에 관한 관심도 높아지고 있다.

'고전'의 사전적 의미는 '오랫동안 많은 사람에게 널리 읽히고 모범이 될 만한 문학이나 예술 작품'을 말한다. 고전이 되기 위해서는 먼저 '오랜 기간 이어진 이야기'여야 하고 '후세들에게 도움이나 모범이 되는 이야기'여야 하며 작품성이 높은 작품이어야 한다. 즉, 고전은 오랜 세월 동안 감동, 삶의 지혜, 지식 등을 전하는 작품이다. 그렇기에 '고전'이라는 그 자체만으로 가치가 보장된다.

이런 요소들을 품고 있기에 고전은 어렵다는 인식이 있다. 고전이 어려운 이유는 눈에 보이는 개념을 잡기보다 눈에 보이지 않는 추상적인 개념을 잡아야 하기 때문일 수 있다. 그렇기에 고전은 하브루타와 잘 어울리는 작품이다.

고전 하브루타를 통해 추상적인 개념에 대한 가족의 생각을 알 수 있고 '나'라는 사람에 대해 고민하는 시간을 가질 수 있다. 나에 대해 알아가는 것은 살아가면서 꼭 거쳐야 하는 과정이다. 고전 하브루타를 통해 나를 알고, 남을 알고, 세상을 알아가는 시간을 가져보자.

★ ★ ★ ★
열두 달 하브루타가 알려 주는 고전 하브루타

또래 하브루타 짝을 찾아주자

고전을 자주 접하면 자연스레 생각이 많아진다. 그때 아이가 자기 생각을 나눌 짝을 찾아주는 것이 좋다. 특히 본격적인 고전 읽기에 들어가는 5-6학년 시기에는 또래 짝이 큰 힘이 된다.

부모와 함께하는 하브루타도 꼭 필요하다. 하지만 사춘기에 접어드는 학년에는 부모에게 말하지 못하는 생각들도 존재한다. 또래 하브루타 짝과 고전을 읽고 이야기를 나누면서 부모에게 쉽게 말하지 못하는 고민을 나누며, 위로도 얻고 동기부여도 받으면 이는 또 다른 자극이 되기도 한다.

마음의 여유를 가지고 쉬운 책으로 시작하자

우리는 뭐든 처음 시작할 때 의욕이 넘친다. 고전 읽기에도 마찬가지여서 유명한 책, 평이 좋은 책을 먼저 고르게 된다. 하지만 이는 우리 아이에게 독이 될 수도 있다. 고전을 시작할 때는 유명한 책이 아니라 우리 아이가 좋아하고 우리 아이 수준에 맞는 책을 선정해야 한다.

미취학 아동이나 초등 저학년이라면 오랫동안 사랑받아온 창작 작품으로 시작하는 것이 좋다. 책에 어려움을 느끼는 아이라면 이솝 우화, 탈무드, 전래 동화와 같이 이야기 형식으로 된 책으로 시작하는 것이 도움이 된다. 이때는 재미를 느껴 끈기 있게 오래 할 수 있는 힘을 키워주는 것이 좋다.

초등 고학년이 되면 본격적으로 고전 작품을 접하는 것이 좋다. 그중에는 세계 명작들, 《명상록》, 《톨스토이 단편선》, 《논어》, 《백범일지》, 《성경》 등이 있다. 또한 문학적 요소가 많이 있어 아이들이 거부감 없이 흥미를 느낄 수 있는 책으로는 《갈매기의 꿈》, 《꽃들에게 희망을》, 《아낌없이 주는 나무》 등도 있다.

처음부터 깊게 생각하고 접근하면 엄마도 아이도 금세 지친다. 그러니 마음의 여유를 가지고 매일 조금씩 함께하는 것을 추천한다. 매일 조금씩 고전을 읽고, 그에 대해 질문을 만들고 생각하는 시간을 가져보는 것이다. 고전은 단기간에 마스터하는 성질의 것이 아니다. 생각할 거리도 많고 오랜 시간 함께하는 것이니 마음에 충분한 여유를 가지고 고전 하브루타를 진행해 보자.

고전 하브루타! 이렇게 해 보자

1. 나의 본질을 알려 주는 고전 하브루타

아이가 고전을 읽었으면 하는 것이 많은 부모의 바람이다. 하지만 상당수 아이가 고전 읽기를 힘들어 한다. 고전을 읽고 하브루타를 하기는 커녕 완독 자체를 힘들어 하는 경우도 많다. 여기에서 의문이 생긴다. '아이가 어렵게 생각하고 힘들다고 느끼는 책을 꼭 읽

어야 할까?'

4차 산업 혁명 시대가 도래했다. 우리의 삶은 인공지능, 사물인터넷, 빅 데이터 등 새로운 기술로 변화하고 있다. 그 과정에서 지금껏 우리가 이끌어왔던 사람의 영역을 기술이 침범하게 되었다. 자기일을 빼앗긴 사람들은 이 기술을 넘어서는 방법을 연구했다. 그들이찾은 해답이 '사람다움'이다. 기술이 급격히 발달하면서 주춤했던인문학, 철학, 고전의 중요성이 다시 강조되고 있는 것이다.

카이스트 대학교 융합 인재 학부를 이끄는 정재승 교수님만의 특별한 과제가 있다. 그는 2학년부터 4학년까지 2년 동안 100권의 고전을 읽는 과제를 내 준다. 이는 과학이 발전할수록 인문학적 소양을 갖춘 과학자의 필요성을 반증하는 것이다.

이제는 더 이상 정답을 알려 주는 교육이 아니라 스스로 해답을찾아갈 수 있는 교육으로 변화하고 있다. 즉, 내 생각과 질문에 대한해답을 찾아가는 과정이 중요해졌다. 그 과정이 고전 속에 담겨 있다. 고전 속에는 지금 나의 문제가 담겨 있으며 답을 찾아가는 실마리를 제공한다. 이것이 고전 하브루타의 핵심이다.

우리는 고전을 통해 본질에 대해 고찰한다.

· 나는 누구인가?

· 인간은 어디로 와서 어디로 가야 하는가?

· 절대적 진리는 존재하는 것인가?

· 영원은 존재하는가?

· 사랑이란 무엇인가?

· 잘 살는 인생, 의미 있는 인생이란 과연 무엇인가?

고전을 통해 이런 본질적인 질문에 대한 해답을 생각해 볼 수 있다. 예를 들어, 《위대한 게츠비》를 통해서 부와 행복에 대해 생각해 보자. 이 책을 통해서는 다음과 같은 질문을 만들어 가족과 이야기를 나눌 수 있다.

· 돈이 많다고 행복한 것일까?
· 왜 이 책의 사람들은 돈에 허덕일까?
· 돈과 사랑의 의미는 무엇일까?
· 게츠비의 사랑은 진정한 사랑일까?
· 행복은 어디에서 기인하는 것일까?

이처럼 고전 하브루타는 사람다움을 고찰할 수 있는 시간이며 미래를 살아갈 우리 아이에게 꼭 필요한 시간이다.

2. 완독으로 시작하자

"고전이란 제목은 알지만 읽어보지 않은 책을 말한다"라는 우스갯소리가 있다. 그만큼 고전을 읽는 사람들이 많지 않다는 말이다. 왜 고전 읽기가 어려운 것일까? 첫째, 시대가 다르기 때문이다. 이는 청소년 친구들과 고전으로 수업할 때마다 절실히 느끼는 부분이다. 자신들이 살아가고 있는 현재와 너무 다른 배경과 문화이기에 선뜻 그 내용을 받아들이지 못할 때가 있다. 둘째, 두꺼운 양과 어려운 어휘에 있다. 고전에는 현재 우리가 사용하지 않는 어려운 단어가 많이 나온다. 게다가 두꺼운 책이 많다. 그러다 보니 자연스레 고전을 멀리하게 되는 것이다.

하지만 이러한 이유 때문에 고전을 멀리할 수는 없다. 한번에 읽기가 힘들다면 한 권을 조금씩 나누어 읽어가는 연습을 해야 한다. 이때 부모와 자녀가 함께하는 것을 추천한다. 함께하는 것에는 강력한 힘이 있다. 함께하면 책임감도 배가되며 부모와 아이가 같은 경험을 공유하게 된다. 더불어 완독은 큰 성취감을 준다. '해냈다'라는 성취감은 이후에 다른 책을 읽을 때에도 큰 힘으로 작용한다. 성공한 경험은 '난 할 수 있는 사람'으로 만들어 준다. 아이에게 억지로 강요하지 말고 부모와 함께 매일 조금씩 완독하는 것에 도전해 보자.

고전 하브루타 순서

오늘 책의 중간을 읽고 있다면, 이전에 읽었던 부분을 다시 상기해 보는 시간을 가지고 오늘의 하브루타를 시작하자.

1. 오늘 읽을 수 있는 분량까지 읽는다. 완독해야만 하브루타를 할 수 있는 것은 아니다.
2. 내용을 읽고 느낀 점과 자기 생각 등을 공유한다.
3. 어려운 단어, 모르는 단어의 뜻을 유추해 본다. 유추하고 난 후 검색을 통해 그 뜻이 맞는지 확인한다.
4. 1, 2, 3번의 과정을 통합해서 질문 만들기를 한다.
5. 질문으로 가족 토론을 진행한다.
6. 토론한 내용을 바탕으로 나의 생각, 나의 변화, 나의 삶에 적용하는 법 등을 이야기하며 마무리한다.

영상으로 만나는
하브루타

자녀 교육에서 빠지지 않는 잔소리가 영상 매체의 부작용이다. 그 부작용은 '자극'과 '중독'이라는 이름으로 많이 언급된다. 하지만 어딜 가나 영상 매체를 접하게 되는 현대 사회에서 영상을 완전히 차단하기란 힘든 것이 현실이다. 완전히 차단할 수 없다면 좋은 방향으로 활용할 수 있어야 한다. 그게 바로 영상으로 만나는 영상 하브루타이다.

아이와 함께 볼 수 있는 영화 및 애니메이션은 문학과 친밀하다. 더불어 애니메이션의 경우 목소리와 움직임으로 캐릭터의 개성을 부각시키고 영상의 속도나 BGM 등을 활용해 스토리를 흥미롭게 이끌어간다.

이런 과정에서 아이들은 캐릭터에 몰입하게 되고 스토리에 푹 빠지게 된다. 스토리에 몰입 한 아이들은 주인공의 상황과 감정에 더 잘 이입하게 되고 깊이 공감할 수 있게 된다.

또한 애니메이션의 경우 보통 전체 연령가이기에 자극성, 폭력성이 낮은 편이다. 부모가 자녀와 함께 영상을 보면서 수위를 조절하고, 대화를 통해 생각을 이끌어낸다면 영상은 아이의 상상력과 시야를 확장하고 다양한 매체를 경험하는 풍성함을 제공해 줄 것이다.

★ ★ ★ ★

열두 달 하브루타가 알려 주는 영상 하브루타

책이 지루해질 땐 영상으로 만나보자

책은 남녀노소 누구에게나 좋은 요소로 작용한다. 그렇기에 부모는 우리 아이가 책을 많이 읽었으면 좋겠다는 바람을 가진다. 하지만 책을 좋아하지 않는 아이에게 억지로 권하면 반감만 더 사게 된다. 책을 좋아하는 아이도 책을 읽기 싫은 날이 있다. 이럴 때 억지로 책을 읽히지 말고 관련된 영상을 함께 보는 시간을 갖자.

영상을 먼저 접하고 다시 책을 보는 것도 좋다. 그러면 아이들은 책에 더 흥미를 느끼고 이해도 빨라질 것이다. 《마당을 나온 암탉》도 책으로 접했을 때 아이들이 어렵게 느끼는 경우가 있다. 책의 내용에 담긴 의미를 파악해야 하기 때문이다. 반면, 이 책을 각색해서 만든 애니메이션 〈마당을 나온 암탉〉의 경우 아이들이 쉽게 이해할 수 있도록 제작되었다. 애니메이션에서 등장하는 수달, 초록머리의 비행 시합은 원작에 없는 내용이지만 이런 재미 요소들이 가미되어 아이들의 흥미를 끈다. 이렇게 영상을 보고 난 후 다시 책을 본다면 아이들은 책에 흥미를 느끼게 되고 더 쉽게 이해할 수 있을 것이다.

적절한 영상 매체 선정이 중요하다

아이가 과학을 좋아한다면 〈마션〉, 〈인터스텔라〉, 〈그래비티〉, 〈가타카〉, 〈AI〉, 〈투모로우〉 등의 영화를 추천한다. 영화를 본 후에 화성에서의 삶이 어떻게 가능한지, 우주 개발을 하는 것이 인류에게 정말 필요한 것인지, 우주에는 어떤 힘이 작용하는지, 유전공학의 명암은 무엇인지, AI는 우리 삶을 어떻게 바꿀지, 환경 문제를 해결하기 위해 지금 우리가 해야 할 일은 무엇인지 등에 대해 깊은 이야기를 나눌 수 있다.

역사도 영화로 함께할 수 있다. 〈명량〉, 〈한산: 용의 출현〉, 〈덕혜옹주〉, 〈택시 운전사〉, 〈국제시장〉, 〈1987〉, 〈동주〉, 〈고지전〉 등 많은 영화를 통해 과거의 역사적 사실 뿐만 아니라 당시의 집 구조, 음식, 복식 등 문화와 신분제, 유신, 일제 강점기와 같은 시대 상황을 더 구체적으로 이해할 수 있다. 로마 제정 시대를 보여 주는 〈글래디에이터〉, 십자군 전쟁을 다룬 〈킹덤 오브 헤븐〉, 산업화 시대를 풍자한 〈모던타임즈〉, 2차 세계대전을 다룬 〈줄무늬 파자마를 입은 소년〉, 〈쉰들러 리스트〉, 인종 차별 문제를 보여 주는 〈히든 피겨스〉 등의 영화는 아이들이 세계사를 이해하고, 세계 시민으로서의 자질과 역량을 가질 수 있도록 도와준다.

소설책을 영상으로 만든 작품도 있다. 〈해리 포터〉, 〈찰리와 초콜릿 공장〉, 〈마틸다〉, 〈세 얼간이〉, 〈완득이〉, 〈스타걸〉, 〈오만과 편견〉, 〈제인에어〉, 〈작은 아씨들〉, 〈전우치〉 등 많은 베스트셀러 작품이나 고전들이 영화로 제작되었다. 고전을 읽기 힘들어하는 아이가 있다면 영상을 먼저 보고 책을 읽을 수 있도록 권해 보자.

마지막으로 OTT 플랫폼에서 제공하는 단편 애니메이션이나 다큐멘터리를 추천한다. 단편 다큐멘터리의 경우 시간이 짧으면서도 다양한 생각거리를 제공하기 때문에 온 가족이 함께 시청하고 하브루타를 하기 좋다. 흔히 다큐멘터리 하면 지루하다는 생각을 가진다. 하지만 최근 제작된 다큐멘터리는 다양한 구성과 주제를 다루고 있으면서 극본의 짜임새도 좋다.

아이와 함께 하브루타 하기 좋은 애니메이션으로는 〈Treads〉, 〈For the bird〉, 〈a Joy story〉, 〈BAO〉, 〈piper〉, 〈나무를 심는 사람들〉 등이 있다. 다큐멘터리로는 동물들의 이야기를 다룬 〈야생의 새끼들〉, 〈우리의 지구〉,〈나의 문어 선생님〉이 있으며, 큐브의 경쟁 세계에서 우정을 보여주는 〈스피드 큐브의 천재들〉, 쓰레기를 예술로 승화한 〈웨이스트 랜드〉, 세상을 바꾼 엄마들의 위대한 여정을 담은 〈학교 가는 길〉이 온 가족이 즐겁게 시청하고 하브루타 하기 좋은 영상이다.

영상 하브루타! 이렇게 해 보자

1. 온 가족이 함께 즐기는 시간

영상 하브루타는 가족이 함께 영화나 애니메이션을 감상하는 것에서 시작한다. 시간을 정해 온 가족이 모여 함께 시청하는 것은 아이들에게 친밀감과 행복감을 준다. 집에서 영상을 시청할 때는 편안한 자세로 좋아하는 간식을 먹으며 중간중간 대화도 나누면서 시청하는 것도 좋다. 영화의 내용을 이해하고 의미를 파악하는 것도 중요하지만 더 중요한 것은 가족이 함께 영상을 시청하며 시간과 생각을 공유하는 것이다.

영상을 다 본 후에 가장 인상 깊은 장면이나 대사에 대해 이야기 나눠보자. 같은 영상이라도 가족 구성원 개개인이 느끼는 의미는 다르다. 이것은 이해의 수준에 따라 달라지기도 하고 성별 및 나이에 따라 달라지기도 한다. 이런 관점에서 하브루타를 진행하면서 가족의 다양한 관점을 알 수 있다.

이후 각자 질문을 생각해 보고 그중 함께 이야기 나누고 싶은 질문 및 논제를 정하자. 자녀가 어린 경우에는 영상 내용을 간단히 정리한 후 진행해도 좋다. 이때 부모들은 영상 해석에 대한 지침을 주는 것이 아니라 영상을 다양한 관점에서 바라볼 수 있도록 적절한 질문을 던져 주는 것이 중요하다.

마지막으로 영상을 보고 대화를 나눈 후에는 자신의 마음에 남은 키워드 3개, 혹은 오늘 배운 점에 관해 이야기 나누자. 이것은 자녀들이 영상을 다양한 관점에서 비판적으로 읽어내도록 자극하며 현재의 자신을 돌아보는 요소로 작용하게 한다.

2. 영상 하브루타를 통해 영상 매체를 돌아보자

영화 및 애니메이션에는 등장인물이 눈에 보이기 때문에 아이들이 등장인물에 대해 깊은 감정이입을 느낀다. 아이들은 다양한 등장인물에 자신을 이입해 봄으로써 단편적인 읽기가 아니라 다양한 측면에서 사건을 바라볼 수 있다. 이러한 간접 경험들은 자녀들이 성장해서 다양한 사람들을 만나고 사회를 이해하는 데 도움을 준다.

영상 매체의 이런 장점이 단점으로 나타나기도 한다. 서두에 말했던 자극과 중독이다. 영상은 책보다 입체적이고 시각적인 자극이 강하기 때문에 영상에 오래 노출이 되면 책에서 시각적 자극을 느끼기 힘들게 된다. 그리고 계속 흘러가는 영상에 깊이 빠져버리기도 한다. 이런 요소를 우리 아이가 스스로 제어할 수 있도록 하브루타를 진행하자. 아이들과 어떤 영상을 선정해야 하는지, 영상을 접하는 시간은 어느 정도가 좋은지 등에 대해 함께 이야기 나눠볼 수 있다. 더 나아가 영상 매체를 어떻게 이해하고 읽어나가야 하는지도 배울 수 있다.

최근 '미디어 리터러시'라는 말이 등장했다. 이는 미디어를 읽고 쓸 줄 아는 주체적인 능력을 의미한다. 즉, 미디어의 내용을 비판적인 시각으로 평가하고, 거기에 나의 것을 더해 창조하면서 미디어 제작에 참여하는 것을 일컫는다. 우리는 영상 하브루타를 통해 미디어 리터러시 역량을 학습할 수 있다.

영상 하브루타 순서

1. 오늘 볼 영상의 메인 화면을 보고 어떤 내용일지 유추해 보자.

2. 영상을 시청한다.

3. 영상을 보고 느낀 점, 자기 생각을 공유한다.

4. 영상을 보고 난 후 질문 만들기를 한다.

5. 만든 질문으로 가족 토론을 진행한다.

6. 토론한 내용을 바탕으로 나의 생각, 나의 변화, 나의 삶에 적용하는 법 등을 이야기하며 마무리한다.

과학으로 만나는
하브루타

'오늘은 뭐하고 놀지?'

'어떻게 하면 좀 더 유익한 놀이를 할 수 있을까?'

아이와 시간을 보낼 때 머릿속에 떠다니는 고민이다. 최근 놀이의 중요성이 강조되면서 아이와의 놀이 시간을 확보하려는 부모가 늘고 있다. 덕분에 가정에서 할 수 있는 수많은 놀이 정보가 쏟아져 나온다. 하지만 과학을 활용한 놀이에는 선뜻 나서지 않는다. 아이에게 과학적 이론을 설명해 주어야 한다는 부담감이 크게 작용하기 때문이다.

하지만 이는 부모의 착각이다. 과학 놀이 하브루타는 과학 이론을 아이에게 가르치는 과정이 아니라 과학적 원리를 이용해 온 가족이 재미있게 노는 시간이다. 놀이에 더해서 생각하고, 질문을 만들고,

대화하며 토론하는 유익한 시간이다.

열두 달 하브루타가 알려 주는 과학 하브루타

가르치지 말고 함께하자

부모는 아이에게 뭐든 가르쳐 주어야 한다고 생각한다. 하지만 부모가 가르치려는 순간 아이는 스스로 생각할 기회를 빼앗긴다. 그러니 아이에게 무언가 주어야 한다는 생각을 버리고, 아이가 자신의 창의력을 신나게 발휘할 수 있도록 판을 깔아주는 과학 하브루타를 실천해 보자.

일상이 과학이다

흔히 '과학' 하면 실험실, 실험 장비, 실험 도구 등이 떠오를 것이다. 이처럼 어떤 특정 도구가 있어야 과학 놀이를 할 수 있다고 생각한다. 하지만 실제 과학은 우리 일상에 녹아 있다. 아이와 산책하며 시간에 따른 그림자 길이의 변화를 바라보는 것, 구름이 움직이는 것을 보며 이야기 나누는 것, 계절에 따른 나뭇잎의 변화 등이 전부 과학의 한 부분이다.

우리 주변에는 이처럼 수많은 과학적 요소가 숨어 있고, 그것을 발견하고 관찰하는 것이 과학을 만나는 길이다. 깎아둔 사과가 갈색으로 변화하는 과정, 과일청을 만들 때 물이 생기는 과정, 옷을 입을 때 정전기가 생기는 이유, 냉장고에 음식을 넣어두면 시원해지는 원리, 리모콘으로 TV를 켤 수 있는 원리, 인덕션에서는 특정 냄비만 사용할 수 있는 이유 등 많은 과학 원리들이 삶 속에 자연스럽게 스며들어 있어 우리가 놓치고 있을 뿐이다.

그러니 우리 아이와 함께 일상 속 과학을 함께 찾아보는 시간을 가져보자. 이 과정에서 자연스럽게 아이의 관찰력이 길러질 것이다. 주변에 흘러가는 것들을 그저 흘러가는 것으로 보지 않는 능력이 생기는 것이다. 이런 관찰력은 과학적 사고의 첫 단계다.

답을 찾는 과정을 즐기자

약도 없고 치료법도 없는 병이 있다. 바로 '왜?' 병이다. 아이들의 눈에는 세상 모든 것이 궁금하기 때문이다. 부모는 아이의 이런 질문에 정확한 답을 주려고 노력한다. 그렇게 답을 찾는 과정에서 부모는 아이의 질문에 지쳐간다. 사실, 우리 아이에게 중요한 것은 답을 알려 주는 것이 아니라 함께 답을 찾아가는 과정이다. 아이와 함께 모르는 것을 찾아보고 탐구해 가는 경험이 중요하다.

아이가 궁금증을 가진다면 그 주제에 대해 아이와 이야기 나누자. 왜 이런 일이 생기는 것인지, 어떤 원리로 작용할 것 같은지 추측해 보는 시간이다. 우리 가족의 추측이 끝이 나면 실험, 정보 탐색을 진행하자. 해답을 찾아가는 과정에서 우리 아이는 생각하는 힘을 키울 수 있다.

간혹 결과가 우리의 예상과 다르게 나올 수 있다. 이럴 때 아이와 함께 실패의 원인에 대해서 알아보고 보완해서 다시 시작하자. 이런 과정을 통해 우리 아이는 좌절해도 다시 도전하는 내면의 힘이 생긴다. 그러니 우리 아이와 과학 하브루타를 진행할 때 과정에도 의미를 부여해 시간 자체를 즐길 수 있도록 하자.

과학 하브루타! 이렇게 해 보자

1. 아이에게 주도권을 주어라

과학 놀이는 정해진 순서대로 진행되어야 한다고 생각한다. 하지만 우리 아이와 과학 놀이를 할 때는 아이의 손에 실험 과정을 맡겨 보는 것이 좋다. 호기심 덩어리인 우리 아이들은 '이렇게 해 볼까?', '왜 이렇게 되지?', '이렇게 하면 어떻게 될까?'라며 자연스레 놀이를 주도한다. 그럴 때 부모의 마음은 불편해진다. 정해진 순서대로 하지 않으면 원하는 결과가 나오지 않는다는 것을 알기 때문이다. 하지만 아이가 주도적으로 이것저것 해 보는 과정에서 새로운 결과가 나올 수도 있다. 또 험난한 과정 끝에 원하는 결과가 나온다면 기쁨과 성취감은 더 고취된다. 그러니 부모가 원하는 방향으로 흘러가지 않더라도 아이가 주도적으로 해 볼 수 있도록 기다려 주자. 물론 위험하지 않아야 한다는 기준은 마련해 주어야 한다.

아이의 주도성은 배경지식에서 나올 때가 많다. 평소 책으로 아이의 배경지식을 많이 쌓아두자. 어린 연령대의 아이에게는 과학전집에서 시작해 과학도서 《한입에 쏙쏙 편의점 과학》, 《용선생의 시끌벅적 과학교실》, 《과학이 톡톡 쌓이다! 사이다》, 《흔한 남매 과학 탐험대》, 《악동 김블루의 친절한 과학》, 《놓치마 과학!》, 《어린이 과학 형사대 CSI》, 《내일은 실험왕》, 과학잡지 〈과학동아〉, 〈과학 소년〉 등을 통해 재미있는 이야기로 과학을 접할 수 있다.

2. 우리 가족만의 과학 놀이 규칙을 정하자

과학 놀이를 아이들이 주도해서 하는 것이 좋다는 것은 알고 있다. 하지만 과학 하브루타는 위험 요소를 안고 있으며 준비 과정부터 마무리까지 해야 할 일도 많다. 그러니 과학 하브루타를 시작할 때는 우리 가족만의 규칙을 정하는 것이 좋다. 위험한 도구나 재료를 다룰 때는 어떻게 할 것인지, 준비와 정리는 어떻게 할 것인지 등을 정하자. 예를 들면 이런 것들이다.

· 과학 놀이 재료는 먹지 않는다.
· 위험한 재료를 사용할 때는 반드시 부모님과 함께한다.
· 부모님이 STOP을 외치면 바로 멈춘다.
· 실험 중에는 절대 입과 눈에 손을 대지 않는다.
· 실험 후에는 비누와 물로 깨끗하게 손을 씻는다.
· 과학 놀이 후 정리 정돈은 함께한다.

이렇듯 과학 놀이 하브루타에서는 아이들의 안전을 우선에 두어야 한다. 안전이 확보되어야 즐겁게 즐길 수 있기 때문이다.

과학 하브루타를 한 후에는 결과를 발표하는 시간을 갖는 것이 좋다. 가족 앞에서 어떤 과정으로 과학 놀이를 했는지 설명하거나 그림으로 표현하는 것이다. 이런 시간을 통해 다시 한 번 과학 놀이 과정을 떠올리면서 인과 관계를 생각하게 되고, 논리적 사고력이 향상될 수 있다. 그리고 과학 놀이 결과를 자료로 남겨두면 이후 같은 실험을 했을 경우에 좀 더 다른 자극을 줄 수 있어 이전보다 더 발전된 방향의 결과를 남길 수 있다.

사실, 과학 놀이라고 부르며 놀이처럼 접근하려 해도 부모에게 과학은 어려운 요소일 수 있다. 내가 아이에게 알려 준다는 마음을 버리고 아이와 함께 원리를 알아간다는 마음으로 과학 하브루타에 접근하자. 아이가 과학 개념, 원리를 이해하지 못하더라도 실망하지 말자. '이런 현상이 일어나는구나. 재미있다. 다음에 또 하고 싶다'라는 마음을 가질 수 있다면 충분하다. 아이들이 성장하면 이해하는 범위가 자연스럽게 넓어지면서 스스로 깨칠 때가 온다. 그것이 진정한 앎이 된다.

과학 하브루타 순서

1. 실험 준비물은 준비한다.

2. 준비물을 보고 어떤 실험일지, 어떤 결과가 나올지 유추해 본다.

3. 안전에 유의해서 실험을 시행하고 결과를 작성한다.

4. 실험 준비, 실험 과정, 실험 결과를 통합해 질문 만들기를 한다.

5. 만든 질문으로 가족 토론을 진행한다.

6. 토론한 내용을 바탕으로 나의 생각, 나의 변화, 나의 삶에 적용하는 법 등을 이야기하며 마무리한다.

일상으로 만나는
하브루타

H A V R U T A

매일 당연히 해야 하는 것을 해나가는 것이 일상이다. 그러므로 일상은 우리에게 특별하게 다가오지 않는다. 그래서 우리는 이런 일상을 의미 없이 쉽게 흘려보내곤 하지만 하브루타에서 일상은 아이와 함께 대화하는 소중한 시간이 된다.

일상 하브루타는 특별히 정해진 텍스트를 가지고 하는 것이 아니다. 오늘 학교에서 있었던 이야기, 친구 문제로 속상한 이야기, 가족여행에 관련된 이야기, 가족 기념일에 관한 이야기, 우리 가족의 올한해 목표를 나누는 이야기, 한 주간의 식단표를 정하는 이야기 등아이와 대화할 수 있는 모든 요소가 일상 하브루타다.

다른 텍스트를 활용한 하브루타보다 일상 하브루타를 낯설게 느끼는 경우가 많다. 이는 일상 하브루타는 뭔가 한 것 같지 않은 기분이 들기 때문에 이렇게 하는 것이 맞는지 확신이 없어진다. 그럼에도 일상 하브루타가 중요한 이유가 있다. 바로 일상 하브루타는 우리 아이와 부모 간 소통의 창이기 때문이다.

일상 하브루타를 통해 아이는 부모의 사랑을 느끼고, 신뢰를 느낀다. 이는 아이들의 자존감을 올려주고 세상에 도전할 수 있는 용기를 북돋아준다. 우리는 자연스럽게 흘러가는 일상 위에 '소통'이라는 배를 띄워야 한다. 그 배 위에서 우리 아이가 제대로 된 방향으로 키를 돌릴 수 있도록 도와주는 것이 바로 일상 하브루타다.

★ ★ ★ ★
열두 달 하브루타가 알려 주는 일상 하브루타

존중하고 이해하고 공감하는 마음

소통의 중요성은 아무리 강조해도 지나침이 없다. 소통을 잘하기 위해서는 전제되어야 할 것이 있다. 바로 아이를 존중하고 이해하고 공감하는 마음이다. 부모는 아이를 하나의 인격체로 존중해 주고(존중), 아이의 감정을 있는 그대로 인정하며(이해), 아이의 감정에 대해 공감하는(공감) 마음을 가져야 한다. 부모가 보여 주는 존중, 이해, 공감의 마음을 아이들은 온몸으로 느낀다. 그러니 이 세 가지 마음을 아이에게 잘 표현할 수 있어야 한다.

잘 표현하는 첫 번째 방법은 아이에게 질문하는 것이다. "너는 어떻게 생각하니?"라는 질문을 통해 아이는 존중을 느낀다. "어떻게 그런 생각을 했어?"라며 아이의 생각을 인정해 주는 질문을 통해 아이는 자신에 대한 믿음을 가지게 된다. 스스로에 대한 믿음은 어느 자리에서건 당당하게 자기 생각을 말할 수 있는 자신감을 갖게 한다. "너는 그렇게 생각했구나"라는 공감어린 말을 통해 아이는 정서적 안정을 느끼고, 부모에 대한 신뢰감이 형성된다.

두 번째 방법은 부모와 자식 간의 대화를 대등한 관계로 이어가는 것이다. 보통 부모와 자식 간의 관계는 수직적인 관계인 경우가 많다. 그러나 이 수직적인 관계가 대화 속에 스며들면 문제가 생긴다. 부모는 아이들의 생각을 통제하고 그들의 권위로 억압할 수 있기 때문에 아이들과 좋은 소통을 하기가 힘들어진다.

대등한 관계라고 해서 서로를 막 대해도 된다는 말은 아니다. 대등한 관계의 대화는 부모가 한발 먼저 가는 것이 아니라 아이와 손 잡고 함께 발맞춰 나아가는 것이다. 이런 형식의 대화를 통해야만 진정한 소통이 이루어질 수 있다.

고퀄리티 힐링 수다

일상 하브루타를 다른 말로 표현하자면 '고퀄리티 힐링 수다'라고 할 수 있다. 다른 하브루타는 배움, 공부, 학습에 어느 정도 기인한다. 그에 반해 일상 하브루타는 겉으로 보기엔 즐거운 수다 시간과 비슷하다. 하지만 이 시간을 버리는 시간이라고 여기면 곤란하다. 이는 단지 그냥 수다가 아니라 말 그대로 고퀄리티 힐링 수다이기 때문이다.

아이들은 이 과정에서 상대의 생각을 알 수 있고 대화 속에서 논증을 찾으며 비판적으로 분석하고 평가하는 것을 배운다. 더불어 상대의 이야기를 경청하는 법도 배우게 된다. 또한 자신의 이야기를 나누면서 마음속 힐링을 느낄 수 있다.

이런 고퀄리티 힐링 수다는 부모와 자녀 간의 질 높은 상호 작용으로 이어지고 이는 다시 아이들의 정서적 안정으로 이어진다. 아이는 이를 통해 부모에 대한 신뢰감을 더 얻게 되고, 긍정적인 관점을 가질 수 있게 된다.

부담스러운 시작, 맛으로 풀어가자

하브루타가 낯선 아이들은 형식적인 자리에서 틀에 맞춰 하브루타를 진행하면 부담을 가진다. 그러니 일상 하브루타를 시작하는 단계에서 아이들의 마음을 먼저 열어주는 것이 좋다. 그 방법은 바로 맛있는 음식이다. 맛있는 음식을 먹으면 기분이 좋아진다. 기분이 좋아지면 대화도 잘 풀어 갈 수 있다. 그러니 어떻게 시작해야 할지 모르겠다면 맛있는 음식을 먼저 준비하자. 음식을 먹으며 자연스럽게 분위기를 만드는 것! 긴장도 마음도 무장해제가 되는 순간이 하브루타를 시작하기 좋은 타이밍이 된다.

일상 하브루타! 이렇게 해 보자

1. 닫힌 질문에서 열린 질문으로

질문에도 여러 종류가 있다. 그중 닫힌 질문과 열린 질문이 있다. '닫혔다'와 '열렸다'라는 표현은 상대가 어떤 답을 하도록 하는지에 의해 나뉜다.

닫힌 질문이란 "예", "아니오"로 답할 수 있는 질문, 정답이 정해진 질문을 말한다. 예를 들어, "지금 저녁 먹을 거야?" 하고 질문하면 "네", "아니오"로 답할 수 있다. "2+3은?"이란 질문도 "5"라는 답이 정해진 질문이다. 이런 형식의 질문이 닫힌 질문이다.

열린 질문은 뭘까? "오늘 저녁에 뭐 먹을래?" 하고 물어본다면 아이들은 자신이 먹고 싶은 음식을 말하게 된다. "예", "아니오"로 답하는 것이 아니라 다양한 음식 중에 자신이 먹고 싶은 것을 생각해서 답할 것이다. 이것이 열린 질문이다.

물론 닫힌 질문이 필요한 상황도 분명히 있다. 하지만 하브루타에서 아이들의 생각을 끌어내는 질문으로는 적합하지 않다. 열린 질문을 통해 아이들이 스스로 생각할 수 있는 힘을 키워주고 생각을 확장해 주는 것이 좋다.

"너는 어떻게 생각하니?"

"왜 그렇게 생각하니?"

"그렇게 했을 때 어떻게 될 것 같니?"

이런 열린 질문을 처음 접하면 아이들은 당황해 한다. 늘 답이 있는 질문을 받고, 그에 대한 정답을 찾기 위해 노력한 아이들이기 때문이다. 그러나 열린 질문을 통해 생각하는 힘을 키우게 된다면, 먼 미래에는 자기 자신에게 질문하고 앞으로 나아가는 힘을 얻게 될 것이다. 즉, 아이가 스스로 생각해서 말로 표현하고 결과를 예측하며 자기 생각의 논리성을 따져볼 수 있도록 도와주는 것이 바로 열린 질문의 힘이다.

일상 하브루타 순서

1. 아이들과 함께 모일 장소, 시간을 만든다.

2. 오늘 아이의 컨디션, 상황, 우리 가족의 이슈 등에 관한 이야기로 시작한다.

3. 2번을 듣고 아이의 고민이나 문제점, 해결 방안 등에 대해 토론한다.

4. 더 나은 답이나 방향은 없는지 함께 고민한다.

5. 토론한 내용을 바탕으로 나의 생각, 나의 변화, 나의 삶에 적용하는 법 등을 이야기하며 마무리한다.

어휘로 만나는
하브루타

"참~ 좋은데 뭐라 설명할 방법이 없네."

이런 광고가 있었다. 이 말은 어휘력과도 관련되어 있다. 우리는 간혹 어떤 말로 표현해야 할지 몰라 '어버버' 하는 순간을 경험했을 것이다. 지금 상황에 맞는 적절한 단어가 생각나질 않기 때문이다. 더 큰 문제는 이런 어휘력 부족이 문해력에도 큰 영향을 미치고, 우리 아이의 학교 성적에도 영향을 미친다는 점이다.

예전에는 문맹이 큰 문제였다. 글을 읽고 쓰지 못하는 것은 일상에 많은 불편을 야기했다. 그러나 우리 고유의 한글을 사용하게 되면서 한국에서는 더 이상 문맹률이 문제가 되지 않았다. 우리나라는 문맹률이 가장 낮은 나라다.

그러나 최근 우리 아이들이 글을 읽기는 하지만 그 뜻을 제대로 이해하지 못한다는 것이 큰 문제가 되고 있다. 이게 문해력이다. 문해력이 좋은 아이는 상황 파악 능력이 좋고 이해력도 빠르다. 그렇기에 학업이 조금 뒤쳐져도 금세 따라 올라갈 수 있다. 이런 문해력을 올리기 위해서는 단어를 많이 알아야 한다. 어휘 하브루타는 문해력을 쑥쑥 올려준다. 어휘 하브루타를 통해 우리 아이가 적재적소에 어울리는 말을 사용하고 응용할 수 있도록 하자.

★ ★ ★ ★
열두 달 하브루타가 알려 주는 어휘 하브루타

책은 만고의 진리다

책은 단어들의 조합으로 이루어진다. 그만큼 책에는 많은 어휘가 담겨 있다. 그리고 작가들은 책을 쓸 때 어떤 단어를 사용하는 것이 좋을지 고민을 많이 한다. 앞뒤 문맥을 고려해서 의미를 잘 표현할 수 있는 적절한 단어를 사용한다. 그러니 어휘의 다양한 활용법을 책 속의 문장과 상황으로 학습할 수 있다.

만약 책을 읽다가 모르는 단어가 나왔다면, 먼저 그 단어의 앞뒤 문장을 통해 내용을 유추해 보자. 그리고 단어의 뜻을 찾아서 내가 유추한 것과 어떠한 차이가 있는지 비교하며 단어를 학습해 나가자. 모르는 단어가 많이 나오는 책은 읽기 힘들어 어렵다. 내용이 이해되질 않고 매번 단어를 찾는 데 오랜 시간을 소비하기 때문이다. 우리 아이가 알고 있는 단어의 양이 적거나 책 읽는 것을 어려워한다면 아이의 학령기보다 좀 더 쉬운 책을 선정해서 시작하는 것이 좋다. 그렇게 서서히 단계를 올려가는 것이다.

의성어, 의태어 같은 것들은 몸으로 표현하도록 하는 것도 도움이 된다. 예를 들어, "빗방울이 톡톡 떨어집니다"라는 문장을 읽을 때 검지 손가락을 이용해서 아이의 팔뚝에 살짝 두 번 두드리며 '톡톡'을 읽는 것이다. 반면 '툭툭'을 읽을 때는 주먹을 가볍게 쥐고 노크하듯 아이의 팔을 두드리며 그 차이를 눈으로 보여 준다. 이 과정에서 아이들은 그 느낌을 인지해서 적절하게 표현할 수 있게 된다.

책은 우리 아이가 평생 함께해야 할 좋은 친구다. 그러니 빨리 가고 싶은 욕심에 높은 난이도의 책을 주로 권하거나 강압적으로 시작하지 말자. 우리 아이의 뇌가 책 읽는 것을 재미있는 놀이로 느낄 수 있게 즐겁게 시작하자.

책 읽기보다 효과적인 부부간의 대화

부부간의 대화가 우리 아이 어휘력에 큰 효과를 준다는 사실을 알고 있는가? 아마 대부분 모를 것이다. 우리는 부모가 아이에게 말을 많이 걸어 주는 것으로 만족하곤 한다. 그러나 어른과 어른의 대화는 아이들에게 있어 어휘력 현장 학습과 같다.

1988년 미국 하버드 대학에서는 2년에 걸쳐 밥상머리에서의 대화를 녹음하여 분석한 실험을 실시했다. 실험 결과, 부모가 자녀에게 책을 읽어 줄 때는 평균 140개의 단어가 나왔지만, 가족의 식사 시간에 나온 단어는 무려 1,000개에 달했다고 한다. 가족간의 대화를 통해 이 단어를 어떤 상황에서 어떻게 사용하는지 실시간으로 보고 배운 것이다.

많은 단어에 노출된 아이들은 단어 활용력이 높아지고, 대화 속에 담긴 의미를 파악하는 실력이 향상되면 문해력이 높아지게 된다. 우리 아이에게 많은 어휘를 전하고 싶다면 부부간의 대화를 자주 하자.

어휘 하브루타! 이렇게 해 보자

1. 어원 찾기

어원은 말의 근간을 찾아가는 과정이다. 어원 찾기를 너무 어렵게 생각하지 말자. 검색해서 나오는 딱 그 정도만 알아보자. 예를 들어, 하늘의 어원을 찾아보자. '하나'라는 단어는 '크다, 가득하다'라는 뜻이다. 여기에 '울'이 붙어서 '한울'이 되었고 '한울'은 다시 '하늘'로 변했다는 설이 있다. 하늘을 나타내는 '천'(天) 자를 분해하면 '끝없이 무궁하다'라는 뜻의 '한 일'(一)과 '큰 대'(大)가 합쳐진 말이다. 즉, 우주의 광대함을 표현한 글자가 한자 하늘 '천'이다. 이렇게 어원을 알아보는 것은 아이들이 단어를 단순히 암기만 하지 않고 이야기로 듣기 때문에 오래 기억할 수 있다.

2. 한자로 된 글자 풀이

우리의 말에는 한자로 된 글자가 많다. 우리 말은 한자와 뗄 수 없는 관계의 언어다. 그러니 한자 어휘에 대해 알아야 어휘력을 늘릴 수 있다. 예를 들어, '감사'에 대해서 알아보자. 감사는 '느낄 감/한할 감'에 '사례할 사'를 쓴다. '감'은 '느끼다, 감응하다, 감동하다, 마음이 움직이다'라는 뜻이고, '사'에는 '사례하다'라는 의미가 있다. 즉, '감사'는 '고마움을 여기다', '고맙게 여겨 사례하다'라는 의미가 된다.

그렇다면 우리의 말 '고맙다'와 '감사'는 어떤 차이가 있을까? '고맙다'라는 말은 '남에게 베풀어 준 호의나 도움 따위에 대하여 마음이 흐뭇하고 즐겁다'라고 정의한다. 결론적으로 '감사'와 '고맙다'는 비슷한 뜻을 가진 단어다.

이렇게 학습한 내용으로 아이들과 '감사하다'와 '고맙다' 두 단어의 활용법에 대해 토론하는 시간을 가져보자. 이렇게 한자로 된 글자의 의미를 알아가면서 비슷한 어휘도 함께 파악하는 것은 어휘력 향상에 큰 도움이 된다.

어휘 하브루타 순서

1. 함께 이야기 나눌 단어, 어휘를 선택한다.

2. 단어의 뜻을 유추해 보고 자기 생각을 공유한다.

3. 한자어의 경우 한자의 의미에 대해서 유추하고 공유한다.

4. 2, 3번의 내용으로 질문 만들기와 토론하기를 시행한다.

5. 토론한 내용을 바탕으로 나의 생각, 나의 변화, 나의 삶에 적용하는 법 등을 이야기하며 마무리한다.

놀이(여행)로 만나는 하브루타

놀이는 배움의 반대말이 아니라 그 자체만으로 학습에 매우 중요한 역할을 한다. 우리 아이의 놀이는 신생아부터 시작한다. 신생아의 놀이는 부모와 아이가 눈을 맞추고, 웃음을 공유하고, 스킨쉽을 통해 기초 감각들이 발달한다. 놀이를 통한 다양한 자극들이 뇌로 전달되어 뇌가 발달하게 된다. 그리고 체험을 통해, 다양한 놀이를 통해 아이는 점점 세상으로 나아가게 된다.

아이들은 친구들과 함께 놀이를 진행하며 사회성을 학습한다. 놀이 속에서 양보와 리더십, 배려도 배울 수 있다. 더불어 아이들은 놀이를 통해 소통을 배운다. 아이들은 부모와 놀이하는 과정에서 부모의 소통하는 모습을 모방하게 된다. 새로운 것을 처음 시작할 때 우리는 따라하는 것으로 시작한다. 우리 아이도 마찬가지다. 부모와의 놀이를 통해 아이는 그들의 모습을 모방한다. 이러한 모방을 통해 아이는 감정 표현 방법, 대화하는 방법을 배우고 또한 사회성과 공감 능력을 배운다. 또한 아이들은 부모와의 놀이를 통해 부모가 자신을 사랑하고 행복하게 해 주는 사람이라는 믿음이 생긴다. 그 믿음은 아이들이 세상을 신뢰하는 힘이 된다. 이처럼 아이에게 있어 놀이는 배움의 반대말이 아니라 아이들 발달에 꼭 필요한 자극을 주는 자극제다.

★ ★ ★ ★

열두 달 하브루타가 알려 주는 놀이(여행) 하브루타

부모 중심 놀이 NO, 아이 중심 놀이 YES

'#엄마표놀이, #우리집문센, #집콕놀이, #엄마표미술놀이' 등 하루에도 수많은 엄마표 놀이가 미디어나 SNS에 제공된다. SNS를 보며 나도 우리 아이들과 다양한 놀이를 하며 놀아줘야지 하고 마음먹지만 금세 포기하게 된다. 그 이유가 무엇일까? 바로 부모가 중심이되어 놀이를 주도하기 때문이다. 부모가 준비물, 놀이 과정 모두를 주도한다. 그 과정에서 부모는 생각거리와 할 일이 늘어나고 뜻대로 따라주지 않는 아이들에 지치게 된다. 그러니 몇 번 시도하다 시들해진다.

사실, 놀이는 아이가 주도해야 한다. 아이가 하고 싶은 놀이를 직접 정하게 하고 규칙이나 준비물, 방법도 스스로 정할 수 있도록 하자. 이 과정을 반복하면서 아이들은 유연한 사고력과 창의력을 키우고, 독립성과 문제 해결 능력도 향상된다.

부모의 눈에 아이가 주도하는 놀이는 어설프고 부족하다. 그럼에도 부모는 지켜보는 입장에 서야 한다. 어설픈 과정, 부족한 과정, 실패했다가 다시 일어나는 과정을 거치면서 아이들은 제대로 놀 줄 알게 된다. 최선을 다해 놀아 본 아이는 자신에게 주어진 과업에도 최선을 다해 임하게 되고, 어떠한 문제가 생겨도 이겨낼 힘이 있는 멋진 아이로 성장할 수 있다.

놀이(여행) 하브루타! 이렇게 하자

1. 최고의 교육 체험 놀이

아이에게 적절한 자극은 발달에 좋다는 말에 오감 놀이, 체험 놀이 등이 번성하고 있다. 오감 놀이는 아이가 만져보고, 들어보고, 먹어보고, 맡아보는 과정이다. 요즘은 앉기 시작할 때부터 온갖 재료를 활용해 오감 놀이를 하게 한다. 그렇게 조금 더 자라면 실제처럼 체험해 볼 수 있는 체험 놀이를 한다. 농장에 가서 감도 따고, 딸기도 따고, 포도도 따본다. 소방서에 가서 일일 소방관도 되어보고, 경찰서에 가서 경찰도 되어본다.

이렇게 직접 눈으로 보고 피부로 느끼는 체험 놀이가 왜 중요할까? 바로 직접적인 경험을 통해 배울 수 있기 때문이다. 온몸으로 배운 정보는 쉽게 빠져나가지 않는다. 나에게 주어진 자극을 통해 새로운 무언가를 알게 되기도 한다. 우리 아이가 모든 것을 다 체험할 수는 없다. 하지만 체험을 많이 해 본 아이들의 마음에는 두려워도 불안해도 도전해 보는 마음의 힘이 키워진다. 아이들도 체험을 통해 배우는 것이다. 처음 하는 것은 원래 낯설고 어렵다는 것을 알게 된다. 그리고 낯설고 어려운 감정은 익숙해지면 사라지는 감정이라는 것도 학습하기 때문에 "도전!"을 외칠 수 있게 된다.

2. 여행을 통한 경험의 성장

요즘 부모는 가족과 함께 시간을 보냄의 중요성을 알고 여행, 캠핑 등 아이들과 많은 일상 시간을 함께 보내려고 노력한다. 하지만 대부분의 여행은 부모가 정하고 아이가 따르는 형식의 여행이다. 이런 형식을 깨뜨리자. 여행은 우리 가족의 즐거운 시간이지, 모두가 보는 것을 꼭 봐야 한다는 의미는 아니다. 그러니 아이들과 여행을 갈 때는 모든 것을 보고, 먹고, 경험하고자 하는 부모의 생각은 잠시 접어두자. 여행을 계획하는 단계부터 아이 스스로 여행 계획을 선정하고 여행지를 알아보면서 여행을 이끌 수 있게 한다면 이 여행은 아이에게 남다른 여행으로 남을 것이고 아이의 주도성도 기를 수 있게 된다.

여행은 책을 통해서 접할 수 없는 생생한 이야기를 담고 있다. 자신이 직접 경험한 생생한 이야깃거리는 흥미 넘치는 하브루타의 주제가 된다. 그리고 우리 아이를 성장시켜 주는 놀이가 된다.

책으로 배우는 교육에는 분명 한계가 있다. 하지만 여행을 통한 경험은 더 깊은 통찰력과 관찰력을 키우며 비판적 사고를 하는 아이로 키울 수 있는 방법이 된다. 그러니 우리 아이에게 주도적으로 활동할 수 있는 경험을 제공하자.

세상은 내가 바라보는 넓이만큼 넓다

많은 경험은 사람 마음에 여유를 심어준다. 그 여유는 사람들을 배려하고 경청할 수 있도록 도와준다. 내 삶 속에서 나를 돌아보게 되어 감사하는 마음을 느끼게 해 준다.

여행에서 만들어지는 많은 경험도 넓은 마음과 여유를 가질 수 있게 해 주며 다른 사람들을 배려하고 경청할 수 있는 경험을 제공한다. 나와 다른 이들을 바라보며 다름을 인정하고 존중해 주는 마음을 가질 수 있는 여유로움도 얻게 된다. 그렇게 타인을 이해하고 존중하는 방법을 터득한다. 여행을 통해 내 삶 속에서 나를 돌아보고, 감사하는 마음을 가질 수 있다.

이런 일련의 과정을 거치면서 우리 아이들은 마음에 여유를 가지게 된다. 즉, 여행을 통해 아이들의 내면은 성큼 성장하게 된다. 글로 배우는 공부가 아니라 현장에서 아이들이 직접 발로 뛰고, 느끼고, 성장할 수 있는 살아 있는 놀이 하브루타, 체험 하브루타를 실천해 보자

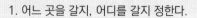

여행 하브루타 순서

1. 어느 곳을 갈지, 어디를 갈지 정한다.
2. 각자 파트를 정해 여행지 정보를 수집한다(이동 시간, 볼거리, 먹거리, 숙소 등).
3. 여행 계획을 수립해서 가족과 공유한다.
4. 가족이 모여 각자 세운 계획의 장단점을 알아본다.
5. 다수의 가족 구성원이 선택한 여행 코스로 여행을 준비한다.
6. 다녀와서 모든 과정을 통합해 질문 만들기를 하고 토론을 시작한다.
7. 토론한 내용을 바탕으로 나의 생각, 나의 변화, 나의 삶에 적용하는 법 등을 이야기하며 마무리한다.

3부

우리 가족
열두 달 하브루타

H A V R U T A

1월
January

올해 꼭
이루고 싶은 건 뭐니?
일상 하브루타

새해다! 올해는 우리 가족 각자가 꼭 이루고 싶은 걸 이루는 과정을 경험해 보자. 부모나 아이 모두 타인의 시선에 얽매이지 말고 나의 내적 동기를 일으킬 수 있는 목표를 설정하자. 우리가 일 년 동안 서로를 응원하며 목표했던 바를 이루는 한 해를 맞이하기 위한 좋은 방법이 바로 '비전 보드 만들기'다.

비전 보드를 만들며 '내가 원하는 것은 무엇인가?'에 대해 자기 자신에게 물어보기도 하고 각자 마음의 소리에 귀 기울여 볼 수도 있다. 그리고 목표를 이루기 위한 행동을 실천해 가며 성취감과 뿌듯함을 경험할 수 있다.

비전 보드를 만들 때 주의할 점이 있다. 바로 아이가 작성하는 비전 보드 내용을 부모가 정하거나 강요하지 않아야 한다는 점이다.

116

오롯이 아이가 자기의 것으로 자신만의 비전 보드를 만들 수 있도록 질문으로 이끌어 주어야 한다. 아이들은 스스로 만든 비전 보드를 실천함으로써 성취감을 만끽할 수 있기 때문이다.

그리고 일 년의 중간인 6월쯤, 중간 점검의 시간을 가져보자. 나의 목표에 잘 다가서고 있는지, 나태해지지는 않았는지, 방향 수정이 필요하지는 않은지 등을 점검하는 것이다. 그러면 지금의 현실에 맞게 수정, 삭제, 추가하는 시간을 가질 수 있다.

마지막으로 한 해를 마무리하면서 비전 보드를 점검하도록 하자. 목표가 얼마나 이루어졌는지, 이루지 못한 부분이 있다면 그 원인은 무엇인지, 내년에 보완해야 할 점은 무엇인지 생각해 보는 것이다.

이런 과정을 통해 아이들은 작은 성취감을 경험할 수 있으며 그 경험은 더 큰 성취로 연결된다. 그러면서 아이들에게는 그저 '주어진' 한 해를 살아가는 것이 아니라 '주도적'으로 한 해를 이끌어 가는 힘이 생긴다. 그러니 올해는 아이들과 함께 '우리 가족 비전 보드 선언식'을 가져보자.

★ ★ ★ ★

열두 달 하브루타 포인트

꿈이 현실이 되는 경험을 위해, 목표를 무리하게 설정하지 않도록 유의하자.

이렇게 해 봐요

비전 보드 만들기에 앞서 비전 보드를 어떤 것들로 채울지 고민하고 생각하는 시간이 필요하다. 함께 모여 가족회의를 통해 어떤 내용, 어떤 형식의 비전 보드를 만들지 상의하고 결정하자.

먼저, 가족 전체의 큰 비전을 세워 보자. 한 해 동안 함께 만들어 갈 '우리 가족의 목표'를 설정하는 것이다. 그리고 그것을 '우리 가족 표어'로 만들자. 예를 들어, '2023년, 우리 가족은 작은 성공을 경험해 보자' 또는 '2023년, 우리 가족은 이웃을 사랑하자!' 처럼 말이다.

가족 비전을 만들었다면 이제 각자의 비전 보드를 만들어 보자.

1. 비전 설정

보드 만들기에서 가장 첫 번째로 할 일은 올 한 해 어떤 도전을 하고 싶고, 어떤 목표를 이루고 싶은지 작성하는 것이다. 목표를 정했다면, 그것을 이루기 위한 구체적인 실천 방안을 작성해야 한다. 구체적인 실천 방안은 'SMART' 기법으로 작성할 수 있다.

SMART 기법으로 실천 방안 세우기 예시

목표) 2023년에는 해외에서 한 달 살기를 하고 싶다!

S (specific, 구체적으로): 어느 나라를 몇 월에 가고 싶은가?

M (measurable, 측정할 수 있다): 비용은 얼마나 드는가?

A (agree upon, 동의한다): 나는 이 일을 진심으로 원하는가?

R (realistic, 현실적이다): 이 비용을 마련하기 위해 어떤 일을 할 수 있을까? 한 달이라는 시간을 낼 수 있는가?

T (timely, 명확한 기한): 0000년 00월 00일 안에 이 일을 실행에 옮긴다.

이처럼 나의 목표를 설정하고 구체적인 방안을 세우는 동안 스스로에게 질문하고, 고민하고, 생각하는 시간을 가지게 된다. 이 과정에서 내가 진짜 원하는 것이 무엇인지 알게 되고 내 삶의 방향성을 찾아갈 수 있게 된다. 또한 그것이 현실성이 있는 일인지, 내가 무엇을 하면 그 일을 이룰 수 있는지 등, 구체적인 요소들과 마주할 수 있어 목표 성취에 더 다가설 수 있다.

2. 보드판 만들기

이렇게 목표를 설정하고 구체적인 실천 방안을 정했다면 이제 보드를 만들자. 보드는 코르크 보드, 포스터 보드, 타공망 보드 등 다양한 재료 중 원하는 것으로 준비하면 된다.

3. 재료 수집

그리고 시각화 재료를 수집해야 한다. 내가 이루고자 하는 목표와 연관되는 이미지 자료를 수집하는 것이다. 예를 들어, '에버랜드 롤러코스터 타기 성공'이 목표라면 롤러코스터 사진을 찾는 것이고, '책 60권 읽기'가 목표라면 책 읽는 이미지나 책 이미지를 준비하는 것이다.

4. 보드 꾸미기

이제 비전 보드를 채워보자. 가족 사진을 붙이고 찾아 놓은 이미지들을 붙인다. 이미지 옆에는 앞서 생각한 SMART 내용을 구체적으로 기록해 둔다.

5. 실천하기

마지막으로 비전 보드를 눈에 잘 보이는 공간에 걸어두고 가족 모두 실천하자.

'올 한 해의 목표'라고 해서 꼭 거창해야 하는 것은 아니다. '한 달에 책 한 권 읽기', '아이에게 매일 사랑한다고 말하기' 등 내가 꼭 실천하고 싶은 것을 목표로 설정하면 좋다. 그리고 여기서는 구체적인 실천 방안을 위해 SMART 기법을 활용했지만 꼭 SMART 기법이 아니어도 된다. 우리 가족이 상의해서 우리 가족만의 구체적인 방안을 정해서 실천하는 것도 좋다.

– 참고서적 : 《보물지도》, 모치즈키 도시타카, 나라원, 2022

하브루타 한 걸음
: 구체적인 활동 계획인 SMART 기법을 적용한 가족 이야기

우리 가족은 체계적인 비전 보드를 만들기 전에 사전회의를 진행했다. 사전회의는 비전 보드의 완성도를 위한 시간적 여유를 가지기 위함이다. 비전 보드의 정의와 방법에 관해 이야기 나누고 나니 아이들은 스스로 생각할 수 있는 시간으로 일주일을 달라고 했다. 우리 가족이 선정한 주제는, 올 한 해 가족 모두가 함께하자는 취지의 'Kim's happy together!'이다.

비전 보드에 채워질 것들을 이야기하며 한 주간을 보내고 다시 한자리에 모인 우리 가족은 각자의 아이디어를 공유했다. 우리는 이 모든 항목에 SMART 기법을 적용했다. 그중에서 가족 공통의 목표로 '함께 운동하기'를 선정했다. 그리고 우리 가족이 함께 운동하기 위해 어떻게 하면 좋을지 하브루타 대화를 나눴다.

아들2 : 전 모두가 자유로운 일요일이 좋을 것 같아요.

아빠 : 일요일마다 하는 건 어때?

아들1 : 물론 매주 하면 좋겠지만 현실적으로 주말에 여행가거나
제 성당 일정이 주말에 겹치는 경우도 많아서 꾸준히 실천
하기에는 조금 무리가 있지 않을까요?

엄마 : 그럼 어떤 게 가장 합리적일까?

아들1 : 제 생각엔 격주에 한 번으로 하는 것이 좋을 것 같아요.

모두 : 찬성합니다.

아빠 : 그럼 우리 예산을 좀 정해 볼까?

아들2 : 난 엄마, 아빠, 형이랑 자전거 타고 냉면 먹었던 기억이 너
무 좋아요. 자전거 타고 나서 항상 냉면을 먹는 건 어때요?

아들1 : 여름엔 냉면, 겨울엔 냉면집에서 하는 갈비탕을 먹어도 좋
을 것 같아요. 그럼 냉면과 갈비탕이 약 12,000원 정도 하

니까 예산은 1인당 12,000원으로 잡을까요?

아들2 : 난 음료수도 필요해요. 목마르단 말이에요.

엄마 : 그럼 점심 식사와 음료수를 합해서 1인당 15,000원으로 예산을 정하면 좋을 것 같은데.

아들1 : 그런데 부득이하게 못 하게 되는 날은 어떻게 하죠?

아빠 : 그럴 때는 한 주씩 미뤄서 하는 것도 방법이겠다.

아들2 : 이번 주부터 시작해요! 너무 기대돼요~

이렇게 가족 운동뿐만 아니라 모든 비전에 넣을 구체적인 실천 계획을 아이들과 대화를 통해 정했다. 비전 보드에 이렇게 명확히 적어놓으니 실현 가능성이 보다 커 보였다.

시작이 반이다. 가족 비전 보드 만들기로 가족과 함께 즐겁고 유익한 시간을 가져보자!

하브루타 두 걸음
: 가족 전체의 표어를 멋지게 지어낸 가족 이야기

'우리 가족 비전 보드 만들기'에 대한 설명을 듣고 나니 가족과 빨리 비전 보드를 만들어 보고 싶어졌다. 하지만 모든 것이 내 마음 같진 않았다. 어느 주말 저녁 '우리 가족 비전 보드'를 만들기 위해서 아이들에게 가족회의를 권했다. 하지만 머리가 큰 아이들은 주말은 자신들의 시간이라며 매몰차게 거절했다. 아이들의 의견을 존중했지만 포기할 수는 없었다. 그래서 맛있는 음식을 준비하고 다시 아이들을 불렀다. 음식을 먹으며 기분이 좋아진 아이들에게 작년 하브루타 수업 때 했던 '나의 비전 선포'에 대한 이야기를 하며 진심

으로 함께하고 싶다고 말했다. 1년 동안 엄마의 변화를 직접 목격한 아이들이라 그런지 흔쾌히 동의했고 '우리 가족 비전 보드 만들기'가 시작되었다.

> 엄마 : 우리 가족의 비전은 어떤 주제로 정하면 좋을까?
>
> 아빠 : 너무 거창하고 큰 목표보다는 작지만 꾸준히 실천할 수 있는 것으로 정했으면 좋겠어. 그래야 끝까지 완수할 수 있고 성취감도 생길 것 같아.
>
> 아이1 : 아빠 얘기를 들으니까 왠지 토끼와 거북이가 생각나는데? 우리 '거북이 가족' 할까?
>
> 엄마 : 왜 그런 생각을 했어?
>
> 아이1 : 천천히 가지만 꾸준히 실천해서 완수하는 거랑 이미지가 맞는 것 같아.

아빠 : 그거 좋은 생각인데? 그럼 우리 가족의 캐릭터는 거북이로 하자. 근데 거북이만 있으면 뭔가 허전한데.

아이2 : 거북이가 뭔가를 '빵' 하고 터트리는 건 어때? 로켓 같은 거 말이야.

아빠 : 왜 터트린다는 생각을 했어? 그리고 로켓의 의미는 뭐야?

아이2 : 작년에 우리나라가 누리호를 발사했잖아. 아깝게 실패했지만, 아직도 과학자들은 성공하기 위해서 노력하잖아. 우리도 과학자들처럼 내가 정한 꿈을 이루기 위해서 노력하고 결국엔 빵 터트리고 싶어서. 그래서 '빵' 하고 터트리는 거 생각했어.

아빠 : 오, 좋은 생각인데? 실패에서 끝나는 것이 아니라 꾸준히 계속 노력한다는 뜻이지?

아이2 : 맞아.

가족의 의견을 종합해서 우리 집만의 캐릭터로 로켓을 빵 터트리는 거북이를 완성하고, 비전 보드 타이틀도 'SUFAMILY'S TURTLE DREAM 2022'(터트림)로 정했다. 나 혼자서 만들었다면 이렇게 멋진 캐릭터와 타이틀을 정할 수 없었을 것이다. 아이들의 창의적인 생각들이 모여 멋지고 의미 있는 우리 가족의 타이틀이 만들어졌다.

아이들과 함께 대화할 수 있는 장을 마련해 보자. 강요가 아닌 아이들의 생각을 존중하는 대화 속에서 아이들은 끝없는 창의력을 발휘할 수 있게 된다.

하브루타 세 걸음

: 중간 점검을 통한 계획 수정으로 실현 가능성을 높인 가족 이야기

6월, 한 해의 절반을 지나는 시점에, 비전 보드는 우리 집 벽 한쪽에서 배경이 되어가고 있었다. 중간 점검이 필요했다. 현실 속에서 실천하기 어려웠던 부분들은 좀 더 실천할 수 있도록 수정이 필요했다.

> 엄마 : 지난 1월에 커서 락커가 되고 싶다고 '드럼 배우기' 목표를
> 세웠잖아. 그런데 아직도 네 마음에 드는 선생님을 찾지 못
> 했네.
>
> 아이 : 응. 너무 아쉬워. 난 여자 선생님이 좋은데 드럼 선생님들은
> 전부 남자야. 남자 선생님은 좀 불편해.
>
> 엄마 : 그렇구나. 여자 선생님을 좋아하는데 아쉽다. 그럼 좀 더 커
> 서 너에게 맞는 선생님을 찾으면 그때 배우기로 할까? 그때

도 너의 꿈이 변하지 않는다면 말이야.

아이 : 응, 그렇게 할래. 그럼 드럼 배우기 말고 지금 내가 할 수 있
는 일을 찾아서 목표를 바꿀까? 저 이미지 떼고 다른 거로
붙이고 싶어.

엄마 : 오, 좋은데! 그럼 지금 할 수 있는 목표로 바꿔 볼까? 너의
꿈을 위해 뭘 준비하면 좋겠어?

아이 : 엄마, 난 세계적인 락커, 록스타가 될 거야. 그러니까 음악
공부뿐 아니라 영어나 외국어 공부도 해야 할 것 같아.

엄마 : 그럼 음악 공부는 어떻게 하면 될까?

아이 : 지금 피아노 학원에서 악보 연습을 하고 있으니 더 열심히
할게. 다른 악기는 좀 더 생각해 보고 싶어.

엄마 : 그래, 그게 좋겠다. 섣불리 결정하는 것보다 공연도 틈틈이
보면서 배우고 싶은 악기를 정해 보자. 그럼 외국어 공부나
영어 공부는 어떻게 하면 좋을까?

아이 : 지금 내가 할 수 있는 일은 남은 6개월 동안 영어책 100권
읽기야.

엄마 : 우리 딸은 평소에 책을 많이 읽으니까 영어책 100권은 목
표까지는 되지 않을 것 같은데?

아이 : 그냥 읽는 것 말고 집중해서 읽을게. 그리고 읽고 나서 독후
활동도 꼭 할게.

엄마 : 우와~ 멋지다. 그럼 그렇게 목표를 바꿔 보자.

드럼을 배우기로 한 아이는 악보 연습에 좀 더 집중하겠다고 다짐
했다. 그리고 남은 6개월 동안 영어책 100권을 집중해서 읽는 것으

로 계획을 변경했다. 남편도 회사 사정으로 출장지가 변경되어 그에 따른 계획들이 조금씩 수정되었다.

기존의 비전 보드는 하드보드지에 이미지를 풀로 붙여 놓은 것이라 수정이 어려웠다. 그래서 수정 과정에서 코르크 보드로 변경했다. 그리고 가족회의를 통해 언제든 좀 더 실천 가능한 방법으로 수정하기로 했다.

목표를 설정하는 것은 의미 있는 일이다. 하지만 실천해 나가는 과정에서 한계를 인정하는 것도 필요함을 깨달았다. 비전 보드의 목표는 우리 가족이 서로 소통하고 응원하며 함께 성장해 나가는 것이기 때문이다.

또 다른 비전 보드들

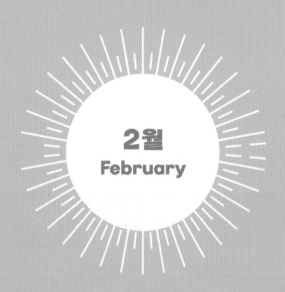

2월
February

자연은
인간의 선생님
영상 하브루타

H A V R U T A

　　우리의 삶은 만남과 헤어짐의 반복이다. 2월은 오랫동안 정들었던 선생님, 친구들과의 헤어짐도 있지만 몸도 마음도 더욱 자라날 새 학년을 만나는 설렘을 기다리는 달이기도 하다. 이런 복잡한 마음을 표현하는 데 서투른 아이들을 위해 만남과 헤어짐을 담은 영상을 통해 대화의 시간을 가져보자.

〈나의 문어 선생님〉
크레이그 포스터 제작/ 피파 에리치, 제임스 리드 감독/
넷플릭스/ 2020

요즘 아이들은 문자보다 영상에 익숙하다. 이번에 소개하는 〈나의 문어 선생님〉은 다큐멘터리 형식을 가지고 있다. 문어의 삶과 사람과의 교감, 그리고 헤어짐까지 짜임새 있는 이야기로 부모가 자녀들과 함께 재미있게 시청하기 좋은 작품이다. 제93회 아카데미에서 장편 다큐멘터리상을 수상할 만큼 작품성이 뛰어난 영화이기도 하다. 이 영화는 자연과 인간, 교감, 생물의 일생 등 다양한 관점에서 바라보고 이야기 나눌 수 있다.

★ ★ ★ ★
열두 달 하브루타 포인트
자녀의 말에 공감하며 교감을 나누어 보자.

이렇게 해 봐요

○ 함께 영화를 본 후 전반적인 느낌이나 인상적인 장면에 관해 간략히 이야기 나눈다.

○ 각자 질문을 만든다.

○ 다양한 관점에서 대화를 나눈다.

- 인간에게 휴식처와 치유를 제공하는 자연을 우리는 어떻게 대해야 할까?

- 오늘날 우리는 경쟁적인 사회 속에서 어른도 아이도 자신을 돌보지 못한 채 바쁘게 살아가고 있다. 지금 각자가 직면한 어려움은 무엇인가?

- 감독이 어린 문어가 성장해서 알을 낳고 죽음을 맞이하는 것을 지켜본 것처럼 부모는 자녀를 어떻게 바라보고 대해야 할까?

○ 버츄 카드를 활용해 가족 구성원에게 필요한 미덕을 찾아보자.

- 버츄 카드는 인류 사회의 보편적인 가치 52개를 추려 만든 카드다.

- 버츄는 인간의 내면에 이미 미덕이 있다고 보고 서로의 내면을 찾아 보고 믿어 주는 것이다.

이렇게도 할 수 있어요

○ 핸드폰을 이용해 다큐멘터리를 찍는다.

- 자신이 관찰하고 교감하고 싶은 대상을 정한다. 예를 들어 집에서 키우는 강아지나 고양이, 개미 혹은 강낭콩, 꽃도 좋다.
- 첫날에는 5분 남짓 영상을 촬영하고 가능하다면 이후 일주일, 한 달을 정해 지속적으로 관찰하고 촬영한다. 관찰은 다른 대상과 관계를 맺고 올바른 소통을 위한 첫걸음이다.

이 영상도 좋아요

- 〈인사이드 아웃〉(피트 닥터, 2015)
- 〈코코〉(리 언크리치, 2018)
- 〈원더〉(스티븐 크보스키, 2017)
- 〈스피드 큐브의 천재들〉(수 킴, 2020)
- 〈그레타 툰베리〉(나탄 그로스만, 2021)

하브루타 한 걸음: 공존해야 할 자연과 인간의 삶

〈나의 문어 선생님〉은 자연의 위대함을 다시 한 번 느끼게 해 주었다. 코로나19로 지난 몇 년을 통째로 날려버린 현실 속에서 어쩌면 이 고통은 자연이 우리에게 주는 경고가 아닐까 하는 생각이 들었다. 이곳에서 우리는 어떤 삶을 살아야 하며, 열 살인 우리 아이에게 무엇을 가르치고 무엇을 남겨주어야 할 것인지에 관해 이야기를 나누었다.

엄마 : 이 영화의 느낌은 어땠어?

아이 : 바다 속 세상이 거대하고 무섭기도 하고 문어를 주인공으로
영화를 찍을 수 있다는 게 신기하기도 했어요. 지루할 줄 알
았는데 생각보다 재미있었고요.

엄마 : 엄마 생각과 같네. 너는 '문어'라는 동물에 대해 생각해 본
적 있어?

아이 : 아니요. 문어 요리? 힘없고 생각 없는 연체 동물인 줄 알았
는데, 문어가 위장도 하고 상어 등 위에 올라타는 모습을 보
고 정말 똑똑하다고 생각했어요.

엄마 : 그랬구나. 또 생각나는 게 있어?

아이 : 다른 동물들에게 미안한 마음이 들었어요. 사람 말고는 다
른 동물은 함부로 해도 된다고 생각했나 봐요. 인간들은 다
잡아서 망가뜨리는 게 많으니까. 동물들도 가족이 있고 자
연 속에서 함께 사는 건데….

엄마 : 문어를 보고 자연에 대해 생각하게 되었구나.

아이 : 영화를 보고 생명을 소중하게 여겨야겠다고 생각했어요. 전
곤충이 좋아서 마구 잡았다가 다시 돌려보내기도 하지만 그
냥 두어 죽게 만들기도 하거든요. 이건 아끼고 사랑하는 건
아니잖아요.

엄마 : 엄마도 동물들을 보호하고 아끼는 마음이 부족해서 부끄러
운 마음이 드네. 또 문어의 어떤 점이 인상 깊었어?

아이 : 문어가 자식을 위해 죽어가는 모습이요.

엄마 : 모든 동물이 자식을 생각하는 마음은 같은가 봐. 그걸 보고 엄마도 많은 생각이 들었고, 너희들에게 더 많은 사랑을 주어야겠다고 생각했어.

함께 영화를 보고 하브루타를 하면서 바닷속의 동물들의 삶이 인간과 같다는 것과 '오히려 인간이 배워야 할 부분이 많지 않을까?' 라는 생각과 함께 자연과 인간은 공존해야 하는 관계임을 다시 한 번 되돌아보게 되었다. 바닷속 생물 중 하나라고 여겼던 문어가 이토록 전략적이면서도 자식을 위해 희생하는 삶을 사는 모습이 무척 인상적이었다. 자식을 위해 무조건 희생할 필요는 없지만 무한한 사랑은 주되 내 울타리 안에 가두며 다 해 주는 부모보다는 아이 스스로가 할 수 있는 영역은 지켜주어야겠다는 생각이 들었다. 그래서 문어처럼 위기의 상황에 기지를 발휘할 수 있는 능력을 지닌 아이로 키우고 싶다는 마음이 들었다.

하브루타 두 걸음: 진정한 교감의 힘

큰아들과 이 영화를 두 번 시청했다. 오래전에 보고 짧게 이야기 나누었지만 기억이 또렷하지 않아 다시 보자는 제안에 아이가 흔쾌히 응해 주었다. 두 번째 볼 때는 집중이 더 잘 되었고 처음에 보지 못했던 장면들까지 찬찬히 살펴볼 수 있어 좋았다.

엄마 : 문어가 새끼를 낳고 죽은 후에 물고기의 밥이 되는 장면에 대해 넌 어떻게 생각해?

아이 : 난 당연하다고 생각해. 죽었으니까 그렇게 되는 게 맞지. 문

어도 게를 잡아먹었잖아. 상어가 문어를 잡아먹는 건 상어
입장으로 볼 땐 당연하다고 생각해.

엄마 : 같은 상황이지만 누구의 시점이냐에 따라서 다르다는 거
야?

아이 : 그렇지. 그래서 마지막 장면은 당연하다고 생각해. 근데 안
타까워.

엄마 : 안타까운 마음이 드는 이유는 뭘까?

아이 : 지금 이 영화가 문어의 시선에서 찍어서 그렇게 느끼는 것
같아. 그리고 그 아저씨도 문어한테 정이 많이 들어 있었잖
아. 문어가 게를 잡아먹는 장면을 볼 때 게가 안타깝다고 느
끼기보다 문어가 사냥에 성공해서 기뻤잖아. 그런 이유에서
문어의 죽음이 슬프게 느껴지는 거지.

엄마 : 그래. 문어를 오랜 시간 관찰하고 어떤 정서적 교감이 있었
으니까 더 슬프겠지. 혹시 너도 헤어짐을 경험한 적이 있
어?

아이 : 난 이제 곧 경험하게 되잖아. 이사 가면 전학갈 수밖에 없는
데 여기 친구들과 헤어지고 동네도 떠나야 하는 게 싫어. 이
사 안 가면 안 돼?

엄마 : 너무 갑자기 이사하게 되어서 많이 힘들구나. 엄마에게도
쉬운 결정은 아니었어.

아이 : 6학년이니 가서 1년 조용히 지내다가 졸업해야지.

엄마 : 감독이 문어가 죽었을 때 마음 아파했던 것처럼 너도 친구
와의 헤어짐이 힘들지도 몰라. 엄마는 네 안에 있는 진실함
의 미덕을 깨워주고 싶네. 네가 새로운 친구들에게 진실한

마음을 보여 주면 그 친구들과의 만남이 어렵지만은 않을
거야.

아이 : 지금은 그냥 싫은 마음이 더 크지만 노력해 볼게.

엄마 : 솔직한 마음을 이야기해 줘서 고마워.

이 영화를 보고 아이의 전학에 관한 이야기가 나올 줄은 몰랐다. 우리는 문어의 죽음을 보고 헤어짐에 관한 이야기를 나누었다. 아이가 6학년 때 전학해야 하는 상황이라 정말 많이 고민했고 꺼려졌다. 그저 아이가 잘 적응해 주길 바랄 뿐이다. 그래도 이번 하브루타를 통해 서로를 더 깊이 이해할 수 있었고 아이 안에 있는 미덕을 발견하고 아이가 겪는 심리적 어려움을 공감해 줄 수 있어 감사했다.

하브루타 세 걸음: 믿고 기다리는 부모

3월이면 첫째 아이는 지방에 있는 고등학교로 간다. 처음으로 엄마, 아빠와 떨어져 살아야 하는 아이의 마음도 심란하겠지만 엄마인 나의 맘도 편치 않았다. '아이가 엄마, 아빠 없는 곳에서 잘 적응하면서 살 수 있을까?', '부모 도움이 필요할 때 혼자서 헤쳐 나갈 수 있을까?'

아이와 헤어질 시간이 다가올수록 온갖 불안이 떠나질 않았다. 마음이 복잡한 어느 날, 아이와 함께 〈나의 문어 선생님〉이라는 영화를 보았다. 상어에게 다리를 뜯기고 허우적거리며 자기 집으로 돌아온 문어는 일주일 동안 아무런 움직임 없이 굴 안에만 있었다. 그런 문어를 지켜볼 수 밖에 없어 안타까워하는 감독과 달리 문어는 끝내 그 힘든 시기를 스스로 극복해냈고 새 다리가 생긴 뒤 다시 굴 밖으

로 나왔다.

새 다리가 다 자랐을 무렵 문어는 다시 상어를 만났다. 그런데 상어에게 무기력하게 당했던 예전의 문어의 모습은 사라지고 조개껍질로 중무장하여 상어와 정면승부 끝에 승리하는 모습을 보여주었다. 하찮은 생물로만 생각했던 문어는 메타인지가 아주 뛰어난 생물이였던 것이다.

아이도 3월이면 엄마, 아빠가 없는 낯선 곳에서 문어처럼 힘든 일들을 겪을지도 모른다. 불행인지, 다행인지 모르지만 첫째 아이와 떨어져 지내야하기에 첫째 아이의 힘든 모습, 아파하는 모습 등을 감독처럼 직접 볼 수 없을 것이고, 그렇기에 때에 맞는 위로나 격려를 해 주지 못할 것이다. 과연, 문어가 일주일 동안 온전히 혼자 아파하고 새 다리가 생겨나면서 그 힘든 시기를 극복한 것처럼 아이도 시련과 좌절을 스스로 극복할 수 있을까?

가족과 함께 영화를 여러 번 보면서 '문어에게는 어떤 힘이 있는 걸까?'에 대해 하브루타를 하는 시간을 가졌다. 문어는 문제가 생겼을 때 스스로 생각하고 결정하면서 시행착오를 많이 겪었던 것 같다고 아이들이 이야기했다. 그리고 그 시행착오들 속에서 자신이 어떻게 해야 어려운 상황을 극복할 수 있는지 터득하게 된 것 같다고도 했다.

아이와의 대화 중 '나는 실수나 실패에 관대한 부모일까?'하는 생각이 들었다. 마음속으로는 아이가 스스로 생각하고 결정하고 책임지기를 바랐지만 실제로 그 과정을 기다려주기란 쉽지 않았다. 그 기다림의 시간은 나의 마음을 조급하고 불안하게 만들었기 때문이다. 사실 이게 엄마의 마음이 아닐까? 하지만 〈나의 문어 선생님〉 영화로 하브루타를 하고 난 후 아이와 거리를 두고 지켜봐 주려고 노력하고 있다. 우리 아이도 분명 문어처럼 시련이나 좌절을 잘 극복하고 성장할 것이라 믿기 때문이다. 그렇다고 나도 그냥 손 놓고 지켜보지만은 않을 것이다. 격려와 응원 그리고 기다림과 믿음이야말로 나와 아이를 연결할 수 있는 끈이기 때문이다. 그러기에 한 달에 한 번씩 귀가하는 아이의 발걸음이 즐거울 수 있도록 편안한 안식처 같은 엄마가 되기를 다짐해 본다.

〈나의 문어 선생님〉으로 만나는 20가지 질문

- 가장 감동적인 장면은 어떤 장면인가?
- 문어에 대해 알고 있는 것은 무엇인가?
- '바다' 하면 어떤 느낌이 드는가?
- 감독이 1년 동안 문어를 관찰한 것처럼 요즘 관심이 가는 대상이 있는가?
- 내가 매일 꾸준히 하려고 하는 것은 무엇인가?
- 문어가 감독에게 마음을 연 이유는 무엇일까?
- 사람과 문어가 교감하는 것이 가능할까? 동물과 교감해 본 적이 있는가?
- 문어가 상어에게 당하고 있을 때 지켜보는 감독의 마음은 어땠을까? 나라면 도움을 주었을까?
- 감독의 아들은 아빠와 함께 바다에 가면서 무슨 생각을 했을까?
- 문어가 새끼를 낳고 죽은 후 물고기의 밥이 되는 장면에 대해 어떻게 생각하는가?

- 기억에 남는 선생님이 있는가? 왜 그 선생님이 기억에 남는가?

- 선생님은 어떤 역할을 하는 사람이라고 생각하는가?

- 당신은 번아웃을 경험한 적이 있는가? 어떻게 그것을 헤쳐 나갔는가?

- 문어는 누가 가르쳐 주지 않지만 스스로 살아가는 방법을 터득했다. 나는 어디에서 지혜를 얻는가?

- 아무 목적 없이 손을 내민 문어처럼, 존재 자체를 아끼며 아무 기대 없이 순수한 관계를 맺은 적이 있는가?

- 자식을 위해서 희생하는 문어에 대해 어떻게 생각하는가?

- 자녀가 힘들어 하는 모습을 볼 때 어디까지 개입할 것인가?

- 껍질이 없는 문어가 다양한 변신술을 가질 수 있었던 것처럼 나의 가상 약한 부분이 오히려 강점이 된 적이 있는가?

- 자연을 통해 깨달음을 얻은 적이 있는가?

- 영상 속 문어를 통해 내가 배우거나 깨달은 것은 무엇인가?

안녕은 헤어짐일까,
새로운 시작일까?

그림책 하브루타

2월은 학생들에겐 학기를 마치는 의미와 함께 마무리와 졸업, 헤어짐이 떠오르는 달이다. 하지만 또 다른 시각으로는 추운 겨울을 보내고 봄을 맞이하는 것처럼 시작의 기대가 가득한 달이기도 하다. 그러면 헤어짐과 새로운 만남의 의미를 동시에 가지고 있는 단어는 무엇이 있을까? 바로 '안녕'이다. 딱 2글자로, 어찌 보면 간단하지만 많은 의미를 내포하고 있는 단어.

우리는 살면서 수없이 많은 안녕을 마주한다. 반가움과 친근함, 귀여움과 다정함, 슬픔과 쓸쓸함, 외로움 등 안녕이란 단어가 갖는 감정은 무궁무진하다. 결국엔 돌고 돌아 만남과 헤어짐, 삶과 죽음의 반복이 우리의 삶이다. 무거울 수 있으나 하브루타를 통해 나를 돌아보고 난 어떤 삶을 살고 싶은가를 생각해 보자. 또한 내 가족과 친구들에 대해 생각해 보고 그들에게 나는 어떤 존재이며, 앞으로 그들에게 난 어떤 사람으로 남고 싶은지, 내가 할 수 있는 역할은 무엇인지에 대해 생각해 보는 시간을 가져보자.

《안녕》
글: 안녕달
출판사: 창비

총 4부로 이뤄진 그림책의 주인공은 소시지 할아버지다. 대사가 극도로 절제된 이 책은 한 컷 한 컷의 그림과 등장인물의 표정만으로도 단숨에 읽힌다. 그림만 있어 쉬울 것 같지만 자꾸 생각하게 만드는 그런 책. 아기자기한 그림이지만 삶과 죽음, 이별과 만남이라는 생의 묵직한 주제를 다룬다. 또한 세상에 버려진 사물에게 생명과 의미를 부여해 그 안에서 따스함을 찾고 감동적인 이야기를 그려내어 가족의 의미, 친구의 의미를 다시 생각하게 한다.

조금은 어두울 수 있는 부분이 있어 조심스럽긴 하지만 그 두려움을 떨쳐내고 싶었다는 작가의 말이 있다. 그림책은 어린이들만 읽는다는 편견이 있는데 이 책은 어른들이 함께 읽어도 좋은 책이며 아이들의 연령에 따라 삶을 다른 깊이로 접근할 수 있다.

★ ★ ★ ★

열두 달 하브루타 포인트

'안녕'이 가진 여러 가지 의미를 나누어 보자.

이렇게 해 봐요

○ 거의 그림으로만 이루어진 책이라 인상 깊었던 장면에 대해 이야기를 나누어 본다.

○ 책을 꼼꼼하게 다시 본 뒤 다양한 관점에서 이야기를 나누어 본다.

– '안녕'이 가진 여러 가지 의미는 무엇일까?

– 삶과 죽음, 만남과 이별에 대해 어떤 생각을 가지고 있는가?

– 가족과 친구들 안에서 나의 역할은 무엇일까?

이렇게도 해 봐요

○ '2월' 하면 생각나는 사람 또는 《안녕》 책을 읽은 후에 생각나는 사람에게 편지를 쓴다.

○ 내가 작가라면?

– 누구를 주인공으로 '안녕'이라는 주제를 다룰 것인지 어떤 이야기를 쓰고 싶은지 대화를 나누고 이야기를 적어 만화를 그려본다.

○ '안녕'하고 싶은 마음을 풍선에 적어 날려보자.

– 평소에 나쁜 습관이나 헤어지고 싶은 마음을 풍선에 적어 날려 보고 마음을 비워 내는 연습을 해 본다.

○ 이 작가의 쓴 책 중에서 주제가 비슷한 책을 읽고 비교 하브루타를 해 본다.

이 책도 좋아요

- 《눈아이》(안녕달, 창비, 2021)

- 《메리》(안녕달, 사계절, 2017)

- 《우리는 안녕》(박준, 난다, 2021)

- 《이젠 안녕》(마거릿 와일드, 책과 콩나무, 2010)

하브루타 한걸음: '안녕' 하고 싶은 것

새로운 것을 가지기 위해서는 오래된 것을 비워야 한다. 가득 차 있는 상태에서는 새로운 무언가가 들어올 수 없기 때문이다. 우리의 일상도 마찬가지다. 새 학기가 시작되는 3월을 앞두고 그림책《안녕》과 함께했다. 아이들과 하브루타를 하기 전에 내가 먼저 그림책을 보았다. 잔잔하고 스토리에 깊이가 있어 하브루타를 하기 너무 좋은 책이라는 기대감을 품고 시작했다. 하지만 5세, 4세 두 아이는 그림책《안녕》을 어렵게 받아들이기에 '안녕'이라는 단어의 의미에 비중을 두고 하브루타를 시작했다.

> 엄마 : '안녕'이라고 하면 어떤 생각이 나?
>
> 아이 : 친구들하고 인사하는 거잖아.
>
> 엄마 : 언제 '안녕' 하고 인사하니?
>
> 아이 : 친구랑 만났을 때, 유치원에서 집에 올 때 인사해.
>
> 엄마 : 그럼, 넌 '안녕'이라는 인사를 들으면 기분이 어때?
>
> 아이 : 친구랑 만나서 인사하면 기분이 좋고, 집에 올 때 인사하면 더 놀고 싶어서 아쉬워.
>
> 엄마 : 만날 땐 기분이 좋고, 헤어질 땐 아쉽구나. 오늘은 엄마랑

헤어질 때 하는 '안녕'에 대해서 이야기해 볼까? 우리 아이들은 '안녕'하고 버리고 싶은 것이나 헤어지고 싶은 것은 뭐가 있을까?

아이 : 음... 없는 거 같은데...

엄마 : 그렇구나. 엄마는 하나 있어. 엄마는 '게으름'이랑 안녕하고 싶어. 엄마는 게으름을 버리고 부지런하고 성실해지고 싶거든.

아이 : 엄마, 나 생각났어. 나는 울면서 말하는 거랑 안녕할 거야.

엄마 : 그래? 울면서 말하는 거랑 안녕하면 어떻게 되는 거야?

아이 : 또박또박 말하는 거지.

엄마 : 아~ 그렇구나. 그럼 우리 풍선에 헤어질 것을 적어서 '안녕'하고 날려 보낼까?

아이와 함께 각자 풍선을 불었다. 헤어지고 싶은 마음만큼 풍선을 불었다. 빵빵하게 부풀어진 풍선 위에 매직으로 글을 썼다. 아이의 풍선에는 '울면서 말하기'를, 나의 풍선에는 '게으름'을 적었다. 그리고 하나, 둘, 셋 구령과 함께 "안녕~" 큰 소리로 인사하며 풍선을 날렸다.

풍선을 날리고 난 후 어떤 기분이 드는지 이야기 나눴다. 아이는 '울면서 말하는 것'이 멀리 가버린 것 같다고 했다. 그래서 자기는 이제 말을 할 때 울지 않을 수 있을 것 같다고 덧붙였다. 나 또한 게으름이 멀리 가버린 것 같았다. 풍선에 적어서 안녕하고 보내줬을 뿐인데 진짜 나에게서 떠나가는 기분이 들었다.

새로운 시작을 위해서 기존의 것을 버려야 할 때가 있다. 그런데 나의 습관처럼 눈으로 보이지 않고 만져지지 않는 것들이 있다. 이런 것들은 쓰레기통에 내 손으로 직접 넣을 수가 없다. 그럴 때 추상적인 것을 손에 잡히는 것으로 옮겨 보자. 우리 가족은 풍선으로 날렸지만 꼭 풍선이 아니어도 된다. 깨끗한 종이에 작성해서 "안녕"이란 말과 함께 찢거나 구겨서 버릴 수도 있다. 아이는 아직 눈에 보이지 않는 것에 대해서 시각화하는 것이 어렵다. 그러니 아이에게 있어 눈에 보이지 않는 추상적인 것을 아이가 직접 눈으로 보고 만질 수 있는 물리적인 것으로 바꾸는 것이 중요하다. 물리적인 것을 '안녕'이란 말과 함께 내 손으로 직접 떠나보내면 실제 헤어지는 것처럼 느낀다. 이렇게 아이와 나는 나쁜 습관과 헤어질 수 있었다.

하브루타 두 걸음: '안녕' 하면 생각나는 사람

올해 아이가 유치원을 졸업하고 초등학생이 된다. 친구와 헤어지고 새로운 만남을 준비하는 2월. 아직 만남과 헤어짐이 익숙하지 않은 아이와 안녕의 느낌에 대해 이야기를 나누어 보았다.

> 엄마 : 책 제목이 《안녕》이네. 우린 언제 '안녕'이라고 인사하지?
>
> 아이 : 만나고 헤어질 때 '안녕'이라고 인사하지.
>
> 엄마 : '안녕'은 어떤 느낌이야?
>
> 아이 : 나는 만날 때 '안녕'이라는 말을 많이 해서 반가운 느낌이야. 헤어질 땐 '잘 가'라고 인사하는데 '안녕'이라고 하니깐 더 슬픈 것 같아. 더 이상 못 볼 것 같은 느낌이 들어서.
>
> 엄마 : '안녕'이라는 말에 생각나는 사람이 있어?
>
> 아이 : (골똘히 생각하다가) 아직은 없어. 잘 모르겠어. 유치원을 졸업하면 친구들이랑 안녕하겠지만 아직은 잘 모르겠어. 엄마

는 '안녕'이라는 말에 생각나는 사람이 있어?

엄마 : 그럼. 많은 사람이 스치는데, 가장 기억나는 건 우리 ○○
　　　이. 너를 처음 만났을 때 엄마가 "안녕, 아가"라고 인사했잖
　　　아. 소시지 엄마처럼 말이야.

아이 : 엄마, 갑자기 안녕이라는 말에 설레는 느낌도 들어. 그런
　　　데 소시지 엄마가 떠날 때, 소시지가 강아지를 떠날 때 모두
　　　'안녕'이네. 너무 슬프다.

엄마 : 맞아. 그런데 '안녕' 하고 헤어지는 건 슬프지만 또 다른 안
　　　녕이 기다리고 있기도 하잖아. 우리 ○○는 절대 안녕하고
　　　싶지 않은 사람이 있어?

아이 : 다 안녕하고 싶지 않지. 절대 안녕할 수 없는 사람은 가족. 그
　　　런데 외삼촌은 너무 멀리 있어서 진짜 자주 못 보는 것 같아.

엄마 : 맞아. 외삼촌은 베트남에 있으니깐 일 년에 한 번 보기도 힘
　　　드네.

아이 : 자주 보면 좋을 텐데 말이야. 그래서 헤어질 때 더 아쉬워.

엄마 : 우리 아쉬운 마음을 담아 외삼촌에게 '안녕'이라고 편지 써
　　　볼까?

　어른이 된 지금도 안녕이 익숙하지 않을 때가 많다. 그런 마음을
《안녕》이라는 그림책이 다시 한 번 똑똑 두드려주었다. 평생 익숙해
지지 않을 것 같은 이 '안녕'이라는 단어로 아이와 하브루타를 하며
좀 더 현명하게 헤어짐을 받아들이고 새로운 인연을 맞이하는 연습
이 필요하겠다는 생각이 들었다.

하브루타 세 걸음: '안녕'의 의미

2월에 이사를 했다. 둘째 아이는 학교에 입학하지만 첫째 아이는 4학년으로 전학을 가게 된다. 아이가 새로운 환경에 잘 적응할 거란 믿음이 있지만 혹시 친구 관계나 새로운 환경에 힘들어 하지 않을지 염려가 되기도 했다. 《안녕》 책을 읽으며 첫째 아이가 이별과 만남을 어떻게 생각할지 문득 궁금함이 생겼다.

> 엄마 : 이 책에서 소시지 엄마는 죽고 나중에 소시지 할아버지도 사랑하는 강아지를 남기고 죽게 되잖아. 죽음은 영원한 이별일 수 있지만 죽음 외에도 우리 인생에는 많은 이별, 헤어짐이 있는 것 같아.
>
> 아이 : 제목이 '안녕'인데 안녕은 헤어질 때의 슬픔도 있지만 그 속에 다시 만날 수 있을지도 모른다는 희망과 다른 사람의 평안을 빌어주는 긍정적인 의미도 담겨 있는 것 같아요.
>
> 엄마 : 너는 이번에 전학을 오면서 정들었던 학교와 친구들과 헤어졌잖아. 마음이 어떠니?
>
> 아이 : 친구들이랑 헤어지는 게 싫지만, 그래도 너무 슬퍼하지는 않으려고 생각했어요.
>
> 엄마 : 좀 더 설명해 주겠니?
>
> 아이 : 친구들을 금방 잊는 건 아닌 것 같고, 그래도 계속 슬퍼하고 있을 수만은 없으니 친구들과의 추억을 소중하게 간직하고 싶어요.
>
> 엄마 : 엄마도 좋아하고 친했던 사람들과 헤어지기도 했어. 만남만큼 헤어짐도 중요한 것 같아.

아이: 어떻게 잘 헤어질 수 있죠?

엄마 : 글쎄. 엄마는 인간관계가 평생 가기는 어려우니 지금 내가 만나고 있는 사람들에게 최선을 다하고 사랑해 주는 것이 중요하다고 생각해.

아이 : 소시지 할아버지는 헤어짐을 잘 한 걸까요?

엄마 : 너는 어떻게 생각하니?

아이 : 잘 모르겠어요.

엄마 : 엄마는 네가 제목 '안녕'을 여러 가지로 해석한 부분이 인상적이었어. 안녕은 헤어짐을 포함하지만 더 많은 의미를 담고 있는 거지. 네가 해석한 것으로 보면 소시지 할아버지는 헤어짐을 잘 한 것 같아.

나의 삶을 돌아보면 어린 시절에는 헤어짐을 어려워했던 것 같다. 하지만 이런 시간을 보내면서 만남과 헤어짐에서 중요한 것은 함께 있는 순간이고, 만남과 헤어짐을 잘 매듭짓는 것이라는 생각이 들었다.

소시지 할아버지는 망원경으로 자신이 사랑을 준 강아지를 보고 처음에는 강아지가 위험한 친구들과 있어 불안해 했지만 그들 각자가 잘 지낼 수 있겠다는 마음이 들면서 자신도 거미와 함께 있는 선택을 하게 된다. 과거(강아지)를 잘 떠나보냄으로써 아름다운 추억을 간직한 채 현재(거미)와 함께할 수 있는 것이다. "안녕, 반가워.", "안녕, 잘 가. 우리 서로에 대해 좋은 추억을 간직하자.", "안녕, 너의 삶이 언제나 평안하길 바랄게."

하브루타를 통해 아이의 마음을 알게 되어 조금은 안심이 되었다.

"딸, 안녕? 엄마도 너의 마음이 언제나 평안하길 바랄게."

《안녕》으로 만나는 20가지 질문

- 안녕이라는 말을 들으면 어떤 느낌, 마음이 드는가?

- 주인공을 왜 소시지로 설정했을까?

- 1-4장 중 가장 인상적이었던 장면이나 장은 무엇인가? 또는 가장 마음이 가는 인물은 누구인가?

- 밖에서 집으로 던져진 돌을 보고 우리 아이가 밖에서 상처받고 집으로 왔을 때가 있었는가? 그때 아이는 어떤 행동을 했고 나는 아이에게 어떤 도움을 주었는가?

- 불과, 폭탄 아이와 강아지는 이후의 삶은 어땠을까?

- 왜 소시지는 곰 인형을 가지고 왔을까? 1-4장까지 곰 인형이 나오는 이유는 무엇일까?

- 돌아갔던 할아버지가 왜 다시 강아지에게 돌아왔을까?

- 강아지는 더 이상 할아버지가 오지 않는다는 걸 알고 집 밖으로 나간 것일까?

- 결국 이 셋은 다시 소시지 할아버지 집으로 돌아와서 곰돌이와 함께 누워서 잔다. 왜 다시 집으로 돌아온 것일까?

- 왜 소시지는 엄마가 아닌 개가 보고 싶다고 했을까?

- 소시지 할아버지는 왜 거미 곁에 남았을까?

- 강아지와 폭탄 아이와 불 아이의 만남은 어떤 의미일까?

- 여기서 강아지 이외에는 전부 사물이 주인공이다. 왜 강아지와 고양이만 실제 동물로 그렸을까?

- 잡아먹힐까봐 입었던 우주복을 벗고 강아지를 안아주는 장면에서

강아지와 할아버지는 어떤 감정이었을까?

● 누군가와의 헤어짐을 극복하는 나만의 방법은 무엇인가?

● 남들과 다름에 대한 내 생각은? 우리 아이가 다른 행동을 했을 때 나
는 어떻게 행동하는가?

● 만약 사후 세계에 나라면 누가 가장 먼저 보고 싶을까?

● 인생에서 만남과 헤어짐을 어떻게 생각하는가? 또는 기억에 남는 헤
어짐이 있는가?

● 이 책이 주는 메시지가 무엇이라고 생각하는가?

● 피를 나누지 않아도 가족이 될 수 있을까? 가족의 의미는 무엇일까?

3월
March

자신을 이해하고
긍정하기
그림책 하브루타

3월은 입학과 개학이 있는 '시작'의 달이다. 새로 시작하는 시기엔 자기를 소개하는 시간이 종종 주어진다. '나는 누구인가'라는 질문을 던지고 스스로 답을 찾아가면서 우리는 건강한 자아상을 형성하고 타인과 세상을 알아가게 된다. 이런 자아상은 자아 존중감에서 비롯된다. 자아 존중감은 자신이 가치 있고 소중한 존재이며 유능하고 긍정적인 존재라 믿는 것이다. 가족 하브루타를 통해 나 자신이 누구인지 깊이 생각해 보고 서로 사랑을 표현하며 가족 구성원 각자의 역할에 감사하는 시간을 가져보자.

《이게 정말 사과일까》의 저자인 요시타케 신스케는 우리나라에도 잘 알려진 유명한 그림책 작가다. 그는 2013년 첫 그림책인 《이게 정말 사과일까?》 이후 매년 꾸준하게 책을 발표하고 있다. 그의 책

《이게 정말 나일까?》
저자: 요시타케 신스케
출판사: 주니어김영사

은 상상과 현실을 넘나드는 이야기가 많으며 기발한 상상력이 펼쳐져 있어 아이부터 어른까지 온 가족이 함께 읽기 좋은 그림책이다.

이 책의 주인공인 지후는 자신이 하기 싫은 일을 대신할 로봇을 구입한다. 로봇은 자신이 일을 잘 수행하기 위해서는 지후에 대해 잘 알아야 한다며 지후가 어떤 사람인지 질문을 던진다. 그리고 그 질문에 대한 답을 '나는 (   ) 이다'라는 방식으로 제시한다.

★ ★ ★ ★
열두 달 하브루타 포인트
나에 대한 다양한 질문을 통해 자신을 들여다보자.

이렇게 해 봐요

○ 책을 읽고 가족과 질문, 대화를 나눈다.

- 나에 관한 객관적인 정보(이름, 생일, 키, 몸무게, 출생지, 별명 등)를 이야기한다.

- 내가 좋아하고 싫어하는 것에 대해 이야기 나눈다.

- 내가 할 수 있고 할 수 없는 것에 대해 이야기 나눈다.

- 가족 구성원 한 사람(예를 들어 엄마)을 지정하고, 가족 각자가 생각하는

그 사람(엄마)의 모습에 관해 이야기한다. 이후 순서를 돌아가면서 모두에

대해 이야기 나눈다.

- 나는 어떤 역할을 맡고 있는지 이야기 나눈다.

○ 《나를 소개합니다》 책을 만든다.

- A4 종이로 미니 북을 만든다.

- 이야기 나눈 것을 책에 기록한다. 어린 자녀는 그림으로 표현해도 좋다.

- 마지막 면에 '나는 (   )이다'라고 한두 문장으로 나를 정의한다.

이렇게도 할 수 있어요

○ 하브루타가 끝난 후 자기 소개의 시간을 가진다.

- 자유롭게 한 사람씩 앞에 나와 자신을 직접 소개한다.

- 가족의 응원을 통해 자녀는 발표에 대한 두려움이 줄어들고 자아 존중감

이 높아질 수 있다.

○ 기자 간담회 형식을 이용한다.

- 가족이 빙 둘러앉아 '특별한 주인공' 한 사람을 정해 그에게 질문을 한다.

- 이때 질문은 만든 책 내용에 대한 것도 좋고 추가로 질문을 덧붙여도

좋다.

이 책도 좋아요

- 《내 멋대로 슈크림빵》(김지안, 웅진주니어, 2020)

- 《너는 어떤 힘을 가지고 있니?》(마스다 미리, 책속물고기, 2016)

- 《나는요,》(김희경, 여유당, 2019)

- 《나는 ( ) 사람이에요》(수전 베르데, 위즈덤하우스, 2021)

- 《진짜 내 소원》(이선미, 글로연, 2020)

하브루타 한 걸음: 나를 정확히 이해하고 표현하기

3월, 아이가 초등학생이 되었다. 아이가 좋은 친구를 만났으면 하는 마음, 자신을 잘 표현하면 좋겠다는 마음이 가득할 때 《이게 정말 나일까?》 책을 만났다. 책을 통해 아이가 자신을 얼마나 잘 파악하고 있는지, 내가 생각하는 아이의 모습과 본인이 생각하는 모습이 얼마나 차이가 나는지 궁금했다.

엄마 : 책 보면서 엄마와 이야기 나누고 싶었던 부분이 있었어?

아이 : 난 시시각각 변한다는 이야기가 내 이야기 같아서 엄마랑 이야기해 보고 싶었어. 엄마도 그래?

엄마 : 그럼, 엄마도 날씨에 따라서 혹은 그 전날 있었던 일에 따라서 엄마의 기분이 시시각각 변하지. 너는 어떤데?

아이 : 나는 계절에 따라서 기분이 좀 달라져. 내가 추운 걸 싫어해서 가을, 겨울이 싫은 것도 있지만 어쩐지 나뭇잎이 떨어지는 게 기분이 좋지 않아. 가을에 예쁘게 물드는 것도 떨어지려고 준비하는 것 같아서 싫어. 겨울은 나뭇가지만 남고 쓸쓸하잖아. 그런데 봄은 따뜻해질 것 같은 기대감이 생기고 여름에는 더워도 시원한 아이스크림이 나를 달래주니깐 좋아.

엄마 : 우리 딸 계절의 변화에 민감한 아이였구나. 새롭게 알게 되어서 정말 기쁘다. 날씨에 따라서도 기분이 시시각각 달라져?

아이 : 응. 난 비 오는 게 싫어. 우산도 무겁고 비에 젖는 기분도 싫어. 그런데 해가 쨍쨍하면 내 마음도 쨍쨍해지는 것 같아 기분이 좋아. 엄마는 책에서 어떤 부분을 이야기하고 싶었어?

154

엄마 : 엄마는 주인공을 바라보는 다양한 사람들의 시선을 그린 부분. 나는 한 사람인데 모두 나를 다르게 생각하고 있잖아. 너를 보는 시선도 그렇겠지? 넌 너를 어떻게 생각해?

아이 : 나는 똑똑한 사람. 마음먹으면 뭐든 할 수 있는 사람.

엄마 : 맞아. 우리 딸은 마음만 먹으면 뭐든 잘 해내지. 동생은 너를 어떻게 생각하는 것 같아?

아이 : 당연히 멋진 언니. 뭐든지 다 따라 하잖아.

엄마 : 그렇지. 그리고 엄마 생각에는 동네 동생들도 다 너를 그렇게 생각할 것 같아. 좋은 언니, 멋진 언니로. 넌 동생들을 잘 챙기고 돌봐주니까. 그럼 동네 언니들은 널 어떻게 생각할까?

아이 : 말하기 싫은데…. 아마 말 안 듣는 동생? 쉽지는 않지만 그래도 같이 놀면 좋은 동생.

엄마 : 넌 너 자신에 대해 정말 잘 알고 있구나. 재미있다. 그럼 우리 자신을 설명하는 책을 한 번 만들어 볼까?

자신을 정확하게 이해하는 것은 성장 과정에서 꼭 필요한 일이며 아주 중요한 과정이라 생각한다. 내가 무엇을 좋아하는지, 내 기분이 어떻게 하면 전환이 되는지 등 나에 대한 인지가 뛰어난 아이는 자신을 존중하며 건강한 정체성이 형성되리라 믿기 때문이다. 책을 만들며 나에 대해 생각하는 시간이 앞으로도 꾸준히 습관으로 자리 잡는다면 건강하게 자신을 이해하고 표현하는 아이로 성장하게 될 것이다.

하브루타 두 걸음: 타인이 바라본 나의 모습

중학생 둘째 아이의 제안으로 책을 읽은 후 질문을 먼저 만들지 않고 대화를 시작했다. 자연스레 떠오르는 질문으로 하브루타를 하던 중, 내가 바라보는 나와 가족이 바라보는 나에 관해 집중적으로 이야기를 나누게 되었다. 내가 나를 아는 것도 중요하지만 가족 안에서 서로를 어떻게 생각하는지도 궁금했기 때문이다.

엄마 : 내가 알고 있는 내가 진짜 나일까? 아니면 남이 알고 있는
　　　　내가 진짜 나일까?

아이 : 내가 알고 있는 나!

엄마 : 왜 그렇게 생각했어?

아이 : 남이 알고 있는 나보다 내가 알고 있는 내가 더 정확하다고
　　　　생각하거든.

엄마 : 그럼 너는 너를 어떻게 생각해?

아이 : 친구들이랑 많이 놀고 싶은 사람.

엄마 : 왜 그렇게 생각했어?

아이 : 친구들이랑 노는 게 너무 재밌어. 더 많이 놀고 싶어.

엄마 : 그렇구나. 그럼 엄마는 너를 어떻게 생각하는 것 같아?

아이 : 글쎄.

엄마 : 엄마는 너를 무한한 가능성이 있는 아이라고 생각해. 하지
　　　　만 가능성은 있는데 스스로 못한다는 생각을 많이 하는 것
　　　　같아서 좀 안타까워.

아이 : 나는 엄마가 나를 고집 세고 잡지식이 많은 둘째라고 생각
　　　　하는 줄 알았는데…, 그럼 아빠는 나를 어떻게 생각해?

아빠 : 내가 생각하는 아들은 귀차니즘의 극치를 달리지만 마음은 약한 아이. 안 한다고 하지만 살살 이야기하면 결국에는 하니까.

엄마 : 엄마랑 아빠가 생각하는 너의 모습이 너 같아?

아이 : (한참 고민하더니) 엄마, 아빠 이야기를 들으니까 내 모습 같은 생각도 드네.

엄마 : 엄마는 예전에 이런 경험이 있었어. '나는 이런 사람이다'라고 생각했는데 어느 날 아빠가 엄마의 다른 모습을 이야기해 주는 거야. '아빠가 이야기한 모습도 내 모습일까?' 하고 생각해 봤는데, 그것도 엄마의 다른 모습임을 알게 되었어.

아이 : 나는 내가 나를 가장 잘 안다고 생각했는데 아닐 수도 있겠네.

엄마 : 가족이 너의 새로운 모습들을 이야기해 주니까 어때?

아이 : 내가 생각했던 거랑 너무 달라서 놀랐어. 엄마랑 아빠가 나를 그렇게 생각하는 줄 정말 몰랐거든.

'가족이 생각하는 나'는 낯설게 느껴질 수도 있고 쑥스럽게 느껴질 수도 있다. 하지만 가족은 나를 관심과 사랑으로 바라봐 주기 때문에 내가 미처 발견하지 못한 나를 잘 아는 사람이기도 하다. '내가 바라보는 나'와 '가족이 바라보는 나'에 대해 비교 하브루타를 하면서 나에 대해 더 많이 알 수 있었고 우리 가족을 더 잘 이해할 수 있는 시간이 되어 좋았다.

하브루타 세 걸음: 나에게 주어진 다양한 역할

가족 하브루타를 통해 각자 자기의 모습을 그려보고 가족 앞에서 자기소개도 하며 유쾌하고 즐거운 대화를 나누는 시간을 가졌다. 주인공처럼 수없이 많은 역할을 가지고 살아가는 것에 초점을 맞추어 이야기를 나누었다. 남편이 본인에게 주어진 다양한 역할들에 대해 평소에는 털어놓지 않았던 힘든 점이나 가장으로서가 아닌 '나'에 초점을 맞춰서 이야기를 나누는 모습이 인상 깊었다.

남편 : 난 나의 다양한 역할에 대해 많은 생각을 하게 되었어.

아내 : 어떤 생각이 들었고 어떤 역할들이 있어?

남편 : 아빠, 아들, 팀장, 친구, 야구 동호인 등. 이런 역할들을 잘 해 나가고 있나 싶고, 버거운 역할은 없나, 정리해야 할 역할은 없나 생각해 봤어.

아내 : 맞아. 나에게도 여러 가지 역할들이 있지만 요즘 들어서 불필요한 역할들은 정리하고 내가 더 집중하고 싶은 관계에 더 충실하자는 생각을 많이 해.

남편 : 난 아빠로서, 가장으로서 사는 삶이 행복하지만 때로는 버겁고 힘든 점도 많았던 것 같아. 그래서 나를 찾고자 다양

한 취미 활동을 하면서 나만의 시간을 가지려고 했어. 그런데 또 생각해 보면 나를 지탱하는 힘이 가족이니, 가족과 함께하는 시간을 많이 갖는 것도 맞는 것 같고. 그래서 여행도 캠핑도 다니는 거겠지. 공통의 관심사가 생겨서 즐겁기도 했고. 어떤 것이든 균형을 이루는 게 중요한 것 같아.

아내 : 가장으로 사는 게 당연하다고 생각했는데 힘든 점을 헤아려 주지 못했네. 아이들 앞에서 이야기해 주니 아이들도 당연하게 생각했던 모습들에서 조금 달리 생각하지 않을까 싶어. 또 다양한 아빠의 역할을 이해하게 되니 좋고. 이런 대화를 통해서 우리 아이들도 훗날 더 많은 역할이 생겼을 때 더 잘해나가지 않을까 싶어. 고마워.

사람들은 누구나 다양한 역할을 해나가며 살아간다. 그러나 모든 걸 잘할 수 없고 항상 최고일 필요도 없는데 잘해야 한다는 강박에서 벗어나질 못해서 행복을 찾지 못하는 것일 수도 있다. 나 자신이 행복해야 내 주변도 나의 다양한 관계도 단단하게 이어질 수 있다는 걸 다시 한 번 깨달은 시간이었다. 또 꼭 해야만 하는 중요한 역할에 최선을 다해 임하는 방법에 대해 가족 간의 대화를 통해 찾아간다면 우리 아이는 분명 자기 삶을 현명하게 대할 수 있을 것이다.

《이게 정말 나일까》로 만나는 20가지 질문

- 나에 대해 깊게 생각해 본 적이 있는가?

- 왜 지후는 가짜 나를 만들고 싶었을까?

- 나에게 가짜 내가 있다면 무엇을 시키고 싶은가?

- 내 외모의 특징은 무엇인가?

- 내가 좋아하는 것, 싫어하는 것은?

- 내가 할 수 있는 것, 할 수 없는 것은?

- 나의 겉모습과 속 모습이 같을까?

- 내 머릿속의 놀이터는 어떤 모양으로 만들고 싶은가?

- 내가 잘하고 싶은 것 혹은 고치고 싶은 것은 무엇인가?

- 지금 나는 어떤 나무의 모습인가? 앞으로 어떤 나무로 키우고 싶은가?

- 나에게 주어진 역할은 무엇인가?

- 나는 어떤 기계로 표현할 수 있을까?

- 나를 색깔로 표현한다면?

- 나의 별명은?

- 나를 한마디로 정의한다면?(나는 OO 사람이다)

- 로봇이 정말 지후를 대신할 수 있을까?

- 복제 인간이 있다면 과연 행복할까?

- 나중에 내가 죽었을 때 나의 흔적은 어떻게 남을까?

- 가족 혹은 다른 사람이 나를 떠올린다면 어떤 사람으로 떠올릴까?

- 나는 나를 사랑하는가?

천천히 그러나 꾸준히
하브루타 공부 습관
일상 하브루타

3월은 새 학년의 시작이라 부모와 아이들 모두 바쁜 달이다. 특히 공부 습관만큼은 초등학생 시기에 잘 잡아줘야 한다는 마음에 부모는 공부 계획표 만들기에 여념이 없다. 아이들이 지켜나가야 할 공부 계획표인 만큼 아이들과 함께 만드는 것은 어떨까? 아이들과 함께 공부 계획표를 만들어 본다면 부모는 아이들의 마음을 이해하고 공감하는 시간을 갖게 될 것이고 아이들은 자신이 직접 만든 공부 계획표라 그 어느 때보다 잘 지키려고 할 것이다.

사실 아이의 생각과 부모 생각의 균형점을 잡고 공부 계획표를 만드는 것은 쉽지 않은 과정이다. 그럼에도 불구하고 아이들과 함께 공부 계획표를 만들어야 하는 이유는 '효율적인 시간 활용'과 '부모-자녀와의 관계' 때문이다. 공부 계획표는 아이가 집중해서 공부하는 습관을 만들어 주고 정해진 시간에 해야 할 일은 마무리 할 수 있도록 도와준다. 또한 아이의 의견을 적극적으로 반영하기에 아이 자신과의 약속이며, 자기 주도적 학습법이다. 이 과정에서 아이는 자신의 의견이 존중받고 인정받는 경험을 하게 되고 존중과 인정을 품은 아이들은 부모와 돈독한 관계를 가지게 된다.

그러니 새 학기를 맞이하는 3월, 아이와 함께 공부 계획표 만들기에 도전해 효율적인 시간 활용과 부모-자녀와의 관계 개선이라는 두 마리 토끼를 잡아보자.

★ ★ ★ ★

열두 달 하브루타 포인트

공부 계획표 만들기는 아이를 존중하고 이해하고 공감하는 마음으로 시작하자.

이렇게 해 봐요

○ 아이와 함께 공부 계획표 만들기

아이와 함께 공부 계획표를 만들 때 무엇보다 질문을 통해서 아이의 자발적인 참여를 이끌어 내는 것이 중요하다. 아이의 자발적인 참여는 계획표를 스스로 지켜나가는 모습으로 이어진다.

- 너는 공부를 왜 해야 한다고 생각해?
- 너는 어떤 과목이 좋아?
- 예습과 복습 중에 무엇이 더 중요하다고 생각해?

○ 시간이 아닌 분량으로 정하기

공부 계획표를 만들 때는 공부 시간이 아닌, 공부 분량으로 계획표를 만들고 공부 분량이 끝났을 때 아이들에게 죄책감 없는 자유를 주는 것이 중요하다.

- 어떻게 하면 공부하는 시간에 집중할 수 있을까?

- 너는 공부를 어떻게 할 때 재밌다고 느끼니?

○ 구체화하기

공부 분량을 정할 때는 몇 문제, 몇 쪽, 몇 장처럼 구체적으로 정하는 것이 좋다. 목표가 명확할 때 더 효과적이고 효율적인 공부를 할 수 있기 때문이다.

- 학교 진도에 맞춰서 공부하는 게 좋을까?

- 너는 하루에 공부량이 얼마가 적당하다고 생각하니?

- 일주일에 몇 번 정도가 좋을까?

○ 계획표 짜기

아이들의 방과 후 스케줄 및 놀이 시간을 고려해 계획표를 만든다. 되도록 수면 시간은 충분히 보장해주고 주말을 비워 주중에 하지 못한 공부를 채워가는 시간으로 활용하자. 그러면 아이의 공부 부담감을 줄여줄 수 있다.

- 너는 언제부터 공부를 시작하는 게 좋니?(하교 후, 저녁 식사 후 등)

- 너는 몇 시에 잠드는 게 좋을 것 같니?

- 너에게 약속이 생긴다면 그때 하지 못한 분량은 어떻게 하면 좋을까?

○ 피드백

점검의 시간을 통해 수정하는 시간을 가져야만 꾸준히 실천할 수 있는 공부 계획표를 만들 수 있다. 특히 아이가 계획표를 실행할 때 너무 힘들어하거나 계획표를 지키지 못하는 날이 누적된다면 대대적으로 수정하는 시간을 가져야 한다. 매일, 매주, 매월 점검의 시간을 통해 계속 수정해 나가는 것이 지킬 수 있는 공부 계획표로 가는 지름길이다.

- 지금 공부 분량은 적당하다고 생각하니?

- 공부하면서 힘든 부분은 없니?

- 잘 지켜지지 않는 이유가 무엇이라고 생각하니?

○ 보상

잘 지켰을 때의 보상과 잘 지키지 못했을 때의 벌에 아이들과 함께 구체적으로 정하는 것이 좋다. 단, 물질적 보상을 줄 때는 부모가 미리 한계를 정하는 것이 좋으며, 그와 함께 과정에 대한 칭찬과 격려도 잊지 말자.

– 스스로 해야겠다는 생각이 들게 하는 방법이 있을까?

– 너는 어떤 보상을 받고 싶니?

– 구체적인 보상 방법에 대해 상의한다(주간, 월간, 책 한 권을 마쳤을 때 등).

이렇게도 할 수 있어요

아이와 함께 계획표를 만들면 조금 더 큰 목표를 향해 도전할 수 있는 힘으로 연결될 것이고 일상생활 속에서 활용한다면 계획적이고 체계적인 가정을 꾸릴 수 있다.

○ 생활 계획표 만들기

– 일상생활에 대한 계획표, 방학 계획표 등

○ 포트폴리오 만들기

– 분기별·연간 목표, 독서 계획, 운동 계획 등

○ 비전 보드 만들기

– 1년 동안 꾸준히 지켜나갈 목표를 정하고 계획표를 구체적으로 정한다.

○ 가족회의

– 일주일 동안 가족 개개인의 일정 및 가족 행사 공유한다.

○ 가족 여행

– 가족 여행 장소 및 일정, 먹거리 등 계획해 본다.

다른 가족의 계획표들

우리가 어렸을 때 만들었던 공부 계획표를 생각하면 무엇이 떠오르는가? 아마도 동그란 원 안에 시간별로 선을 긋고 해야 할 일들을 적었던 계획표가 떠오를 것이다. 하지만 요즘 공부 계획표의 모양은 예전에 비해서 아주 다양하다. 이 책에 소개되는 가족의 계획표를 잘 보고 각 가정에 맞는 것을 선택해 활용해 보자.

미취학 아동의 계획표

	월		화		수		목		금	
	내용	확인	내용	확인	내용	확인	내용	확인	내용	확인
오전	등원준비 옷입기, 세수 가방챙기기		등원준비 옷입기, 세수 가방챙기기		등원준비 옷입기, 세수 가방챙기기		등원준비 옷입기, 세수 가방챙기기		등원준비 옷입기, 세수 가방챙기기	
오후	무용학원 백일독서 피아노 아하한글		백일독서 피아노 아하한글		자전거 또는 킥보드 백일독서 피아노 아하한글		무용학원 백일독서 피아노 아하한글		백일독서 피아노 아하한글	
자기 전	양치 스스로 쉬야안하기 10번 말하기 방, 거실 정리		양치 스스로 쉬야안하기 10번 말하기		양치 스스로 쉬야안하기 10번 말하기 자기전 책 내가 읽기		양치 스스로 쉬야안하기 10번 말하기		양치 스스로 쉬야안하기 10번 말하기 방, 거실 정리	

	토요일		일요일	
	내용	확인	내용	확인
오전	아파트 산책 하브루타		아파트 산책	
오후	주일학교 백일독서		백일독서	

2021.12.13. 월요일

	오늘 해야 할 일	체크
1	기탄수학 더하기 1장	☐
2	기탄수학 빼기 1장	☐
3	한글 쓰기	☐
4	한솔	☐
5	영어 공부	☐
6	독서록 책 5권	☐
7	줄넘기 50번	☐
8	장난감 정리	☐

2021.12.14. 화요일

	오늘 해야 할 일	체크
1	기탄수학 더하기 1장	☐
2	기탄수학 빼기 1장	☐
3	한글 쓰기	☐
4	한솔	☐
5	영어 공부	☐
6	독서록 책 5권	☐
7	줄넘기 50번	☐
8	장난감 정리	☐
9	하브루타	☐

나를 자라게 하는 공부	월	월	수	목	금	토	일
QT							
영어책 읽기							
흘려듣기 1시간							
연산							
한글책 읽기							

감사일기		감사일기	
월		목	
화		금	
수			

이번 주의 나는?	
나를 칭찬해	
이건 좀 아쉬워	
다음 주엔 어떻게 할까?	

초등 저학년 아동의 계획표

		월	화	수	목	금
1	DVD시청 (아침식사)					
2	신문기사 최소 1개					
3	복습					
4	라즈키즈 4개					
5	태권도 (4-5시)					
6	수학					
7	집중듣기 영어책3권					
8	책3권 소리내서 읽기					
9	글씨 쓰기 1장					
10	책상정리/ 책가방 챙기기					

초등 고학년 아동의 계획표

미래의 과학자 OOO 파이팅!

구분	월	화	수	목	토	일
오후 2시	피아노	수영	피아노	로봇과학 (영어주)	수영	영어도서관 (12:00~13:30)	
오후 3시						피아노	
오후 4시							
오후 5시	화상영어	영어도서관	화상영어	영어도서관	화상영어		
오후 6시							
오후 7시							
매과일 공부	독서평설	독서평설	독서평설	독서평설	독서평설	연산 3-1(2장)	금요시 보충학습 사회
	연산 3-1(2장)	연산 3-1(2장)	연산 3-1(2장)	연산 3-1(2장)	연산 3-1(2장)	연산 3-1(3장)	
	연산 3-2(2장)	연산 3-2(2장)	연산 3-2(2장)	연산 3-2(2장)	연산 3-2(3장)	문제집	
	화상영어	다미읽는	문제집	다미읽는	화상영어		
	영어숙제	영어책 읽기	영어숙제	영어책 읽기	영어숙제	독서록	
더꼼은 책	책가방 정리	연필깎기	방 치우기	책상 정리			
지킬사항							

위풍당당 OO의 여름방학 계획표

	월	화	수	목	금	토	일
매일과제	단어(10개),기탄수학, 신문, 독서평설						*집 청소 ~11시
국 어	비문학(빡세) 지문 1개	비문학(빡세) 지문 1개	비문학(빡세) 지문 1개	비문학(빡세) 지문 1개	비문학(빡세) 지문 1개		
수 학 (1시간)	6~2 챕	6~2 챕	6~2 챕	6~2 챕	6~2 챕		*5시 가족회의
수학 (1시간)	오전9시 엄마와 공부시간	오전9시 엄마와 공부시간	오전9시 엄마와 공부시간	오전9시 엄마와 공부시간	오전9시 엄마와 공부시간		
영 어 (1시간)	흔공문법	독해	흔공문법	독해	흔공문법		*농구 (6시~8시)
과 학	과학문제집		과학문제집		과학문제집		
독서	일주일 1권 이상 읽고 독서록 쓰기						

*기상시간 : 8시~8시30분
*그날 과제 마무리 할 시 저녁9시~10시 핸드폰 시간
*비문학 시간 : 저녁9시~

*과제 1차 마감 시간 : 피아노 가기전
*과제 최종 마감 시간 : 저녁8시
*국어,사회 문제집 및 시험대비북 : 7월23일 마감

하브루타 한 걸음: 아이를 존중하는 부모

첫째 아이는 코로나19와 함께 초등학교에 입학했다. 코로나19 상황이 심해지면서 학교도 마음대로 갈 수 없는 상황에 아이의 학습은 온전히 엄마인 나의 몫이 되었다. 학교에서 진행하는 온라인 수업 시간은 너무나 짧았고 밖에도 나갈 수 없는 상황에 집에 있는 시간이 너무 많았다.

'부족한 학습을 어떻게 채워줘야 하지?'

며칠을 고민한 끝에 아이의 공부 시간표를 만들었다. 학교에서 진행하는 온라인 수업이 끝난 후의 나머지 시간도 학교처럼 계획을 세워서 공부하기 위함이었다. 하지만 곧 흐지부지되며 무너지고 말았다. 이유가 무엇이었을까? 가족회의를 통해 뭐가 문제인지 짚어 나갔다.

> 엄마 : 엄마가 만든 시간표 중 뭐가 제일 힘들었어?
>
> 아이 : 양이 너무 많아요. 내가 하고 싶은 과목이 있는데 엄마가 짜준 대로 하니까 공부하는 게 즐겁지 않았어요.

엉덩이 힘이 약한 아이에게 엄마의 욕심대로 학습량을 정하고 공부 계획표를 짰기에 아이가 지키지 못한 것은 당연한 결과였다. 아이와 함께 고민하고 계획하지 않은 결과, 계획표에 아이는 없고 엄마만 있었던 것이다.

엄마 : 그럼 어떻게 하면 좋을까?

아빠 : 일단 뭐든 엄마가 시키는 것보다 스스로 깨우치는 게 제일 중요한 것 같아. 누가 시켜서 하는 공부는 한계가 있는데 본인 스스로 해야겠다고 느끼는 공부가 엉덩이 힘도 길러주거든.

엄마 : 너는 어떻게 생각해?

아이 : 제가 매일매일 약속을 잘 지키면 엄마, 아빠가 저에게 선물을 줬으면 좋겠어요.

엄마 : 공부 후 보상?

아이 : 보상이 있으면 더 열심히 할 것 같은데.

엄마 : 근데 공부 후 보상이 있으면 오히려 주객전도가 되는 것 같아. 스스로 동기 부여할 수 있는 게 없을까?

아빠 : 그렇다면 이런 건 어때? 네 꿈이 과학자니까 과학자가 되기 위해 뭐가 필요한지, 꿈을 위해서 어떤 삶을 살아야 하는지 이야기해 보고 계획표에 적어보면 어떨까?

엄마 : 그거 좋은 생각이다!

아이 : 근데 엄마, 항상 같은 목표보다는 주별로 체크하고 계획 세울 거니까 주별로 목표를 다르게 정해서 해 보고 싶어요. 그게 더 와닿을 것 같아요!

엄마,아빠 : 그거 좋은 생각인데! 같이 이야기하니 너에 대해서 잘
　　　　　 이해하게 되고, 좋은 아이디어도 생기고, 함께 나눌 수
　　　　　 있어서 좋은데!

그 뒤로 우린 계획표 제일 상단에 아이의 목표를 간단하게 한 줄
로 적고 그 밑에 주별로 계획표를 세우는 것으로 정했다. 매주 가족
과 이야기할 수 있었고, 좋았던 점이나 잘했던 점, 부족했던 점을 같
이 나누니 아이가 스스로 깨닫게 되는 부분이 많았다. 이처럼 아이
와 함께 계획표를 세우니 천천히 나아가더라도 주도적으로 움직이
며 꾸준히 하려고 노력하는 아이의 모습을 만날 수 있어 뿌듯했다.

하브루타 두 걸음: 공감하는 마음으로 시작

30년 전! 매 학기 시작 전 야심차게 계획표를 세웠던 기억이 난
다. 물론 그 계획표가 잘 지켜지지는 않아서 속상해 하기도 했다. 하
지만 동그란 계획표를 그리며 설렘을 가졌던 내가 떠올라 피식 웃음
이 나왔다.

워킹맘이었던 나는 항상 아이의 스케줄을 엑셀로 만들어서 출력해
냉장고와 방 여기저기에 붙여두었다. 첫째 아이는 어린 시절부터 이런
계획표에 너무나도 익숙했다. 지금 생각해 보니 우리 아이가 이렇게
정형화되고 틀에 맞춰 생활했다는 생각에 마음 한켠이 짠했다.

아이 : 엄마, 그거 알아요? 난 예전에 엄마가 매일 내 할 일을 이
　　　 모님에게 알려 주려고 냉장고에 붙여둔 계획표가 정말 싫
　　　 었어요.

엄마 : 5년 전 일인데 그걸 아직도 기억하고 있었니? 왜 그렇게 싫었을까?

아이 : 예전에 읽은 책 중에 《참 바쁜씨와 로봇》이란 책이 있었어요. 먼 미래에 효 로봇이 자식을 대체한다는 내용의 그림책인데, 주인공 할아버지가 로봇의 계획대로만 움직여야 했어요. 마음대로 산책도 못하고, 친구의 장례식장도 계획에 없어 나갈 수 없었어요. 엄마의 냉장고 계획표를 보면서 그 생각이 많이 났어요. 그리고 마음이 많이 답답했어요.

엄마 : 아, 그랬구나. 엄마가 함께해 주지 못하니 시간을 조금 효율적으로 사용했으면 하는 마음에 그런 건데 우리 아들이 마음이 많이 안 좋았구나. 미안해. 대신 우리 이제 너만의 계획표를 함께 만들어 보자! 어떻게 하고 싶니?

아이 : 우선, 학원 시간은 정해져 있으니 나머지 시간에 놀이 시간을 넣으면 좋겠어요. 저도 친구들과 우정을 쌓을 수 있는 시간이 필요해요. 히히! 친구들과 놀 생각만 해도 너무 좋아요. 그리고 엄마와 단둘이 데이트 하는 시간도 넣고 싶어요.

엄마 : 엄마와 데이트 시간?

아이 : 엄마 기억 안 나요? 동생 생기고 나서 엄마가 퇴근하면 동생은 이모께 맡기고 나랑 꼭 30분 산책을 했던 거. 그때 손 꼭 잡고 간식도 사 먹고 이런저런 이야기도 나눴잖아요. 저는 그 시간이 너무 좋았어요. 그걸 다시 만들고 싶어요.

엄마 : 아, 맞다. 우리 그런 시간을 가졌었지? 동생이 생긴 네가 힘들지 않으면 해서 만들었던 우리 둘만의 데이트 시간. 엄마도 기억이 많이 나네.

아이 : 또 있어요. 엄마랑 예전처럼 같이 요리하는 시간도 만들고 싶어요.

엄마 : 그래? 언제 하면 좋을까? 금요일 저녁 시간을 활용하면 좋을 것 같은데?

아이 : 좋아요. 그럼 그 시간은 푸드 하브루타겠네요?

엄마 : 호호호, 좋은데. 푸드 하브루타!

지금은 옆에서 돌봐줄 수 있지만 벌써 고학년이 되어버린 첫째 아이이기에 계획표는 여전히 빡빡했다. 하지만 아이와 대화하며 중간에 놀이 시간을 넣었다. 친구들과 놀이 시간, 엄마와 데이트 시간 등을 기록하며 연신 입가에 미소가 머물던 아이를 보니 마음이 충만해졌다.

이번에 아이와 함께 계획표를 작성하면서 이 시간이 단순한 계획표를 작성하는 것이 아니라 아이의 마음속 깊은 상처를 어루만져 줄 수 있는 뜻깊은 시간이 되었다.

하브루타 세 걸음: 나를 온전히 이해하는 시간

'작심삼일'이라는 말이 있다. 단단히 먹은 마음이 사흘을 가지 못한다는 말이다. 나는 이 말에 가장 부합하는 사람이었다. 할 일을 끝까지 미루다 결국 몰아서 하는 사람, 흔히 말하는 벼락치기를 일삼는 사람이었던 것이다. 그러다 보니 매번 '이만큼 해야지' 하면서 결국 수행하지 못했고 그로 인해 계획은 틀어지기 일쑤였다.

아이들이 커가면서 이런 엄마의 모습을 더 이상 보여 주고 싶지 않았다. 고민에 고민을 거듭한 끝에 나는 '작심삼일을 이겨내는 4단계 방법'을 생각해 냈다. 목표를 구체적으로 작성하되 기간은 일주일 단위로 짧게 계획을 세워서 실천해 보는 것이다.

첫 번째, 10년 목표를 세우고 그 속에서 3년 후 목표를 다시 세분화한다. 나의 10년 후 목표는 나의 교육 플랫폼을 가지는 것이었다. 10년 후에 나의 교육 플랫폼을 가지기 위해서는 강사로서 입지를 굳건히 다져야 했다. 5세, 4세 두 아이를 키우면서 일을 함께 진행해야 함을 염두에 두고 3년 후 강사로서 입지를 굳건히 하는 것을 목표로 설정했다.

두 번째, 1년 후 나의 목표를 설정한다. 나의 1년 목표는 강사로서 진정한 복귀와 엄마로서의 성장이었다. 아직은 엄마의 손길이 필요한 아이들이라 최근까지 강사보다는 엄마의 역할에 더 큰 비중을 두고 있었다. 그러다 보니 자연스레 강사 본업은 뜸해졌다. 그래서 올해는 강사로 복귀해서 영향력을 넓히는 것을 목표를 설정했다. 엄마로서의 목표는 아이들의 건강을 챙기고 아이들의 정서 건강을 위해 더 노력하는 것이다.

세 번째, 1년 목표에 기인한 한 주 목표를 설정한다. 한 주 목표를 설정하기 전에 그 달의 행사나 특별한 일정을 체크하고 한 주 목표를 세웠다. 일주일의 계획이다 보니 계획을 설정하기도 쉬웠고 나의 상황에 따라 수정하기도 쉬웠다.

네 번째, 한 주 목표를 설정하고 나서 그 목표에 맞게 매일 해야 할 일과 그 주간에 마무리할 일을 정한다. 나는 강사로서 할 일과 엄마로서 할 일을 나누었다. 할 일을 정하고는 체크 리스트를 만들어 한 일은 체크했다. 그리고 한 주가 끝나면 그 체크 리스트를 보며 스스로 평가해 다음 주 목표를 설정하고 한 주간의 계획을 설정했다.

한 주 목표는 매주 성과를 볼 수 있었기에 내가 무언가 하고 있다는 작은 성취감을 얻을 수 있었고 작은 성취감들은 다시 동기부여가 되어 나에게 힘이 되어 주었다. 우리 아이 혹은 내가 매번 포기하는 과정을 반복하고 있다면 작은 목표를 설정해 두고 그 목표에 가기 위한 한 주 목표를 잡아보자. 그리고 아이와 함께 이번 주는 잘 이루었는지 체크하는 시간을 갖자.

이 과정에서 아이들은 목표를 설정하고 그것을 이루려고 계획을 세워 노력하는 부모의 모습을 보게 된다. 그리고 그런 모습을 통해 아이들도 자연스럽게 스스로 목표를 설정하고 이를 이루기 위해 계획을 세워 노력하는 모습을 닮아갈 것이다.

이렇게 한 주, 한 주가 쌓이면 한 달이 되고 일 년이 되어 아이의 목표도 나의 목표도 이루어지는 날이 성큼 다가오지 않을까?

4월
April

HAVRUTA

우리 아이가 살아갈
대한민국

그림책 / 일상 하브루타

H A V R U T A

대한민국은 국민이 만드는 나라다. 우리 아이들이 살아가고 있고 또 살아가야 할 나라다. 그렇기에 아이도 자연스럽게 우리나라에 관심을 가질 수 있도록 도와주어야 한다.

'아이들이 정치에 대해 알려 주면 아나요?'라고 생각 할 수도 있다. 하지만 정치도 알고 보면 작은 것에서부터 시작할 수 있다. 내가 살고 있는 우리 집 주변, 우리 동네부터 시작해 보자. 우리 동네의 특징은 무엇이며, 우리 동네에 어떤 시설이 있는지, 그 시설에 대해 평가도 내려보고 우리 동네를 어떻게 발전시킬 수 있는지에 대한 이야기를 나누는 것으로 정치를 알아갈 수 있다. 이렇게 우리 동네에서 시작해 우리 지역, 우리나라, 세계 정세로 확장해 나간다.

사실, 정치는 부모에게도 어려운 요소다. 하지만 우리 아이가 살아갈 삶의 터전은 앞으로도 중요하다. 부모인 나는 물론 성장할 아이도 우리나라에 관심을 가지고 날카로운 눈으로 지켜볼 수 있어야 한다. 먼저 우리 아이가 눈으로 보고 경험할 수 있는 요소들부터 시작하는 것이 좋다. 크게 이슈된 사건들을 다뤄보는 것도 도움이 된다. 내 주변에 있는 것, 내 눈에 들어오는 것들부터 차근차근 함께 알아가자.

《내가 만약 대통령이 된다면》
글: 카트린 르블랑
그림: 롤랑 가리그
출판사: 책과 콩나무

2022년 4월은 제20대 대통령 선거가 있는 달이었다. 큰 이슈인 대통령 선거를 앞두고 《내가 만약 대통령이 된다면》 그림책으로 하브루타를 해 보았다. 《내가 만약 대통령이 된다면》은 어린이의 시선에 맞추어 그려진 책으로 주인공인 아이는 자신이 대통령이 되었을 때 하고 싶은 것들을 표현한다.

처음에는 내가 하고 싶은 것들이 나오지만 점차 대통령으로서 해야 할 일을 생각하게 된다. 누군가의 말을 경청하고 좋은 내용을 실천에 옮기는 등의 역할이다.

또한 이 책을 통해서 대통령의 위치를 알아볼 수 있다. 대통령은 어떻게 선출되는지, 어떤 일을 수행하는지, 어떤 사람이 되어야 하는지, 내가 만약 대통령이 되면 어떤 일을 하고 싶은지 등에 대해 아이와 함께 이야기 나눌 수 있다.

대통령은 한 나라의 상징이다. 국민을 대표하고 국민의 목소리를 대변하는 사람이다. 이런 대통령에 대해 아이와 함께 알아보자.

★ ★ ★ ★

열두 달 하브루타 포인트

내가 만약 대통령이 된다면 어떤 일을 하고 싶은지,
지금 대통령에게 바라는 점은 무엇인지 이야기해 보자.

이렇게 해 봐요

○ 그림책을 읽은 후 느낌을 나누고 질문을 만들어 대화한다.

- 그림책 속 주인공이 되어 이야기 나눠 보자.

- 내가 만약 대통령이 된다면 어떤 일을 하고 싶은지 이야기 나눠 보자.

- 내가 생각하는 대통령에 대해 이야기 나눠 보자.

○ 내가 만약 반장이 된다면?

- 내가 만약 반장이 된다면 어떤 공약을 내세울지 생각해 보자.

- 어떤 반장이 되고 싶은지, 반 친구들이 원하는 반장은 어떤 반장일지 생각해 보자.

- 더 나아가 내가 만약 시장이라면, 도지사라면 우리 지역을 위해 어떤 일을 하고 싶은지 생각해 보자.

이렇게도 할 수 있어요

- 우리 동네에는 어떤 시설이 있는지, 그 시설들은 잘 활용되고 있는지 산책하며 둘러보고 평가하자.

- 최근 이슈가 되는 시사에 대해서 자기 생각을 토론해 보자.
- 아동, 청소년 정책 제안 대회 등에 참여해 정책을 토론해 보자.
- 투표란 무엇인지, 투표의 중요성에 대해 토론해 보자.

이 책도 좋아요

- 《나도 투표했어》(마크 슐먼, 토토북, 2020)
- 《수탉과 독재자》(카르멘 애그라 디디, 길벗어린이, 2018)
- 《혼자 남은 착한 왕》(이범재, 계수나무, 2014)
- 《토사장을 시장으로》(일리스 돌런, 우리교육, 2022)

하브루타 한 걸음: 모두가 행복해지는 나라

대통령 후보 선거 활동을 우연히 본 아이가 마치 연예인을 본 듯이 친구들과 이야기를 나누는 모습을 보았다. 그리고 《내가 만약 대통령이 된다면》이라는 책을 읽은 후, 아이가 대통령에 대해 어떤 생각을 가지고 있는지 물어볼 기회가 생겼다.

> 엄마 : 《내가 만약 대통령이 된다면》 책에서 가장 마음에 들었던 장면이 뭐니?
>
> 아이 : 어른을 학교에 보내는 부분이요. 내가 선생님이라면 학교생활에 대한 규칙을 학생의 의견을 듣고 함께 만들어 나갈 거예요. 시간표도요. 많은 학생이 원하는 과목 순으로 시간표를 정할 거예요. 쉬는 시간은 아주 길게, 식사 시간도 충분히요. 그리고 숙제도 내지 않을 거예요. 학교 끝나고 신나게 놀 수 있게요.

엄마 : 학생들이 좋아하는 멋진 학교가 되겠네. 네 생각엔 어른들이 아이의 말을 잘 안 들어 주는 것 같아?

아이 : 네. 규칙은 어른들이 만들고 아이들은 따르기만 해야 하는 것 같아요.

엄마 : 그럼 네가 만약 반을 대표하는 반장을 뽑는다면 어떤 반장을 뽑고 싶니?

아이 : 함께 규칙을 만들고 학교 일을 잘 돕는 사람, 친구들을 잘 도와주는 사람을 뽑을 거예요.

엄마 : 그런 반장이라면 친구들에게 인기 최고겠는데? 우리 반을 대표하는 친구가 반장인 것처럼 혹시 우리나라를 대표하는 사람은 누구인지 알고 있니?

아이 : 대통령이요. 엄마, 나 며칠 전에 놀이터에서 놀고 있는데 OO 아저씨가 트럭 타고 지나가는 거 본 적 있어요. 그 아저씨 멋져 보여서 꼭 대통령이 되었으면 좋겠어요.

엄마 : 그래? 네 눈에 그 아저씨가 멋져 보였구나? 어떤 점이 멋져 보였어?

아이 : 그냥요. 대통령이 되면 잘 할 것같이 보였어요.

엄마 : 대통령이 어떤 일을 수행하는지 알고 있니?

아이 : 옛날로 보면 왕 같은 거 아닐까요? 뭐, 왕이랑은 다르지만.

엄마 : 뭐가 다른 것 같아?

아이 : 왕은 뭐든지 마음대로 할 수 있었지만, 대통령은 그럴 수 없을 것 같아요.

엄마 : 맞아. 옛날 왕은 태어날 때부터 정해져 있어서 엄청난 힘을 가지고 있었어. 하지만 대통령은 그렇지 않아. 왜 그럴까?

아이 : 태어날 때부터 정해져 있지 않아서예요?

엄마 : 와~, 맞아. 대통령은 네가 본 것처럼 국민과 약속하며 선거를 통해 선출된단다. 그리고 국민의 투표에 의해 대통령이 되는 거야. 결국 국민이 대통령을 뽑는 거지. 국민의 대표로 말이야. 아빠 엄마가 투표하러 갔던 거 기억나지?

아이 : 네. 기억나요. 그럼 엄마는 어떤 사람을 뽑아요?

엄마 : 그야 우리 국민을 위해 일을 잘해 줄 거 같은 사람이지. 만약에 네가 대통령이 된다면 어떤 나라를 만들고 싶어?

아이 : 난 우리나라를 부자로 만들고 싶어요. 그리고 모든 사람이 행복해졌으면 좋겠어요.

엄마 : 엄마도 그런 마음으로 대통령 후보들의 약속을 들어보고 대통령을 뽑는단다.

어른들이 나누는 정치 이야기, 혹은 온 가족이 함께 투표하러 갔던 경험들은 아이에겐 큰 관심 요소가 되지 못했다. 하지만 대통령 선거 활동을 본 경험과 마침 적절하게 읽은 이 책이 아이에게는 신나는 경험이 된 것 같다. 언제 대통령을 직접 뽑을 수 있는지 기대하는 아이를 보면서 정치에 대한 관심이 시작되고 있음을 느낄 수 있었다.

하브루타 두 걸음: 내가 만약 부반장이 된다면

대통령 선거가 있던 때, 대통령 선거에 관심이 많았던 첫째 아이는 함께 앉아 선거 개표 방송을 보았다. 관심이 생긴 시기에 선거, 민주주의에 관해 이야기 나누면 좋을 것 같아 도서관에 가서 《내가 만약 대통령이 된다면》 책 외에 여러 권의 책을 빌려와 함께 읽었다.

그중에서 《동물들의 우당탕탕 첫 선거》를 통해 선거가 왜 생겼는지, 어떤 절차를 통해 이루어지는지, 후보자들은 어떤 정책을 내는지 등에 대해 살펴보았다. 그리고 함께 빌려온 《생쥐 나라 고양이 국회》는 유아 서적으로 분류되어 있긴 하지만 논의할 것이 많은 책이라는 생각이 들었다.

> 엄마 : 왜 생쥐들은 같은 생쥐를 뽑자는 작은 생쥐의 말에 펄쩍 뛰
>   며 반대했을까? 너는 지도자는 어떤 사람이라고 생각하니?
> 아이 : 리더는 다른 사람들을 대변해 줄 수 있는 사람이어야 할 것
>   같아요. 고양이들은 쥐를 위한 정책을 내지 않았잖아요.
> 엄마 : 다음 주 월요일에 반장 선거가 있지?
> 아이 : 네. 엄마 근데 저는 부반장 선거에 나가고 싶어요.
> 엄마 : 아~, 그래? 근데 너는 이번에 전학을 와서 많이 불리할 거
>   야. 어떤 공약을 내고 싶어?
> 아이 : 저를 뽑아 주면 반장을 도와 열심히 하겠다고 말할 거예요.
> 엄마 : 너는 부반장이 어떤 일을 하면 좋을 것 같아? 지금 4학년
>   친구들이 가장 원하는 것은 뭘까?
> 아이 : 친구들이 코로나 때문에 자유롭게 놀 수 없으니 우편함을
>   만들거나 서로 소통할 수 있는 방법에 대한 공약이 좋을 것
>   좋아요.

요즘 민주주의 혹은 시민성 교육의 중요성이 강조되고 있다. 아이들은 학급 선거를 통해 반장(부반장)의 역할, 공약, 선거 과정에 대해 배운다. 또한 학급 회의를 통해 의견을 제안하고 대화와 토론, 투표

등을 통한 민주주의에 대한 경험을 쌓아간다.

첫째 아이는 부반장 선거에서 떨어졌다. 하지만 아이는 하브루타와 학급 선거 참여를 통해 자신에 대해 알리고 반 친구들의 필요를 생각해 보는 의미 있는 시간을 가질 수 있었다.

하브루타 세 걸음: 이슈로 함께하는 부부 하브루타

5세, 4세 두 아이를 둔 우리 부부는 저녁 식사 시간에 많은 대화를 이어간다. 아이들과 함께 대화할 때도 있고 부부 둘만의 대화로 이어질 때도 있다. 어려운 내용의 대화도 거리낌 없이 나눈다. 아직 어린아이들과 모든 대화를 함께할 수는 없지만 아이들도 분명 우리 부부의 이야기를 듣고 있다는 것을 잘 알고 있기 때문이다.

촉법 소년법이 14세에서 13세로 하향 조정되어 입법될 예정이라는 기사를 보았다. 그 기사를 보고 여러 가지 생각이 들어 남편과 대화를 시작했다.

> 아내 : 남편은 촉법 소년법에 대해서 어떻게 생각해?
>
> 남편 : 13세로 하향 조정된다고 하더라. 학생들의 범죄가 날로 잔인하고 무자비하다는 것이 이슈라 피할 수 없는 것 같네. 뭐, 사실 유럽이나 미국은 이미 12세인 나라도 많으니까.
>
> 아내 : 그러게 요즘은 애들이 법을 이용해서 영악하게 범죄를 저지르기도 하니까.
>
> 남편 : 그렇지. 물론 안타까운 부분도 분명히 있지. 아직 어리기 때문에 모를 수도 있는데 몰랐던 아이들도 엄격한 기준으로 재야 하니까. 그런 아이들이 다른 범죄에 연루될 확률이 높

아지지 않을까 하는 우려는 분명히 생기지.

아내 : 그런 부분도 있겠지. 근데 나이를 하향 조정한다고 근본적인 문제가 해결되지는 않는데.

남편 : 그렇지. 근본적인 게 중요하지.

아내 : 근본적인 게 뭘까?

남편 : 가정 교육이라고 생각하는데. 소년범 대부분이 가정에서 부모의 사랑과 보호 속에서 자라지 못한 아이들이 많을 테니까.

아내 : 그렇지. 그런 것들이 안타깝지. 아이들을 믿어주는 부모. 부모가 아니라도 어른이 옆에 있으면 또 달랐을 텐데. 아이들을 생각하면 참 안타깝다.

촉법 소년법의 나이가 하향 조정되어도 근본적인 문제가 해결되지 않는다면 어떻게 될까? 그 아이들은 왜 길거리로 나오게 된 것일까? 우리 부부는 이런 부분에 대해 더 이야기를 나눴다. 남편과 나의 이야기는 결국 부모의 역할로 귀결되었다. 부모의 역할이 중요하다는 말이다. 그렇다면 부모의 사랑과 보호를 제대로 받지 못하는 아이들은 어떻게 하면 좋을까? 정부에서 눈에 보이는 법 개정이 아닌 근본적인 요소를 좀 더 캐내어 봐주었으면 하는 바람이 생겼다.

이런 나와 남편의 대화를 가만히 듣고 있던 첫째 아이가 '엄마, 촉법 소년이 뭐야?' 하고 물어왔다. 5세 아이가 제대로 이해할 수는 없겠지만, 나와 남편은 아이의 시선에 맞추어 최대한 설명했다. 정치와 관련한 주제는 현재 나와 남편이 주가 되어 대화하지만 이런 대화가 계속 이어진다면 언젠가는 우리 아이들도 각자의 생각을 함께 논하는 시간이 오지 않을까 생각해 본다.

《내가 만약 대통령이 된다면》으로 만나는
20가지 질문

- 이 아이는 왜 대통령이 되고 싶었을까?

- 대통령은 어떤 일을 할까?

- 어린이가 대통령이나 장관이 되면 어떨까?

- 내가 만약 대통령이 된다면 어떤 기분이 들까? 어떤 공약을 실천하고 싶은가?

- 리더십에서 중요하게 보는 요소는?

- 친한 사람을 국가의 요직에 배치하는 것에 대해 어떻게 생각하는가?

- 주인공처럼 대통령이 되어 자신이 원하는 대로 행정한다면 나라는 어떻게 될까?

- 국민의 의견을 경청하고 소통하는 대통령이 되려면 어떻게 해야 할까?

- 내가 만약 학급 반장이 된다면 우리 반을 어떻게 이끌어 갈 것인가?

- 누구나 평등하게 잘 사는 나라는 좋은 나라일까?

- 왜 가장 하고 싶었던 일이 엄마, 아빠를 학교에 보내는 것일까?

- 왕과 대통령의 차이는 무엇일까?

- 아이라는 이유로 의견이나 생각이 무시당한 적이 있는가?

- 이 책에서 공감되는 정책은 무엇인가?

- 책의 내용처럼 나라가 운영된다면 어떤 나라가 될까?

- 국민이 투표하지 않으면 어떻게 될까?

- 문화재에 미끄럼틀이나 그네를 설치하는 것에 대한 내 생각은?

- 반 친구들의 의견과 선생님의 의견이 다르다면 반장으로서 문제를 어떻게 해결할 것인가?
- 가난한 이들에게 돈을 나눠주는 정책은 좋은 정책일까?
- 역대 대통령(국내, 국외) 중 존경하는 대통령이 있는가? 그 이유는 무엇인가?

호기심을 깨우는
과학 놀이
과학 놀이 하브루타

H A V R U T A

4월 21일은 과학의 날이다. 과학의 날은 과학 기술의 중요성을 알리고 과학의 대중화를 위해 제정되었다. 이런 과학의 날을 맞이해 아이와 함께 그 의미를 다시 한 번 새기고 아이와 가정에서 쉽게 할 수 있는 과학 놀이 하브루타를 진행했다. 과학 놀이 하브루타는 언제라도 가정에서 진행할 수 있지만 과학의 날의 의미를 알고 난 후 아이는 더 집중해서 과학 놀이에 빠져들었다.

이번 실험은 가정에서 쉽게 구할 수 있는 베이킹소다와 식초라는 두 개의 물질이 섞였을 때 어떤 현상이 생기는지 관찰할 수 있는 과학 놀이다. 이처럼 과학 놀이에 꼭 특별한 장비, 기술이 필요한 것은 아니다. 그저 아이와 함께 즐겁고 유익한 시간을 보내고자 하는 부모의 마음과 노력이 필요하다.

《STEAM 초등 과학 실험 캠프》
저자: 조건호
출판사: 바이킹

그 결과 우리 아이는 즐기면서 과학적 사고력과 논리적 사고력을 높일 수 있다. 단, 과학 놀이를 선택할 때 아이의 연령대에 잘 어울리는 놀이를 선택하면 더 즐겁고 유익한 시간을 가질 수 있다.

이렇게 실험해 봐요

준비물: 식초, 베이킹소다, 풍선 3개, 페트병 3개, 숟가락, 깔대기

1. 풍선 입구에 깔때기를 끼운 다음 베이킹소다를 한 숟가락 넣는다.

2. 페트병에 식초를 붓는다.

3. 페트병 3개에 식초의 양을 달리 넣고, 페트병 입구에 풍선을 끼운다(베이킹소다가 들어가지 않도록 살살 끼운다).

4. 베이킹소다가 페트병으로 들어가도록 풍선을 들어 올린다.

5. 풍선의 변화를 관찰한다.

열두 달 하브루타 포인트

실험 전, 중, 후 아이와 질문을 만들고 실험을 통해 답을 함께 찾아가자.

이렇게 해 봐요

1. 도입 하브루타

- 실험 전에 실험 과정을 아이들과 함께 살펴본다.
- 어려운 용어를 체크하고, 아이의 연령대에 맞추어 용어를 함께 찾아보고 정리해 둔다.
- 실험 과정과 결과에 대해 예상해 본다.
- 궁금한 점에 관해 이야기 나누며 질문을 만든다.
- 실험 전 주의사항에 대해 약속을 정한다.

2. 전개 하브루타

- 주의사항을 지키며 실험을 진행한다.
- 실험 전 만들었던 질문에 대해 해답을 찾아본다.
- 추가로 궁금한 점에 대해 질문을 만들고 하브루타를 진행한다.
- 새로운 실험으로 확장해도 좋다.

3. 마무리 활동

- 새롭게 안 사실에 대해 아이와 함께 더 조사해 본다.
- 실험 보고서를 작성한다(한글이 서툴거나 아이가 어려서 보고서 작성이 힘들 경우, 그림으로 남긴다).
- 아이가 가족 앞에서 실험 보고서를 설명할 수 있게 도와주자.

이렇게도 할 수 있어요

- 펌프로 부풀린 풍선과 다른 점을 찾는 실험을 추가로 확장할 수 있다.

- 페트병 안에 남아 있는 이산화탄소로 촛불 끄기 실험을 한다. 이산화탄소가 산소를 차단해 불이 꺼지는 것을 보고 이산화탄소의 성질을 알 수 있다.

- 달고나를 만들어 본다. 이를 통해 이산화탄소 기체가 설탕 속에 갇힌 채 부풀어 오르면서 달고나가 커진다는 것을 알 수 있다.

* '산과 염기'와 관련된 다른 실험도 있어요

- 화산 폭발 실험

- 로켓 발사 실험

- 이산화탄소 분수 실험

- 베이킹소다로 모양 만들어 식초로 녹이는 실험

- 검은콩 지시약 만들기

하브루타 한 걸음: 과학에 대한 호기심 깨우기

5세, 4세인 우리 아이들은 풍선을 너무 좋아한다. 과학 놀이를 위해 준비된 풍선을 보고 자신들이 풍선을 불어 보겠다며 달려왔다.

> 엄마 : 풍선은 어떻게 해야 커질까?
>
> 아이1 : 바람을 후후 불어야 커지지. 나 이제 풍선 잘 불어.
>
> 아이2 : 엄마는 손으로도 풍선 불잖아. 노란색 바람 나오는 걸로 (에어 펌프).
>
> 엄마 : 맞아. 입으로 풍선을 불거나 바람 나오는 펌프로 풍선을 불 수도 있지. 그런데 바람을 불지 않아도, 손을 사용하지 않아도 풍선이 저절로 커지는 방법이 있대.

아이1 : 진짜? 빨리 보고 싶어.

베이킹소다를 넣은 풍선으로 페트병 입구를 막았다. 힘없이 처져 있던 풍선을 서서히 들자 보글보글 거품이 생기면서 풍선이 부풀어 오르기 시작했다. 두 아이는 폴짝폴짝 뛰면서 좋아했다.

아이1 : 엄마, 너무 신기해. 또 해 보자.

엄마 : 과학 놀이 어땠어?

아이1 : 엄청 신기했어. 풍선이 저절로 커졌잖아. 왜 그런 거야?

엄마 : 식초와 소다가 만나면 이산화탄소가 나오는데, 그게 입구로 나가지 못하고 풍선으로 들어가서 풍선이 커지는 거야.

아이1 : 그러면 하늘을 나는 열기구도 이산화탄소 때문에 나는 거야?

엄마 : 아~ 열기구는 온도 차이로 움직이는 거야. 뜨거운 공기는 위로 올라가고, 차가운 공기는 아래로 내려오거든. 그걸 이용한 거야.

아이1 : 풍선이 커지는 걸 보니까 열기구랑 비슷하게 생겨서 같은 건 줄 알았어. 근데 풍선이 저절로 커지는 게 너무너무 신기해. 마술 같았어.

우리 아이는 아직 이산화탄소, 식초, 베이킹소다가 뭔지 모른다. 그저 입으로 힘들게 불었던 풍선이 저절로 동그랗게 부풀어 오르는 현상에 재미를 느꼈다. 그리고 힘없이 늘어져 있던 풍선이 봉긋하게 솟아오르는 걸 보고 열기구와 연관 지어 생각했다. 사실 과학의 원리를 이해하기란 쉽지 않다. 아직 미취학인 우리 집 두 아이에게 원리를 이해시키는 것 또한 어려운 일이었다. 지금은 과학 현상에 대해서 재미를 느끼고 그것으로 호기심을 느낄 수 있는 것으로도 충분했다. 그리고 그 호기심을 다른 것과 연관 지어 생각해 볼 수 있다는 것에서 한 계단 올라간 것 같았다. 처음부터 완벽하게 알 수는 없다. 우리 아이가 과학에 재미를 느낄 수 있도록 놀이처럼 즐기면서 과학에 접근해 보자.

하브루타 두 걸음: 확장 실험으로 아이의 호기심 채워주기

평소 과학은 어려운 것이라는 생각을 하고 있었던 터라 과학 실험에 대한 부담감이 너무 컸다. 하지만 남편의 응원에 힘입어 풍선과 500㎖와 2ℓ 페트병을 준비했다. 페트병에 식초를 넣고 베이킹소다가 든 풍선을 페트병 입구에 끼워 넣었다.

엄마 : 우와. 풍선이 저절로 커져!

아이 : 엄마, 풍선이 빵 터지게 만들 수도 있어?

엄마 : 어떻게 하면 될까?

아이 : 식초랑 베이킹소다를 더 넣어 볼까?

(우리는 2ℓ 페트병에 식초를 1/3 정도 넣고 풍선에도 베이킹소다를 많이 넣었다.)

아이 : 아빠, 왜 안 터져?

아빠 : 응, 풍선이 터질 만큼 이산화탄소가 발생하지 않아서 그런 게 아닐까?

여전히 감탄하고 있는 나와는 달리 아이들은 금방 지루해했다. 막내는 어느새 남아 있는 빨간 풍선을 집어 들어 입으로 불고 있었다.

> 아빠 : 너희가 입으로 분 빨간 풍선과 핑크 풍선(과학 놀이한 풍선) 중 높은 곳에서 떨어뜨리면 어느 풍선이 더 빨리 떨어질까?
>
> 아이 : 잘 모르겠어, 한 번 해 볼까?
>
> (막내는 식탁 의자에 올라가 두 개의 풍선을 동시에 떨어뜨렸다.)
>
> 아이 : 아빠, 핑크 풍선(과학 놀이한 풍선)이 먼저 떨어지는데? 왜 그래?
>
> 아빠 : 이산화탄소는 무거운 기체이기 때문이야. 우리가 불었을 때 나온 이산화탄소의 양보다 과학 놀이 한 풍선에 들어 있는 이산화탄소의 양이 훨씬 많거든.
>
> 아이 : 아빠, 기체는 눈에 보이지 않는데 무게가 있어?
>
> 아빠 : 그럼.

그 이후로 아빠는 공기 안에는 질소 78%, 산소 21%, 이산화탄소 1% 미만이 들어 있다고 설명했지만 8세 아이가 이해하기는 쉽지 않아 보였다. 하지만 오늘 실험으로 막내는 '기체도 무게가 있다라는 것과 이산화탄소가 무겁다'라는 것을 확실히 알게 되었다. 책에서 보기만 했다면 그것은 아이의 진짜 지식이 되지 못했을 것이다. 조금 귀찮더라도 이렇게 아이와 과학 하브루타를 한 덕에 막내는 진짜 지식을 가지게 되었다.

하브루타 세 걸음: 알고 있는 실험 내용 설명해 보기

이름만 들어도 재미있고 신날 것 같은 과학 놀이 하브루타. 나는 기대에 찬 마음으로 '저절로 커지는 놀라운 풍선' 이야기를 해 주었다. 그러나 소개하기도 전에 테이블 위의 재료들을 보고 큰아이는 실망했다.

> 아이 : 식초, 베이킹소다, 풍선…. 이건 풍선이 커지는 실험이잖아요. 과학 실험의 완전 기초네요. 에이~.
>
> 엄마 : 아, 그래? 해 본 것이니? 어디서 해 봤을까?
>
> 아이 : 과학 실험 다닐 때 배운 가장 기본적인 실험이에요. 더 재미있고 흥미진진한 실험을 기대했는데….
>
> 엄마 : 그럼 우리 아들, 얼마나 정확히 알고 있나 들어볼까? 동생에게 어떤 원리인지 설명해 줄 수 있니?

아이는 신이 나서 칠판 앞으로 달려갔다. 수년간 칠판 가르치기를 연습시켜온 덕에 칠판에 식을 써가며 동생에게 설명했다.

> 아이 : 탄산수소나트륨인 베이킹소다와 아세트산인 식초가 만나면 이산화탄소, 즉 CO_2를 방출하는 화학 반응이 일어나요. 그래서 그 이산화탄소가 풍선 안에서 커지면서 풍선은 우리가 입으로 불지 않아도 스스로 커질 수 있게 되는 것이지요.
>
> 엄마 : 우와, 우리 아들 정확히 알고 있네. 다음 번에는 조금 더 수준 있는 과학 실험을 준비해 볼게! 그래도 네가 동생에게 설명도 해 주고, 네가 알고 있는 지식을 다시 한 번 생각할 수

있는 시간이었으니 의미 있다고 생각해.

아이 : 조만간 책에 나오지 않는 조금 더 창의적인 화학 반응 실험을 생각해 볼게요. 기대하세요!

모든 하브루타가 성공적으로 끝날 순 없다. 비록 아들이 아는 실험의 내용이었지만 나는 실패라 생각하지 않는다. 아들과 대화를 할 수 있었고 아이가 아는 내용을 가르치기 형식으로 설명함으로써 그 지식의 가치가 더욱 빛날 수 있었다고 생각한다.

과학 놀이 하브루타로 만나는 20가지 질문

도입 질문

● 실험은 어떤 절차로 진행될까?

● 베이킹소다의 용도는 무엇인가?

● 풍선을 부풀릴 수 있는 방법에는 어떤 것이 있을까?

● 이 실험을 할 때 주의해야 할 점은 무엇이 있을까?

● 실험을 하면 어떤 일이 벌어질까?

전개 질문

● 식초에 베이킹소다를 더 많이 넣으면 풍선은 어떻게 될까?

● 식초와 소다가 만나면 왜 이산화탄소가 생길까?

● 왜 이산화탄소가 풍선을 부풀게 할까?

● 이산화탄소 말고 풍선을 부풀게 하는 기체는 없을까?

● 처음 식초와 남아 있는 식초는 어떻게 다를까?

- 우리가 입으로 분 풍선과 실험을 한 풍선에는 각각 어떤 기체가 들어 있을까?

- 두 풍선의 무게가 차이 나는 이유는?

- 반응을 한 후 남은 식초가 차가워진 이유는?

- 섞일 때 보글보글 하는 건 어떤 원리 때문인가?

마무리 질문

- 실험 중 가장 재미있었던 부분은 어떤 것이었나?

- 실험 전에 예상했던 것과 실험 결과가 같았나?

- 과탄산소다랑 베이킹소다는 무엇이 다른 걸까?

- 두 가지를 섞어서 새로운 게 생긴 경험이 있는가?

- 해 보고 싶은 다른 실험이 있는가?

- (실험에 성공하지 못한 경우) 실험을 성공하지 못한 이유는 무엇일까?

5월
May

어린이를 사랑한
그의 이야기

그림책/역사 하브루타

5월 5일은 어린이를 위한 '어린이날'이다. 그럼 어린이를 위한 날을 만드신 분은 누구일까? 바로 소파 방정환 선생님이다. 예전에는 어린이들의 인권이 지금처럼 존중받지 못했다. '짓밟히고 학대받고 쓸쓸스럽게 자라는 어린 혼을 구원'하기 위해 방정환 선생님은 소년운동에 앞장서셨다.

방정한 선생님은 어린이날을 제정하고 〈어린이〉라는 잡지를 창간했으며 색동회를 창립해 어린이들의 권익에 앞장섰다. 그렇게 다양한 활동을 펼치던 중 과로와 지병으로 31세의 젊은 나이에 타계하셨다. "어린이들을 두고 가니 잘 부탁하오"란 유언을 남길 정도로 아이들을 사랑하고 아이들의 권리와 교육에 관심이 많았던 방정환 선생님. 그런데 방정환 선생님이 어린이날을 제정했다는 것을 알고 있는 사람은 많지만 방정환 선생님의 작품을 실제로 읽어 본 사람은 많지 않다.

5월 어린이날을 맞아 방정환 선생님의 작품을 통해 방정환 선생님의 일생, 작품 세계, 시대상을 함께 들여다보자.

《시골 쥐의 서울 구경》
글: 방정환
그림: 김동성
출판사: 길벗어린이

방정환 선생님의 저작물은 다양한 판본으로 여러 출판사에서 발간되었다. 그 중 길벗어린이에서 나온 《시골 쥐의 서울 구경》은 오밀조밀한 그림체로 친근함을 느낄 수 있는 그림책이다. 또한 당시 말투를 그대로 담아 우리말의 변천사를 알 수 있으며 우리말의 색다른 느낌도 느낄 수 있다. 더해서 그림책 표지와 앞, 뒤의 면지를 비교해 보는 재미가 있다. 원작 《시골 쥐와 서울 쥐》와 서로 비교해서 그림책을 분석한다면 우리나라의 시대상과 문화를 더 깊이 느낄 수 있다.

★ ★ ★ ★

열두 달 하브루타 포인트

그림책의 앞뒤 표지, 면지, 본문 안의 시간과 공간에 따른
비교의 재미를 놓치지 않는다.

이렇게 해 봐요

○ 등장 인물의 표정이나 모습을 중심으로 그림책을 읽고 질문을 만든다.

○ 비교 하브루타를 할 수 있다.

 - 앞뒤 표지와 면지의 주인공 모습과 풍경을 비교하며 관찰하고 느낌을 나눈다.

 - 이솝우화의 《시골 쥐와 서울 쥐》를 읽고 두 책에서 등장하는 서울 쥐와 시골 쥐 각각의 성격이 어떻게 다른지 비교해 보자.

 - 두 책에서 표현된 서울의 모습이 어떻게 다른지 비교해 보자.

○ 인물(역사) 하브루타를 해 보자.

 - 책 뒤쪽의 작품 해설에서 방정환 선생님의 생애를 함께 읽는다.

 - 방정환 선생님의 생애나 시대적 배경에 관한 질문을 만든다.

 - 함께 하브루타를 하며 더 알아보고 싶은 내용을 검색하거나 책을 찾아본다.

이렇게도 할 수 있어요

○ 서울역사박물관을 방문해 근대 서울의 모습을 좀 더 생생하게 살펴볼 수 있다.

○ 망우동의 방정환 선생님 묘, 종로의 방정환 선생님 생가 등 방정환 선생님의 발자취가 남아 있는 곳을 찾아가 볼 수 있다.

○ '어린이'라는 주제로 친구들과 우리 만의 잡지를 만들어본다(어린이를 주제로 시나 글짓기 한 것 수록, 직접 만든 어린이 대상 광고 등).

이 책도 좋아요(방정환 선생님의 다른 작품들)

 - 《4월 그믐날 밤》(방정환, 길벗어린이, 2022)

 - 《나비의 꿈》(방정환, 현북스, 2020)

- 《만년 샤쓰》(방정환, 길벗어린이, 2019)
- 《칠칠단의 비밀》(방정환, 사계절, 2021)

하브루타 한 걸음: 그림책은 그림도 보는 책

《시골 쥐의 서울 구경》은 우리에게 익숙한 내용의 책이다. 특히 《시골 쥐와 서울 쥐》라는 책을 읽어봤다면 좀 더 쉽게 이해할 수 있고 아이들에게 익숙한 쥐의 등장이 더 호기심을 불러 일으킨다. 미취학 아이라 하브루타가 어렵겠다고 생각했으나 등장인물을 살펴보거나 인상 깊은 그림을 찾아보며 아이와 많은 대화를 나눌 수 있었다.

엄마 : 이 책을 보면서 특별히 기억에 남는 것이 있어?

아이 : 쥐들이 계속 생각나.

엄마 : 왜 그 쥐들이 계속 생각날까?

아이 : 귀여워. 그리고 놀라는 모습이 불쌍해.

엄마 : 그러면 쥐는 왜 놀랐을까?

아이 : 서울이 무서워서 그런 거 아닐까? 그런데 엄마, 시골 쥐는 왜 시골에 있지 않고 서울에 놀러 온 거야? 저렇게 무서워하면서.

엄마 : 그러게. 왜 놀러 왔을 것 같아?

아이 : 서울이 보고 싶으니까?

엄마 : 왜 서울이 보고 싶었을까?

아이 : 시골 쥐가 사는 시골이랑 서울은 다르잖아.

엄마 : 그러네. 우리 집이랑 시골 할머니 댁이랑 다른 것처럼?

아이 : 응 달라. 근데 왜 서울을 구경 오지? 난 바다랑 동물 목장이 더 좋은데. 그런 곳으로 가야지.

엄마 : 시골 쥐는 서울이 더 신기했나 보지. 그럼, 우리 시골 쥐가 신기해했을 서울의 모습을 찾아보는 건 어때?

아이 : 음! 이거! 빨간 우체통!!

엄마 : 왜 빨간 우체통을 신기해했을 것 같아?

아이 : 시골에는 저런 빨간 색도 없고 우체통도 없을 것 같아. 그래 서 신기했을 것 같고.

엄마 : 너는 우체통을 본 적 있어?

아이 : 응!! 유치원에 빨간 우체통이 있어. 친구들한테 편지나 그림 을 그려서 거기에 넣어줘.

그림책은 꼭 책의 글 밥 내용으로 하브루타를 하는 것은 아니다. 그림을 함께 살펴보며 아이가 주의 깊게 본 그림으로도 얼마든지 이 야기를 확장해 나갈 수 있다. 아이들의 시선으로 보는 그림에 함께 공감해 주고 관련 이야기를 나누는 것이 바로 하브루타다.

하브루타 두 걸음: 방정환 선생님이 아이들에게 알려 주고 싶은 것

방정환 선생님은 어린이날을 만든 분이다. 그는 어린이를 위해 책 을 만들기도 하고 다른 나라의 책을 번역하기도 했다. 이번에 하브 루타를 한 《시골 쥐의 서울 구경》도 이솝우화인 《시골 쥐 서울 쥐》를 번안한 것이다. 8세 둘째 아이가 《시골 쥐 서울 쥐》 이야기를 알고 있어서 두 책을 비교하면서 책 표지의 의미에 관해 이야기를 나누었 다.

엄마 : 《시골 쥐 서울 쥐》와 《시골 쥐의 서울 구경》 책이 어떻게 다른 것 같아?

아이 : 《시골 쥐 서울 쥐》 책에서는 시골 쥐와 서울 쥐가 서로의 집에 갔는데 이 책은 시골 쥐만 서울에 가요. 집도 우체통인 것이 다르고요.

엄마 : 그러네. 이 책은 방정환 선생님이 《시골 쥐 서울 쥐》 책 내용을 조금 다르게 만드신 거래.

아이 : 왜 다르게 만들었을까요?

엄마 : 너는 그 이유가 뭐라고 생각하니?

아이 : 제목에 '구경'이 있는데 구경하는 것은 즐겁잖아요. 아이들을 즐겁게 해 주려고 이 말을 쓴 거 아닐까요?

엄마 : 그럴 수도 있겠다.

아이 : 그리고 표지를 보면 시골 쥐가 우체통 위에서 이곳저곳을 구경하고 있는 것 같아요.

엄마 : 정말 그런 것 같네. 너는 서울이나 다른 곳을 구경하고 싶어?

아이 : 네. 구경하고 싶어요. 여행 가면 많은 것을 배울 수 있잖아요.

엄마 : 어떤 걸 배울 수 있다고 생각해?

아이 : 다른 사람들은 무엇을 먹는지, 특히 해외에 가면 날씨가 어떻게 다른지, 무슨 말을 사용하는지 여러 가지를 배울 수 있을 것 같아요.

엄마 : 그럼 방정환 선생님도 이 책을 통해 당시 우리나라 아이들이 새로운 것들을 구경하고 접해 보길 원하셨을까?

아이 : 잘 모르겠어요. 방정환 선생님께 물어보면 좋을 텐데.

아이와 대화를 나눈 뒤 함께 '구경'의 뜻을 찾아보았다. '구경'의 사전적 의미는 '흥미나 관심을 가지고 봄', '직접 당하거나 맛봄'이다. 익숙한 단어지만 사전을 통해 정확한 의미를 찾아보니 아이와 하브루타 때 이야기 나눈 '구경'이 즐거운 것이고 직접적인 경험을 통해 배우는 것이라는 의미임을 더욱 분명히 이해할 수 있었다. 어린이날이 마냥 좋고 그림책이 재미있기만 한 아이이지만, 하브루타를 통해 어린이날을 만들고 책을 쓴 방정환 선생님의 마음이 무엇인지 생각해 본 기회가 된 것 같다.

하브루타 세 걸음: 지금의 서울, 그때의 서울

아이들은 '방정환'이라는 이름을 너무나 잘 알고 있다. 하지만 그분이 정확히 어떤 업적을 남겼는지에 대한 정보는 부족했다. 5월을 맞아 아이들과 방정환 선생님이 쓰신 동화를 읽으며 그분이 어떤 분이셨는지 알아보는 시간을 가진 후 시골 쥐가 구경했던 서울과 지금의 서울을 비교해 봤다.

> 엄마 : 책에 나오는 방정환 선생님이 살던 시대의 서울과 지금의 서울은 뭐가 다르게 느껴져?
>
> 아이 : 편지가 다른 거 같아. 그리고 신문!! 지금은 우체통도 없고 편지를 쓰지도 않고 신문도 거의 보지 않잖아. 핸드폰만 켜면 뉴스가 다 나오는데.
>
> 엄마 : 그러네. 엄마는 신문을 보면서 컸고 편지도 많이 썼던지라 그 장면을 보면서 크게 다르다 느끼지 못했는데. 편지를 쓰지 않는 사람은 많아졌지만 그래도 우체통은 아직 있어. 다

음에 같이 한번 찾아볼까?

아이 : 진짜? 편지를 보내보지 않아서 그런지 우체통이 있을 거라고 전혀 생각 못했네. 다음에 보게 되면 꼭 알려줘요. 그리고 나 또 다른 거 찾았어. 지금은 전차도 없어. 5전을 내야 10리를 갈 수 있다고 책에 나와 있는데 '5전'이라는 돈의 단위도 신기하고 km가 아니라 '몇 리'라고 이야기하는 것도 생소해.

엄마 : 맞아. 엄마도 그 점은 엄마 때와 달라서 신기하더라. 몇 리가 얼마나 먼 거리인지 감도 잘 안 오고.

아이 : 엄마는 어떤 것이 많이 다른 것 같아?

엄마 : 엄마는 사람들이 입는 옷이 지금과 다르다고 느꼈어. 한복을 입거나 양장을 입어도 지금의 느낌과는 좀 다르네.

아이 : 맞아. 우리는 명절 때나 한복을 입잖아.

엄마 : 그럼 지금의 서울과 그때의 서울이 같은 점은 뭐가 있을까?

아이 : 빨라. 다들 바쁘게 움직이는 것이 같아.

엄마 : 그래? 그럼 옛날 서울이 더 바쁘게 움직이는 것 같아, 아니면 지금 서울이 더 바쁘게 움직이는 것 같아?

아이 : 비슷하게 느껴져. 사람들이 살아가는 겉모습은 다르지만 바쁘게 돌아가는 것은 여전하고 전혀 다르지 않다고 느껴져.

아이와 방정환 선생님이 살았던 그 시절의 서울 이야기를 하며 그 속에 내가 있는 기분이 들었다. 나는 어릴 적 우체통에 편지를 넣으며 편지를 쓰던 시대에 살았지만 전차를 타진 않았다. 우리 아이는 우체통이며 전차며 모두 본 적이 없다. 우리는 같지만 다른 서울을 살아가고 있다는 생각이 들었다. 아이가 내 나이가 되었을 때 서울은 과연 어떤 모습일까? 많은 부분에 변화가 있겠지만 바쁘게 움직이는 건 여전할 것 같다.

《시골 쥐의 서울 구경》으로 만나는 20가지 질문

- 서울 쥐는 시골 쥐가 시골에서 올라온 것을 어떻게 알았을까?
- 서울 쥐는 긍정적인 성격일까? 자신이 처한 상황 때문에 그렇게 변한 것일까?
- 서울의 풍경과 시골의 풍경은 어떻게 다른가?
- 왜 시골 쥐는 서울을 구경하고 싶었을까?
- 왜 서울 쥐는 우체통을 양옥집이라고 했을까?
- 시골 쥐가 모르는 서울에서의 재미에는 뭐가 있었을까?
- 시골 쥐의 기억에 서울은 어떤 느낌으로 남을까?
- 시골과 도시 중 어느 곳이 더 좋은가?
- 나도 서울 쥐처럼 잘 알지 못하면서 아는 척한 적이 있는가?
- 서울역의 현재 모습과 경성 시대일 때의 모습에서 비슷한 점과 차이점은 무엇이라 생각하는가?
- 당시 아이들은 이 책을 읽고 어떤 생각을 했을까?
- 방정환 선생님은 왜 이솝우화를 단순 번역하지 않고 재해석해서 책을 만들었을까?
- 방정환 선생님이 이 책을 통해 전하고자 하는 메시지는 무엇이었을까?

- 오늘날 이 책을 다시 각색한다면 어떻게 각색하고 싶은가?
- 방정환 선생님이 어린이날을 만들고 어린이에게 관심을 가진 이유는 무엇일까?
- 일상을 벗어난 넓고 다양한 경험은 꼭 필요할까?
- 지금 살아가는 세상의 속도가 어떠하다고 생각하는가?
- 내가 상상했던 곳과 너무 달랐던 여행지가 있었을까? (기대 이상, 기대 이하 등)
- 나에게 죽기 전에 한 번은 해야 할 일은 무엇일까?
- 혼자서 한 번도 가보지 못했던 곳을 가야 한다면 어떤 기분이고, 어떤 준비를 해야 할까?

가족의 의미
그림책 하브루타

H A V R U T A

5월은 가정의 달이다. 어린이날, 어버이날 등 수많은 가족 행사로 바쁜 달이다. 그 분주함에 우리는 종종 가족의 중요성을 잊곤 한다. 그저 '가족'이라는 이름 아래 내 역할에 책임을 다할 뿐이다. 하지만 우리는 나에게 큰 영향력을 행사하는 가족에 대해 생각해 볼 필요가 있다. 내가 속한 가정에 대해 이해하고 가족 구성원에 대해 토론해 보자. 이 과정을 통해서 아이는 가족 구성원으로서 소속감을 느끼며 우리 가족만의 문화와 특징을 알 수 있다.

《커다란 포옹》은 다양한 가족의 형태에 관한 이야기를 단순한 도형으로 표현한 그림책이다. 일반적으로 가족을 떠올리면 '엄마, 아빠, 아들, 딸'로 이루어진 4인 가족을 떠올리는 사람이 많을 것이다. 결혼하고 부모와 자녀로 이루어진 가족을 이상적인 가족 형태로 간

《커다란 포옹》
저자: 제롬 뤼예
출판사: 달그림

주하는 사고방식을 정상 가족 이데올로기라고 한다. 하지만 잠시 눈을 돌려보면 우리 주변에 한 부모 가정, 아이가 없는 가족, 부부가 살다가 헤어진 가족 등 다양한 형태의 가족이 점점 늘고 있는 걸 알 수 있다. 이 책을 통해 다양한 가족 형태에 대해 생각해 보자.

★ ★ ★ ★
열두 달 하브루타 포인트
아이와 함께 우리 가족만의 특별함을 생각해 보자.

이렇게 해 봐요

○ 함께 그림책을 읽고 전반적인 느낌이나 감상을 이야기한 후 각자 질문을 만든다.

○ 다양한 관점에서 대화를 나눈다.

– 우리 가족은 어떤 느낌으로 표현할 수 있을까?

– 우리 가족은 어떤 색으로 표현될까?

– 우리 가족의 구성원은 어떤가?

– 우리 가족과 다른 형태의 가족은 어떤 모습이 있을까?

– 가족이란 무엇이라고 생각하는가?

○ 우리 가족을 다양한 색과 모양으로 표현해 본다.

- 방법: 흰 종이에 아이와 함께 각자 '내가 생각하는 우리 가족의 모습'을 도형의 모양, 크기, 색을 다르게 표현해 그려 본다.

- 나눔: 각자 자기 그림을 보면서 그렇게 표현한 이유를 발표한다. 다른 가족 구성원들은 질문하고 발표자는 대답하는 형식으로 대화하며 각 가족 구성원에 대한 자기 생각을 표현해 본다.

이렇게도 할 수 있어요

○ 가족 소개 미니 북 만들기

○ 아이들과 함께 우리 가족의 가계도를 그려 볼 수 있다.

이 책도 좋아요

- 《근사한 우리 가족》(로랑모로, 로그프레스, 2014)

- 《할머니의 조각보》(페트리샤 폴라코, 미래아이, 2018)

- 《할머니의 찻잔》(페트리샤 폴라코, 미래아이, 2017)

- 《언제까지나 너를 사랑해》(로버트 먼치, 북뱅크, 2000)

- 《세 엄마 이야기》(신혜원, 사계절, 2008)

하브루타 한 걸음: 보들보들한 우리 가족

우리 아이들은 가족에 대해서 어떻게 생각할까? 가족이기에, 또한 아직 어리다는 이유로 나누지 않게 되는 주제였지만, 아이와 함께 책을 읽고 바로 대화를 시작했다.

엄마 : '우리 가족' 하면 어떤 느낌이 떠올라?

아이 : 보들보들한 느낌이 나.

엄마 : 왜 보들보들한 느낌이 떠올랐어?

아이 : 보들보들 느낌은 기분이 좋아지잖아. 그리고 우리 가족은 소중하니까 보들보들하지.

엄마 : 아~ 보들보들한 느낌은 소중한 느낌이야?

아이 : 보들보들한 느낌은 사랑할 때 느껴지는 거잖아!

엄마 : 엄마가 바빠서 요즘 '잠깐만'이라고 말할 때가 많잖아. 그래도 보들보들한 느낌이 나?

아이 : 응. 엄마는 바쁘지만 나를 사랑해 주는 걸 제일 잘해.

엄마 : 고마워. 엄마가 바쁜데도 널 사랑하는 걸 느끼고 있어서 다행이다. 우리 가족에게 바라는 점 있어?

아이 : 앞으로도 나를 사랑해 주고 내가 다치지 않게 돌봐주면 좋겠어.

의외였다. 바쁜 일상에서 촉박하게 시간 맞추어 아이를 키우고 있다고 생각했다. 바쁜 엄마이다 보니 "잠깐만", "엄마 이것만 하고 해줄게" 하는 말이 늘어났다. 더불어 "안 돼", "그만해"와 같은 부정적인 말도 늘게 되었다. 그래서 아이에게 미안한 마음이 싹트고 있었다. 그런 나에게 아이는 예상하지 못한 뭉클한 감동을 전해 주었다.

하브루타 두 걸음: 변화된 가족 구성원에 대한 이해

첫째 아이가 예뻐서 온전하게 사랑을 주며 외동으로 키우고 싶었다. 하지만 첫째 아이는 동생을 간절히 원했다. 첫째 아이가 일곱 살되던 해 동생이 생겼다. 동생은 첫째 아이에게 가장 큰 기쁨이면서 동시에 아픔이기도 했다. 《커다란 포옹》을 읽으며 가족에 대해 이야기 나누었다.

엄마 : 우리 딸, 동생을 간절히 원했잖아. 너에게 동생은 어떤 존재야?

아이 : 얄미우면서 사랑스러운 존재.

엄마 : 왜 얄미워?

아이 : 난 학교도 가고 학원도 가야 하고 숙제도 많잖아. 그런데 동생은 매일 아빠, 엄마랑 놀기만 하니깐 너무 얄미워. 선생님이랑 공부할 때, 거실에서 동생이랑 아빠, 엄마가 노는 소리가 들리면 싫어. 그리고 놀이터에서 친구들이 동생이랑 놀려고만 하니깐 친구마저 빼앗긴 기분이 들 때도 있어.

엄마 : 아, 그럴 수 있었겠네. 엄마 같아도 동생이 얄미웠을 것 같아. 엄마도 우리 딸이랑 많은 시간을 보내고 싶은데 아쉬운 게 엄청 많아. 동생 낳지 말 걸 그랬어. 그지?

아이 : 아~ 엄마도 참. 얄밉기도 하지만 사실 정말 많이 사랑해. 나에게 매일 예쁘다고 해줘서 좋아. 아직 말도 잘 못하는데 매일 나보면 "예뻐" 그러잖아. 그리고 나중에 아빠, 엄마가 없으면 나에겐 동생이 내 편이 되어줄 테니 정말 소중한 존재야.

엄마 : 그럼 우리 가족의 형태를 그림으로 표현하면 어떤 도형으로 표현하고 싶어?

아이 : 당연히 하트지. 책처럼 커다란 아빠 하트가 엄마를 사랑해서 나를 낳았고 내가 동생을 많이 원해서 작은 하트인 동생이 태어났으니깐.

엄마 : 우와, 우리 집은 사랑이 넘치는 하트 모양이네~. 그럼 우리 하트에 어떤 색깔로 표현해 볼까? 너는 무슨 색깔이야?

아이 : 나는 노랑. 노란색을 좋아하니깐. 우  리 귀염둥이 내 동생은 핑크. 엄마는 보라색이 잘 어울릴 것 같아. 아빠는 매일 더워하니깐 빨강. 어때?

둘째 아이는 이제 갓 돌이 되었기에 손이 많이 갔다. 그러다 보니 초등학교에 입학한 첫째 아이도 돌봄이 필요한 아이라는 사실을 가끔 잊을 때가 있다. 7년을 아빠 엄마의 온전한 관심과 사랑을 받아왔을 첫째 아이에게 동생이라는 존재가 반갑지만은 않을 텐데, 그래도 하트로 표현하는 아이의 마음이 고맙게 느껴진다. 아이의 그 마음이 변하지 않도록 매일 반복되는 아쉬움 속에서도 마음을 다잡아 본다.

하브루타 세 걸음: 가족에 대한 다른 생각

둘째 아이가 언젠가부터 가족 행사에 참여하기를 싫어했다. 가족이란 슬플 때나 기쁠 때나 함께하는 것이라는 생각을 가진 나는 둘째 아이가 이해되지 않았다. 《커다란 포옹》이란 책으로 둘째 아이에게 가족에 관해 물어보았다.

엄마 : 가족이 뭐라고 생각해? 가족이라는 것에 대해 정의를 내린다면?

아이 : 글쎄.

엄마 : 엄마가 생각하는 가족이란 무언가 할 때는 같이 하는 게 아

닐까 생각해.

아이 : 나는 가족이란 서로 배려하는 마음이 필요한 것 같아.

엄마 : 그래? 엄마가 어떻게 해 줄 때 배려한다고 느끼니?

아이 : 주말에 내가 쉬는 시간에 건들지 않을 때, 집에 일이 있을 때 미리 나에게 얘기해서 시간 약속을 잡을 때, 그럴 때 엄마랑 아빠가 나를 배려해 준다고 느껴.

엄마 : 그렇구나. 엄마, 아빠가 너의 자유 시간을 존중해 줄 때 배려한다고 느끼는구나. 앞으로 너의 자유 시간은 되도록 방해하지 않도록 더 신경 쓰도록 노력할게. 그런데 우리가 무언가 함께하려고 할 때 너의 자유 시간을 양보해야 할 때도 있지 않을까? 언제 그런 일이 생겼지?

아이 : 가족 행사나 명절 음식 준비할 때.

엄마 : 맞아. 지금까지 가족 행사가 있을 경우는 너의 자유 시간을 지켜주지 못한 적이 있었지. 그런 일이 발생할 땐 어떻게 하면 좋겠어? 네 생각을 말해 줄래?

아이 : 미리 얘기만 해 주면 나도 그렇게 우기지는 않고 같이 할 수 있어.

엄마 : 좋아. 앞으로 가족 행사 일정을 너에게 미리 말해 주도록 할게. 이제 각자가 생각하는 가족을 그림으로 표현하고 이야기해 볼까?

아이 : 우리 가족의 모습은 '지구'(earth)야. 아빠는 대기, 엄마는 땅, 형은 맨틀, 나는 외핵, 막내는 내핵.

아빠 : 우리 가족은 땅 속에 뿌리를 잘 내린 풍성한 나무라고 생각해. 엄마는 땅과 나무의 큰 기둥, 아이들은 각자의 길로 뻗어

가는 나무줄기, 나는 아이들의 어려움을 감싸는 나뭇잎이야.

엄마 : 우리 가족은 별이야. 오각형은 우리 집이고 그 집을 중심에
　　　두고 각자 자신의 길로 쭉쭉 나가는 다섯 식구, 그 다섯 식
　　　구가 다 있어야만 우린 빛나는 별이 될 수 있어.

서로가 생각하는 가족의 정의는 달랐지만 그림으로 가족을 표현
하는 활동에서는 우리 가족 5명이 다 있어야만 완전체가 된다는 같
은 생각을 하고 있음을 느꼈다. 부모로서 나는 함께하는 것이 가족
이라고 생각했는데, 사춘기가 시작되는 둘째 아이는 자신의 영역을
건들지 않고 인정해 주며 배려해 주는 것이 가족이라고 생각하고 있
었다. 어느새 둘째 아이가 점점 부모에게서 독립하려고 한다는 것을

느낄 수 있었다.

둘째 아이의 이야기를 듣고 다른 식구들은 가족을 어떻게 생각하는지 궁금해서 가족을 그림으로 표현하는 시간을 가져보았다. 그리고 각자 그린 그림에 대해 발표하는 시간까지 가져보았다.

《커다란 포옹》으로 만나는 20가지 질문

- 왜 제목이 '커다란 포옹'일까?
- 아빠를 노란색, 엄마를 빨간색, 두 번째 아빠를 파란색으로 표현한 이유는 무엇인가?
- 아이들의 색은 왜 엄마, 아빠와 같은 색이 아닐까?
- 주황색 아이는 엄마, 아빠가 서로를 더 이상 사랑하지 않는다는 걸 알았을 때 무슨 생각을 했을까?
- 엄마와 아빠가 같이 살지 않는다면 어떤 점이 힘들까?
- 주황색 아이는 아빠랑 살고 싶지는 않았을까?
- 만약에 사랑하지 않아도 같이 살았다면 어땠을까?
- 둘로 갈라진다는 건 어떤 느낌일까?
- 왜 엄마와 아빠는 더 이상 사랑하지 않을까?
- 내가 저 상황에 놓인다면 다른 가족을 받아들일 수 있을까?
- 《커다란 포옹》을 쓴 작가는 무슨 이야기가 하고 싶은 걸까?
- 가족이 되는 조건은 무엇일까?
- 가족이란 무엇이라고 생각하는가?
- 혈연으로 연결된 가족이 아닌 다른 형태의 가족으로는 어떤 가족이 있

을까?

- 처음 가족의 나보다 두 번째 가족에서 나의 크기가 커졌다. 무엇을 의미
  할까?

- 내가 주황색 아이라면 어떤 마음일까?

- 우리 가족을 색깔로 표현한다면? 왜 이렇게 표현한 것인가?

- 우리 가족이 화목하다는 느낌이 들 때는 언제인가?

- 우리 가족의 모습은 어떤 느낌일까?

- 우리 가족의 모습을 어떤 도형으로 표현할 수 있을까? 왜 그렇게 생각
  하는가?

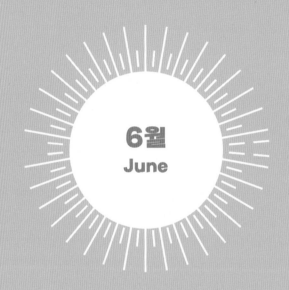

6월
June

6·25가
지나간 자리
역사/동화 하브루타

H A V R U T A

6월은 호국 보훈의 달이다. '호국 보훈'이란 나라를 지키고 나라를 위해 힘쓴 사람들의 공훈에 보답하는 것을 의미한다. 이를 증명하듯 6월 1일은 의병의 날, 6일은 현충일, 25일은 6·25전쟁일, 26일은 김구 서거일이다. 이처럼 나라를 지키기 위해 노력한 많은 분들을 기념하는 날이 6월 속에 담겨 있다.

이러한 선조들의 희생과 노력으로 현재 우리는 많은 혜택을 누리며 살아가고 있다. 그러나 따뜻하고 편안한 현실에 안주해서는 앞으로 나아갈 수 없다. 과거의 아픔에 대해 알아보고, 생각하고, 제대로 이해하는 시간을 통해 우리는 미래를 바라볼 수 있다.

지금의 40, 50대 부모들은 전쟁을 직접 경험하지 못했으며 청소년 4명 중 1명은 통일이 필요 없다고 생각한다고 한다. 6월의 선정

《조지 할아버지의 6·25》
작가: 이규희
그림: 시은경
출판사: 바우솔

도서인 《조지 할아버지의 6·25》는 직접 전쟁을 경험한 할아버지 세대, '통일'이라는 과제를 짊어지고 있는 손자 세대의 역할에 대해 생각하게 한다. 이 책에는 대한민국 군인(영후 할아버지), 유엔군으로서 참전한 미국 군인(조지 할아버지), 북한 군인(꽃지 할아버지), 전쟁에 참전한 사람들의 남겨진 가족과 같은 다양한 입장의 인물이 등장한다.

이 책으로 자녀들과 하브루타를 하면서 왜 전쟁이 일어나는지, 사람들은 무엇 때문에 전쟁에 참여하며, 전쟁이 남긴 결과는 무엇인지, 앞으로 우리는 어떻게 해야 하는지 등에 대해 서로 이야기를 나누어 보자.

★ ★ ★ ★
열두 달 하브루타 포인트

전쟁이 지금 우리 삶과 어떤 관계가 있는지 이야기 나누어 보자.

이렇게 해 봐요

○ 책을 읽고 각자 질문을 만들고 대화를 나눈다.

○ 역할 놀이 하브루타를 진행한다.

 ‑ 가족 구성원 각자가 책에 등장하는 인물 중 한 사람을 선택하자.

– 내가 만약 그 사람이라면 책에 나오는 다른 사람에게 무슨 이야기를 하고 싶은지 이야기해 보자.

– 만약 내 주변 사람이 등장인물이 된다면 어떤 말과 행동을 했을거 같은지 추측해보자.

– 서로 역할을 바꾸어 진행해 보자.

○ 책이나 검색을 통해 6·25 전쟁에 대한 역사적 사실을 찾아 확인하며 이야기 나눈다.

이렇게도 할 수 있어요

○ 태극기를 직접 만들어보자.

– 준비물 : 천 혹은 종이, 유성 매직 등 지워지지 않는 펜, 색칠 도구

– 방법

1) 각자 종이에 태극기를 그린다.

2) 행정안전부 홈페이지에 들어가 업무안내 → 의정관 → 국가상징 → 국기를 찾아본다.

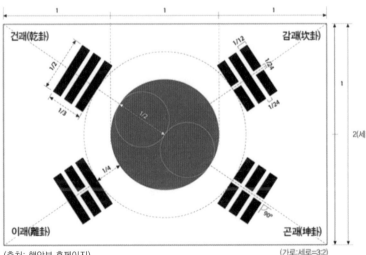

(출처: 행안부 홈페이지)

3) 태극기의 내력과 담긴 뜻을 읽는다.

4) 국기 그리는 법을 참고해서 가족 태극기를 완성한다.

5) 가족이 함께 만든 태극기를 국경일에 게양한다.

○ 6월 주말 나들이로 현충원, 전쟁기념관 등을 방문한다.

- 현충원에는 호국 교육 영화를 상영하는 현충관, 일제 강점기부터 현재까지 나라를 위해 희생하고 현충원에 안장되신 호국 영웅들에 대해 설명하고 있는 호국 전시관, 서울 현충원에 모셔진 63분의 유품 542점이 있는 유품 전시관 등이 있다.

- 서울 현충원 홈페이지에서 '해설과 함께하는 현충원 탐방'을 예약하면 전문 해설사와 함께 현충원 여러 곳을 직접 탐방하며 설명을 들을 수 있다.

- 자신이 사는 지역에도 대부분 현충탑, 충혼탑이 있으니 검색을 통해 직접 찾아가 본다.

이 책도 좋아요

- 《우리 할아버지는 열다섯 살 소년병입니다》(박혜선, 위즈덤하우스, 2019)

- 《태극기 다는 날》(김용란, 한솔수북, 2013)

- 《우리 형》(박예분, 책고래, 2020)

- 《비무장 지대에 봄이 오면》(이억배, 사계절, 2010)

- 《엄마에게》(서진선, 보림, 2014)

- 《털실 한 뭉치》(홍종의, 국민서관, 2012)

- 《온양이》(선안나, 샘터사, 2010)

- 《그 여름의 덤더디》(이향안, 시공주니어, 2016)

하브루타 한 걸음: 전쟁, 인간 욕심의 결과

우리 가족이 사는 곳은 북녘 땅이 보이는 접경 지역이다. 그러다 보니 아이가 철책선과 경계 초소를 배경으로 지나가는 탱크와 군 트럭, 훈련 중인 군인들과 종종 마주치면서 대여섯 살 때부터 '전쟁'이라는 개념에 노출될 일이 많았다. 그러다 이번에 《조지 할아버지의 6·25》 책을 통해 전쟁에 관해 좀 더 진지하게 아이와 이야기를 나눌 수 있었다. 아직 아이가 어려 그림 위주로 책을 보고 글은 아이 눈높이에 맞춰 직접 읽어 주었다.

엄마 : 엄마가 전에도 6·25 전쟁에 관해 이야기해 준 적이 있었지.

아이 : 응. 그 전쟁 때문에 우리나라가 남쪽하고 북쪽으로 나누어졌다고 했어. 그래서 우리 동네에 군인들이 많은 거고.

엄마 : 맞아. 엄마가 얘기해 줬을 때, "북한 나빠!"라고 얘기했던 거 기억나? 그런데 이 책을 함께 보고 나니 북한에 대한 느낌이 어때?

아이 : 그래도 나빠. 조지 할아버지도, 영후 할아버지도, 꽃지 할아버지도 다 북한이 쳐들어와서 힘들었던 거잖아.

엄마 : 그렇지. 전쟁이 나면 많은 사람이 죽고 다치게 돼. 살아도 오랫동안 전쟁의 기억 때문에 마음이 아프거나 몸이 아픈 사람들도 많지. 그런데 왜 이렇게 전쟁을 하는 걸까?

아이 : 음. 사람들 마음이 나빠서. 무언가를 빼앗으려고 해서.

엄마 : 그럼, 왜 빼앗으려고 하는 걸까?

아이 : 다른 사람들 것이 더 좋아 보여서?

엄마 : 그럼, 너도 남의 것이 더 좋아 보여서 빼앗고 싶었던 적이 있

어?

아이 : 응. 동생이 장난감 갖고 있으면 재밌어 보여서 나도 모르게 빼앗게 돼. 그래서 엄마한테 혼나잖아.

엄마 : 그래, 그랬었지. 그럼 그렇게 빼앗지 않으려면 어떻게 해야 할까?

아이 : 참아야지.

엄마 : 너도 잘 참지 못하잖아.

아이 : 난 어린이잖아. 어른들은 참아야지!

이후 전쟁과 관련된 그림책과 지금 세계 곳곳에서 벌어지고 있는 분쟁들에 대한 사진 자료들을 찾아서 보여 주니 아이는 전쟁이 정말 무섭고 싫다고 이야기했다. 하지만 하브루타를 통해 전쟁이 결국 인간의 욕심 때문에 벌어진 것이고, 지금도 내 주변에서 일어나고 있는 일이라는 것을 자연스럽게 인식할 수 있어 의미 있는 시간이었다.

하브루타 두 걸음: 현충일의 의미 간직하기

초등학교 1학년 아이는 6월 초 학교에서 현충일과 태극기에 대해 배웠다. 내용을 기억하고 있을 때 함께하면 좋겠다 싶어 《조지 할아버지의 6·25》 책을 아이와 함께 읽었다. 책을 읽으며 6·25가 왜 일어났는지, 전쟁에 참여한 사람들의 마음은 어떠할지 등에 대해 이야기 나누었다. 하브루타를 하고 난 후 태극기를 그리고 싶다는 아이의 말에 태극기 그리는 시간도 가졌다.

아이 : 지난주에 선생님이 현충일에 대해 알려 주셨어. 우리나라를

위해 목숨을 바친 사람들에게 감사하는 날이래. 그리고 물고기 조기가 아니라 태극기 조기래.

엄마 : 아, 태극기 다는 법에 대해 배웠구나.

아이 : (뜬금없이) 태극기를 만들어 보고 싶어.

(태극기 그리기 활동)

엄마 : 그런데 엄마는 이 태극기가 슬퍼 보이네. 아이도 울고 있고.
왜 이렇게 그렸어?

아이 : 이건 현충일 태극기야. 조지 할아버지 한 명이 죽어도 슬픈데, 백 명이 넘는 사람이 죽었으니까 슬프지. 선생님이 그래서 현충일에는 태극기를 조기 게양법으로 단다고 하셨어.

엄마 : 그럼 현충일에는 우리나라를 위해 목숨을 바치신 분들의 마음을 헤아려봐야겠다. 또 현충일에 우리가 어떤 마음을 가지면 좋을까?

아이 : 슬프지만 감사한 마음. 우리나라를 지켜 주셔서 나도 한국에 살 수 있으니까.

엄마 : 그러네. 그럼 우리 진짜 태극기는 어떤 모습인지 한번 살펴
볼까?

아이는 태극기를 슬픈 모습으로 의인화해 표현했다. 아이와 하브
루타를 하고 태극기 만들기 활동을 함께하니 현충일이 어떤 날인지
더욱 명확히 알 수 있었다. 나라를 위해 목숨 바친 분들에 대한 애도
와 감사의 마음을 계속 간직한 아이가 되길 바란다.

하브루타 세 걸음: 다양한 관점과 체험 활동으로 전쟁 기억하기

아이들의 친할아버지는 군인 출신이시다. 아이들은 할아버지 댁
에 갈 때마다 훈장 메달들을 목에 걸어보곤 했고, 그럴 때마다 할아
버지는 전쟁, 군인 등에 관한 이야기를 자주 들려주셨다. 그렇기에
아이들은 전쟁과 군인, 그리고 분단에 대해 어색해 하지 않았다.

책을 읽고 열두 살 첫째 아이와 많은 이야기를 나누었다. 아이가
가장 먼저 이야기한 부분은 놀랍게도 전쟁, 분단, 통일 등이 아니었
다. 아이는 휴전일을 기리는 7·27 행사, 서로 다른 진영의 할아버지
들이 서로를 수용해나가는 과정, 꽃지 할아버지의 용기가 인상적이
었다고 이야기했다.

엄마 : 가장 인상 깊었던 장면이 어디야?
아이 : 전 전쟁이나 통일의 관점보다는 새로운 환경, 그리고 나를
배척하는 상황에서 용기를 낸 꽃지 할아버지가 인상 깊었고
존경스러웠어요.
엄마 : 구체적으로 이야기해 줄래?

아이 : 용기를 낸 북한군 꽃지 할아버지가 등장하자 많은 남한과 미국 군인이 술렁였지요. 하지만 이 부분에서 조지 할아버지가 또 다른 용기를 내서 연설한 순간 많은 사람이 이해하기 시작했어요. 서로 다른 용기와 포용을 배우고 싶어요.

엄마 : 혹시 우리 아들도 다른 이들로부터 배척당한 경험이 있었니?

아이 : 저는 친구들과의 관계가 좋은 편이라 이런 상황은 없었어요. 하지만 최근 학교에서 왕따와 은따 등 다양한 종류의 따돌림이 발생하고 있어요.

엄마 : 그런 상황을 볼 때 너의 마음은 어때?

아이 : 제가 개입할 수 없는 부분이 대부분이지만 도대체 왜 그러는지 이해가 안 돼요. 나와 다름을 인정하고 친구들을 더 넓은 마음으로 포용하면 쉬울 텐데. 안타까워요.

엄마 : 그래. 나와 다름을 인정하고 수용할 수 있는 우리 아들 멋지네!

이후 남자아이들의 최대 관심사인 전쟁 이야기가 펼쳐지고 전쟁 놀이까지 이어졌다. 첫째 아이는 저학년인 둘째 아이에게 한국 전쟁과 관련된 흐름을 전지에 지도를 그려가며 설명했다. 첫째 아이는 설명하기를 통해 6·25를 더 잘 기억하고 둘째 아이는 역사의 흐름을 배울 수 있는 시간이었다.

그날 오후 우리는 집 근처 전쟁기념관을 다시 방문했다. 책 한 권으로 시작했지만 전쟁에 관련된 주제에서 확장된 다양한 이야기, 놀이, 체험까지 연계된 유익한 시간이었다.

《조지 할아버지의 6·25》로 만나는 20가지 질문

- 6·25 전쟁에 대해 알고 있는 것은 무엇인가?

- 사람들은 전쟁을 왜 하는 것일까?

- 조지 할아버지는 왜 한국을 좋아하고 6·25 전쟁에 참전한 기억을 자랑스러워하실까?

- 나는 전쟁이 일어났을 때 조국의 부름에 달려갈 수 있을까?

- 전쟁을 경험한 사람들의 마음은 어떠할까?

- 영후 할아버지에게 한국 전쟁은 어떤 의미였을까?

- 꽃지 할아버지는 왜 북한에서 탈출했을까?

- 꽃지 할아버지는 7·27 행사에 갈 용기를 어떻게 냈을까?

- 리멤버 7·27 행사에 꽃지 할아버지가 굳이 꽃지를 데리고 간 이유는 무엇일까?

- 우리는 전쟁이 일어난 날을 더 중요하게 생각하는데 미국은 왜 휴전일을 더 기념하는가?

- 북한 사람들을 만난다면 어떤 마음이 들까?

- 북한군은 정말 적군일까?

- 조지 할아버지가 꽃지 할아버지에게 전우라고 한 이유는 무엇일까?

- 내가 영후였다면 한국전쟁에 관심을 가졌을까?

- 당신은 언제 애국심이 생기는가?

- 내가 또는 아이들이 이민 2, 3세대였다면 한국인의 정체성을 찾으려노력할까?

- 우리나라는 아직 전쟁 중(휴전)이라고 하는 말이 와닿는가?

- 우리나라가 세계 유일한 분단 국가인 것에 대해 당신은 어떻게 생각하는가?

- 통일에 대해 어떻게 생각하는가?

- 통일을 위해 지금 우리가 할 수 있는 일은 무엇인가?

1.5℃가
지구에 미치는 영향
그림책 하브루타

H A V R U T A

지구 온난화로 지구가 병들어 가고 있다. 이에 1.5℃의 중요성을 인지한 많은 이들이 지구를 지키기 위해 노력하며 '1.5℃낮추기', '저탄소 실천하기', '일회용품 줄이기' 등 많은 캠페인을 진행하고 있다. 그럼에도 불구하고 지구 온난화가 계속 진행되면서 빙하가 녹고 수많은 동물이 위협받고 있다. 파괴되어 가는 생태계는 결국 우리 아이들이 살아갈 터전이 된다.

미항공우주국 수석 기후학자인 제임스 핸슨은 이렇게 말했다.

"우리는 전환점을 넘어섰지만 돌아오지 못할 지점을 넘어서진 않았다."

그러므로 지금부터 지구 온난화의 위험성을 피부로 느끼고 지키기 위해 노력해야 한다. 한 명, 한 명의 힘이 모인다면 우리 아이가

《북극곰이 녹아요》
글: 박종진
출판사: 키즈엠

살아갈 건강한 지구를 되찾을 수 있을 것이다.

《북극곰이 녹아요》 그림책은 곰이 녹는다고 비유적으로 표현함으로 아이들에게 궁금증과 흥미로움을 유발한다. 지구 온난화를 경고하는 빙하 그림으로 이름을 알린 뉴욕 출신 '션 요로'의 그림을 모티브로 하면서 인터뷰 형식(모큐멘터리)으로 풀어나가는 독특한 구성으로 이루어진 이 책은 얼음에 그린 북극곰이 서서히 녹아내리는 모습을 상징적으로 표현했다. 이 책은 우리에게 현재 지구가 처한 상황의 심각성을 일깨워주고 이 상황을 조금이라도 바꾸려면 내가 무엇을 실천할 수 있는가에 대해 고민하게 한다.

★ ★ ★ ★

열두 달 하브루타 포인트

지구를 위해 내가 할 수 있는 일을 실천해 보자.

이렇게 해 봐요

○ 책을 읽고 느낀 점에 대해 질문을 만들고 다양한 관점에서 접근해 깊이 있게 나누어 보자.

– 이 책을 읽고 어떤 생각이 들었는가?

- 지구 온난화가 발생한 원인은 무엇이며, 내가 아는 지구의 다른 문제점은 무엇인가?
- 션 요로라는 사람이 빙하에 그림을 그린 것처럼, 작지만 내가 지구를 위해 꼭 실천할 수 있는 일은 무엇인가?

○ 환경에 관한 다른 책이나 다양한 영상, 인터넷을 찾아 새롭게 알게 된 사실이나 자신이 찾은 자료를 돌아가면서 나누어 보자.
- 북극과 관련해 지구 온난화에 대한 그림이나 영상을 보거나 이 책의 모티브가 된 '션 요로'의 뉴스 클립이나 기사를 봐도 좋다.

○ 환경 문제 중 한 가지 논제를 골라 찬반 논쟁 하브루타를 해 본다.
- 찬성 또는 반대 입장을 정한 뒤, 각 입장을 뒷받침할 수 있는 근거를 찾아 찬성의 이유, 반대의 이유를 들어 각자의 의견을 이야기한다. 상대방의 이야기를 들은 후 나의 근거를 바탕으로 다시 반론을 한다. 꼭 누가 이겨야 하는 것은 아니며 몇 번 논쟁을 주고받은 후, 상대방의 이야기를 듣고 생각이 바뀐 것이 있는지 아닌지 그 이유도 들어본다.

이렇게도 할 수 있어요

○ 바로 환경 이야기로 들어가는 것이 어렵다면 남극과 북극에 대한 퀴즈로 호기심을 자극해 보자.

○ 지구 온난화로 변해가는 지구나 어려움에 처한 북극곰의 모습을 그림으로 표현해 본다.

○ 지구를 살리기 위해 작지만 내가 실천할 수 있는 것을 적고 가족 실천 보드를 만들어 실행해 보자.

○ 주변에서 구할 수 있는 커피 밥으로 식물을 키워보자(환경을 위한 식물 키우기와 연결).

이 책도 좋아요

- 《그레타 툰베리 세상을 바꾸다》(가브리엘라 침퀘, 보물창고, 2021)
- 《지구 온난화가 가져온 이상한 휴가》(이윤민, 미세기, 2020)
- 《뜨거운 지구》(애나 클레이본, 푸른숲주니어, 2020)
- 《북극곰 윈스턴 지구 온난화에 맞서다》(진 데이비스 오키모토, 한울림어린
  이, 2012)

하브루타 한 걸음: 엄마, 지구가 아프대요

얼마 전, 하원한 아이가 대뜸 "엄마, 지구가 아프대요"라고 말했다. 우리가 쓰레기를 함부로 버리고 거품을 많이 써서 지구가 아프다고 배웠다며 자신이 선생님이 된 양 나에게 지구를 건강하게 하는 방법을 알려 주었다. 나는 환경의 달 6월을 맞이해《북극곰이 녹아요》그림책으로 하브루타를 준비 중이었기에 이때다 싶어 그림책을 꺼내왔다.

5세 아이에게는 글밥이 많게 느껴졌거나 내용이 심오했는지 지루해 하는 눈빛이 스쳤다. 나는 그림책을 글자대로 읽지 않고 이야기로 전환해서 들려주었다. 그림책으로 아이와 함께하면 이런 순간이 종종 온다. 그럴 때 나는 그림책을 그대로 읽어주는 대신 구전동화 이야기하듯이 이야기로 풀어준다. 그러면 아이는 금세 그림책에 다시 빠져들곤 한다. 주인공 아저씨가 얼음에 북극곰을 그리게 된 이야기를 들려준 뒤에 아이와 대화를 나누었다.

엄마 : 아저씨는 왜 얼음에 북극곰을 그리게 되었을까?
아이 : 북극곰이 사라져서 그랬어.

엄마 : 북극곰이 왜 사라지는 거야?

아이 : 얼음이 녹아서.

엄마 : 얼음이 녹는데 왜 북극곰이 사라져?

아이 : 북극곰은 얼음이 많고 추운 데 사는데, 지구가 아파서 얼음
이 없어져서 북극곰이 없어지는 거지.

엄마 : 그럼 얼음이 녹지 않도록 하는 방법은 뭐가 있어?

아이 : 연기가 안 나게 해야 해. 자동차도 연기가 나고, 담배도 연
기가 나잖아. 이런 거 하지 말아야 해. 에어컨도 강하게 틀
면 안 된다고 했어.

엄마 : 그럼 자동차도 에어컨도 지구를 아프게 하는 요소인데 우리
는 왜 사용하는 것일까?

아이 : 음…. 걸어서 멀리 갈 수 없으니까. 에어컨도 없으면 내가
너무 더우니까.

엄마 : 그럼 북극곰을 어떻게 도와줄 수 있을까?

아이 : 엄마, 잘 모르겠는데. 같이 생각해 줘.

나는 아이와 걷는 것에 대해서 말했다. 우리가 걸을 수 있는 거리
는 걸어서 다니는 것, 자전거와 같은 도구를 활용하는 방법도 함께
이야기 나누었다. 온난화로 인해 너무 더워 에어컨을 켜지 않고서는
생활이 힘들다는 이야기와 함께 실내 적정 온도에 관해 이야기 나눴
다. 그렇게 우리 집 적정온도는 27℃로 맞추기로 했다. 뛰면 땀은 나
지만 생활하는 데 크게 불편하지 않을 정도의 온도였다. 이와 더불
어 쓰레기는 함부로 버리지 않기, 재활용 잘하기, 세제 및 샴푸와 같
은 것은 적정량으로 사용하기, 물 아끼기 등 아이는 서슴없이 이야

기했다. 아이는 뿌듯한 표정으로 나를 보았다.

이제부터 나의 역할은 아이와 약속을 지키는 일이었다. 집안일을 하다 보면 땀이 났지만 27℃를 유지했다. 쓰레기는 꼭 챙겨 집으로 가져오거나 쓰레기통을 찾아 넣었다. 재활용도 좀 더 잘하기 위해 노력했다. 이런 엄마의 모습을 통해서 아이는 자기 생각에 믿음을 가지게 되었다.

하브루타 두 걸음: 재활용의 필요성

회사 다닐 때 나는 가정 일에 관심도 생각할 시간적 여유도 없었다. 당연히 분리수거와도 거리가 먼 삶을 살았다. 그런데 퇴사한 뒤 어느 날, 분리수거를 하는 나에게 아들이 잔소리했다.

> 아이 : 엄마~, 우유 팩은 깨끗이 닦아서 햇볕에 말린 뒤 뜯어서 납
> 작하게 분리수거 해야 하는 거야! 유치원에서 배웠는데 엄
> 마는 유치원에서 안 배웠어?

머리를 한 대 맞은 기분이었다. 아이와 왜 분리수거를 해야 하는지 이야기를 나눴고 그 후로 아이들과 철저하게 분리수거를 했다. 그러면서 자연스레 환경에 관심을 가지게 되었다. 그러던 중에 《북극곰이 녹아요》 그림책으로 하브루타를 하게 되었다.

> 엄마 : 《북극곰이 녹아요》 책을 보고 어떤 생각이 들었어?
> 아이 : '환경 문제가 심각하구나'라는 걸 느꼈어요. 그러면서 더 관
> 심이 생겼어요.

엄마 : 그럼 우리 생활 속 심각한 환경 문제에는 뭐가 있을까? 혹시 생각나는 단어가 있을까?

아이 : 미세 플라스틱이요.

엄마 : 오~어디서 들어봤어?

아이 : 우리가 장보는 자연드림의 종이 팩에 쓰여 있어서 검색해 봤어요. 아주 작은 플라스틱 조각으로, 분해가 안 되는 재료예요.

엄마 : 맞아. 그런 작은 플라스틱이 분해가 안 되고 강과 바다로 흘러가 결국 지구를 아프게 하는 것이지. 혹시 ㅇㅅㅇㅋㄹ이 초성이 뭔지 아니?

아이 : 음.. 모르겠어요.

엄마 : 업사이클링이야. 추측해 봐 업사이클링이 무엇인지.

아이 : 무슨 단어에 리사이클링(재활용)을 더한 것 같아요.

엄마 : 오~ 비슷해! '업그레이드 + 리사이클링'이야. 그럼 무슨 뜻일까?

아이 : 재활용한 것을 더 업그레이드 하는 것일까요?

엄마 : 정확해! 기존에 버려지는 제품을 단순히 재활용 차원을 넘어서 디자인과 활용도를 더해 새로운 제품으로 탄생시키는 것을 말하지. 이런 제품을 볼 수 있는 곳이 있는데 한번 가 볼래?

아이 : 너무 신기해요. 좋아요. 지금 가요!

우리는 그림책을 통해 환경에 관련된 신조어에 관한 이야기를 나누고 서울 새활용플라자로 향했다. 아쉽게 많은 업사이클링 가게들이 쉬는 날이라 매장 밖에서 바라봐야 했지만 재활용으로 만든 것이라곤 믿기 어려운 가방, 지갑, 생활용품 등을 볼 수 있었다. 기존의 것이 새것으로 바뀐 걸 본 아이는 신기해했고 분리수거를 왜 해야 하는지 다시 한 번 이야기를 나눌 수 있는 시간이었다.

아쉬운 마음을 달래며 커피 밥 화분을 구매해 정성스럽게 화분을 만들었다. 커피 찌꺼기로 화분을 만들면 탄소 중립을 실천할 수 있다는 것을 알려 주고 더 정성스럽게 토마토를 키우는 중이다.

하브루타 세 걸음: 환경을 위해 내가 할 수 있는 일

우리 집은 환경에 관심이 많은 편이다. 아이들도 학교나 매체를 통해 환경오염의 심각성을 잘 알고 있다. 내가 처음 《북극곰이 녹아요》를 접했을 때는 지구 온난화 때문에 빙하가 녹고 북극곰이 살 공간, 먹이가 부족해진 상황을 표현한 책이라고 생각했다. 하지만 왜 빙하가 녹는 게 아니라 북극곰이 녹는다고 표현했을까? 제목에 의구심을 가지면서 책을 읽고 하브루타를 시작했다.

> 아이 : 제목에서 왜 북극곰이 녹는다고 했는지 궁금했는데, 이 책이 션 요로의 빙하 그림을 모티브로 한 것이라는 것을 알고 이해가 되었어요. 션 요로에 대해 좀 더 알고 싶어요.
>
> 엄마 : 그래. 함께 찾아볼까?
>
> 아이 : 션 요로는 서핑 보드를 타고 다니며 북극의 빙하에 그림을 그린대요. 빙하가 녹으면 그림이 금방 사라져 버리구요.
>
> 엄마 : 작품의 수명은 짧지만, 빙하가 녹으면서 그 위에 그려진 동물들도 사라지는 것이니 지구 온난화의 심각성이 더 직접적

으로 와닿는 것 같네.

아이 : 요즘에는 학교나 책에서 환경 보호에 대해 많이 나오잖아요. 그런데 션 요로처럼 자신의 재능이나 직업을 통해 환경 문제에 대한 경각심을 알리는 것은 특별한 것 같아요.

엄마 : 그럼 션 요로나 책에 나오는 능소니 씨처럼 네가 환경을 위해 할 수 있는 것은 무엇일까?

아이 : 전 자기 전에 전기코드를 꼭 뽑고 플라스틱 제품도 많이 사용하지 않으려고 노력하고 있어요. 예전에 엄마랑 〈환경음악회〉 간 적이 있는데, 저는 노래를 잘하니까 환경 보호에 관한 노래를 만들거나 불러보고 싶어요.

엄마 : 그래, 어린 환경운동가 그레타 툰베리도 생각나는구나.

아이 : 환경 보호에서 나이는 중요하지 않아요. 제가 지금 잘 할 수 있는 것으로 환경 문제를 알리고 스스로 실천하는 것이 중요하다고 생각해요.

아이와 하브루타를 하면서 환경 보호는 나이에 상관없이 누구나 할 수 있고 환경 보호를 실천하는 방법도 다양함을 알게 되었다. 환경 보호 실천은 일상생활뿐 아니라 자신의 재능, 직업 가운데에서도 실현될 수 있는 것이다. 아이가 환경을 보호해야 한다는 의무뿐만 아니라 자신이 좋아하고 잘하는 것을 환경 문제와 연결해 보는 기회가 된 것 같다.

《북극곰이 녹아요》로 만나는 20가지 질문

- 왜 화가 이름을 능소니라고 했을까?

- 이 책은 왜 질문하고 답하는 이야기 구조(액자식 구성, 글씨체 상이)를 취하고 있는가?

- 첫 페이지에는 빙산과 곰, 새들이 있는데 마지막 페이지에는 사람(능소니)과 새들만 있고 곰은 없다. 이것은 무엇을 의미하는가?

- 얼음에 그림을 그리는 것이 가능할까?

- 음식을 나눠 먹으면 식구가 된다는 말의 의미는 무엇인가?

- 왜 북극곰이 녹는다고 표현했을까?

- 능소니는 총 대신 붓을 든 이유는 무엇이며, 왜 빙하에 북극곰을 그렸을까?

- 마지막 페이지에서 능소니는 무엇을 보고 있을까?

- 션 요로(이 책의 모티브가 된 화가)의 활동은 어떤 메시지를 전해 주는가?

- 아버지는 바다표범을 잡았는데 왜 북극곰까지 사냥하려고 했을까?

- 아버지는 왜 어미를 죽이지 않고 하늘에 총을 쏘았을까?

- 능소니는 무엇을 보여 주고 싶어서 얼음에 그림을 그리기 시작했을까?

- 아버지가 능소니에게 화를 내지 않고 그림 그리는 것을 허락한 이유는 무엇일까?

- 얼음에 북극곰을 그리는 행위가 능소니가 말하고 싶은 메시지를 잘 전달한다고 생각하는가?

- 지구의 기온이 상승하면서 북극의 빙하가 녹고 있다는데 실제로 내가 직접 느끼는 부분이 있는가?

- 이 책의 내용은 북극곰에게 겨누는 총구가 부메랑처럼 인간에게 되돌아오는 경고이자 메시지인가?

- 지구 온난화를 막기 위해 난 어떤 실천을 하고 있고 내가 앞으로 할 수 있는 일은 무엇인가?

- 어린 능소니가 하늘로 총을 쏘아 북극곰을 살려주고 싶었는데 북극곰은 오히려 능소니를 잡으러 왔다. 내 도움이 도리어 나에게 해가 되었던 적이 있었나?

- 환경은 노력하면 좋아질 수 있을까? 아니면 돌이킬 수 없을까?

- 내가 능소니라면 어떤 선택을 했을까?

7월
July

기다림이
즐거워지는 기적

그림책 하브루타

짙은 회색빛 하늘이 뚫린 듯이 쏟아지는 비. 습하고 더운 장마를 마주하는 7월이다. 장마철에는 날씨의 영향을 많이 받기에 아이들이 평소처럼 밖에서 뛰어놀지 못한다. 날씨가 맑아지길 기다리는 길고 긴 시간, 상상의 세계로 빠져들게 하는 그림책으로 기다림의 즐거움을 알아가자.

《비 내리는 날의 기적; RAIN》
저자: 샘 어셔
출판사: 주니어RHK

계속해서 비가 내리는 지루한 일상이 주인공의 상상 속에서 모험과 환상이 가득한 세계로 변하는 《비 내리는 날의 기적; RAIN》은 아이들의 상상력을 자극하는 다채로운 그림으로 하브루타 할 수 있는 그림책이다. 아이들과 함께 멋진 항해를 떠나보자.

★ ★ ★ ★

열두 달 하브루타 포인트

**마인드맵으로 아이의 생각을 확장해 주고,
내면까지 바라보는 시간을 가져보자.**

이렇게 해 봐요

○ 《비 내리는 날의 기적; RAIN》을 읽고 질문을 만들어 대화해 보자.

○ 책에 나온 그림과 내용을 기반으로 비와 장마에 대한 경험을 이야기해 보자.

○ 기다림과 기다린 후 성장한 느낌에 관해 이야기를 나눠보자.

이렇게도 할 수 있어요

○ 장마 마인드맵을 그려보자.

– 마인드맵이란 영국 심리학자 토니 부잔이 개발한 노트 정리법으로 마음의 지도, 생각의 지도라고도 한다. 마인드맵을 활용하면 좌뇌와 우뇌가 골고루 발달된다는 장점이 있다.

– 마인드맵 그리는 방법

1) 주 가지, 부 가지, 세부 가지로 뻗어나가며 생각을 확장한다.

2) 기호, 그림, 부호 등을 많이 사용한다.

3) 키워드는 각 가지에 하나씩만 짧은 단어로 작성한다.

4) 중간에 끊임없이 질문을 하고 뒤집어 생각해 보며 그린다.

5) 모르는 지식이 나오는 경우 검색 등을 통해 채워 나간다.

○ 나만의 우산을 만들며 하브루타해 보자.

– 투명 비닐우산에 매직, 스티커 등을 활용해 나만의 개성 있는 우산을 만들어 보자.

이 책도 좋아요

– 《노란 우산》(류재수, 보림, 2007)

– 《야호! 비다》(린다 애쉬먼, 그림책공작소, 2016)

– 《이렇게 멋진 날》(리처드 잭슨, 비룡소, 2017)

– 《비 오니까 참 좋다》(오나리 유코, 나는 별, 2019)

하브루타 한 걸음: 아이의 생각을 확장하기 위한 엄마의 기다림

뜨거운 여름의 열기를 꺾으려는 듯, 올해도 여전히 장마철이 돌아왔다. 한낮에도 어둑어둑한 하늘에서 부슬부슬 비가 내렸다. 추적추적 내리는 장마철에 어울리는 《비 내리는 날의 기적; RAIN》이라는 그림책으로 하브루타를 시작했다.

책에서 내리는 비는 아이에게 기적과 같은 상황을 선물해 주었다. 우리 아이들에게 비, 장마는 어떤 의미일지 궁금해졌다. 아이들과 함께 장마에 관해 이야기 나눴다. 아직 장마에 대해서 정확히 인지하지 못한 우리 아이들은 책에서처럼 비가 계속해서 내리는 것을 장마로 생각하고 있었다.

'장마' 하면 떠오르는 생각을 마인드맵으로 표현하기로 했다. 하지만 5세인 아이에게 마인드맵은 아직 무리였다. 나는 방향을 바꾸어 아이가 할 수 있을 법한 자유 연상법으로 진행했다. '장마, 비'하면 뭐가 떠오르냐는 나의 말에 아이는 서슴없이 '우산'이라고 답했다.

엄마 : 그럼 '우산' 하면 뭐가 떠올라?

아이 : 음.. 우산이 세워져 있는 것 보니까 우리 집 청소기랑 비슷해서 청소기가 생각나요.

엄마 : 그러네. 서 있는 모습이 청소기와 비슷하구나. 그럼 '청소기'하면 뭐가 생각나니?

아이 : 청소기는 집을 깨끗이 해 주니까. 깨끗하게 씻을 수 있는 목욕탕이 생각나요. 아! 나는 공주님 좋아하니까 공주 목욕탕으로 할래요.

엄마 : 아~ 그렇구나. 그럼 '공주 목욕탕'하면 또 뭐가 생각나니?

아이 : 또? 음... 엄마가 사준 공주님 색연필이요. 똑같은 공주님이니까.

엄마 : 같은 공주님이라 색연필이 생각났어? 그럼 '공주 색연필'을 보면서 뭐가 생각났어?

아이 : 깨비 하우스요. 깨비 하우스는 방마다 색이 다르거든요. 그래서 생각났어요.

'장마'라는 단어에서 '깨비 하우스'까지 왔다. 물론 이 대화의 흐름이 내가 원하던 방향은 아니었다. 사실 마인드맵이 그려지지 않는 순간부터 내가 원하던 흐름에서 벗어났다. 나는 장마를 통해 자연 과학으로 아이를 끌어들이고 싶었다. 하지만 아이와 하브루타를 하면 이런 일이 종종 발생했다. 아이는 결단코 내가 뜻하는 대로 따라와 주지 않았다. 이 경우 '억지로 내 방향으로 끌고 와야 할까?'에 대해서 고민한 적도 있었다. 고민 끝에 내가 내린 결론은 '아니다'였다. 우리 아이는 아직 미취학 어린이다. 지금 우리 아이에게 넓게 생각하고 확장된 생각을 할 수 있도록 도와주고 기다려주며 인내해야 한다. 내 생각을 주입하지 않고 아이의 생각을 천천히 꺼낼 수 있도록 기다림의 미학을 즐겨보는 것은 어떨까?

하브루타 두 걸음: 생각이 확장되는 시간

우리 가족의 장마 하브루타는 대화보다는 우산 만들기 활동을 더 기다린 시간이었다. "비를 생각하면 뭐가 떠올라?"라는 아빠의 질문에 각자의 마인드맵이 펼쳐졌다.

아빠 : 비를 생각하면 뭐가 떠올라?

엄마 : 비 오는 날 우산 없이 친구와 신나게 비 맞고 하교했던 것이 기억나.

아이 : 비 오는 건 불편한 것이 많아요. 하지만 물웅덩이가 생겨서 첨벙거릴 수 있고 신나게 비 맞고 놀 수 있어서 좋아요.

아빠 : 난 비 오는 날을 좋아해. 빗소리도 좋고 차분해지는 느낌이 좋아.

엄마 : 그럼 비와 장마의 차이는 무엇일까?

아이 : 장마는 비가 많이 오는 것 같아요. 책에서 봤는데 너무 많이 오면 건물이나 도로가 잠길 수도 있고 강이 넘칠 수도 있대요.

엄마 : 그러면 어떤 현상이 일어날까?

아이 : 사람들이 위험해요. 나무도 쓰러지고 온갖 쓰레기들도 둥둥 떠다닐 것 같아요.

엄마 : 다른 현상은 없을까? 비가 많이 내리면 강은 넘치고 산은 어떻게 될까?

아이 : 산은 높은 곳에 있으니 괜찮지 않을까요?

아빠 : 근데 산은 흙으로 되어 있잖아. 비가 많이 온 날 놀이터나 화단이 어떻게 되었는지 생각해봐.

아이 : 흙이 파여 있는 곳에 비가 고여 있어요. 할아버지 댁 화단에 물을 많이 주면 흙이 밑으로 내려오더라고요. 아! 산도 그렇겠다. 비가 많이 오면 흙들이 못 버티고 흘러내리겠네요.

엄마 : 와~ 이야기하다 보니 자연 현상에 대해 자연스럽게 알게 되었네.

아이 : 궁금한 것이 있어요. 예전보다 장마가 길어지고 폭우가 더 쏟아지는 것 같아요.

엄마 : 왜 그럴까? 생각해 봐. 무엇과 연관이 있을까?

아이 : 지구 온난화 때문일까요?

엄마 : 왜 지구 온난화라 생각해?

아이 : 어디선가 지구가 뜨거워지면 빙하 등이 녹아서 해수면이 상승한다고 들었어요. 그러니까, 지구에 물이 많아지는 거겠네요.

엄마 : 지구에 물이 많아지는 것과 장마는 무슨 연관이 있을까?

아이 : 해수면 위로 수증기가 발생하고 그 수증기가 비가 되어 내리는 것이니 해수면이 상승하면 폭우가 심해지는 것 아닐까요?

엄마 : 와~ 우리 아들 추론을 잘했네. 네가 말한 이유가 정확한지

우리 한번 찾아보자.

아이와 이야기를 나누며 비에서 시작해 지구 온난화까지 나온 것을 확인하며 '생각의 확장이 중요하구나'를 느꼈다.

하브루타 세 걸음: 기다릴 만한 가치가 있던 시간

초등 고학년에 접어든 큰아들. 이과 성향이 강해서 언어보다는 수리를, 영어에서도 딱 떨어지는 문법을 좋아하는 아이다. 그래서인지 단어를 확장해 나가는 마인드맵을 평소에도 많이 활용하고 좋아한다. 최근 과학에 관심이 많아 한 가지 현상을 접하게 되면 꼬리에 꼬리를 무는 연상 및 질문을 하곤 한다. 환상적인 세계인 상상의 나라보다는 비가 왜 내릴까에 관심이 더 많았다. 그 연장선으로 장마 마인드맵을 진행했다.

장마를 가운데 그리고 '원인'과 '피해' 가지를 먼저 그렸다. 그러

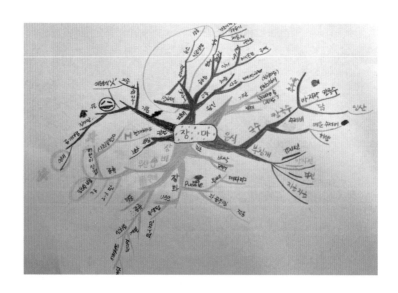

다가 막히면 질문하고 함께 인터넷을 찾아보며 가지를 채웠다. 재미있는 일이 일어났다. 일회용 비닐우산에서 시작된 이야기는 아들의 아픈 마음을 알려 주었다.

> 엄마 : 여기 '우산'은 무엇을 의미하는 거야?
>
> 아이 : 기억 안 나요? 엄마 사회공헌부에 다닐 때 안전 우산을 제작해서 저에게 하나 주셨잖아요. 아직도 기억나요. 친구들에게도 자랑했었고요.
>
> 엄마 : 아, 그래 기억나. 네가 정말 좋아했었지.
>
> 아이 : 그런데 엄마 그거 아세요? 그 우산 참 많이 좋아했지만, 한편으로 그 우산이 너무 싫었어요.
>
> 엄마 : 왜? 좋아했다면서….
>
> 아이 : 그 당시에 그 우산을 바라보면 꼭 엄마를 빼앗아 간 엄마 회사 같은 생각이 들었어요. 그리고 이모님이 늦는 날 그 우산을 쓰고 혼자 기다리며 너무 외로웠어요. 그런 날은 투명한 우산에 빗방울이 떨어지는 것이 내 눈물처럼 느껴졌어요. 엄마가 많이 보고 싶었고 그리웠어요, 그래서 우산이 좋으면서도 싫었어요.
>
> 엄마 : (한동안 말을 할 수 없었다) 엄마는 그런 줄 몰랐어. 네가 좋아해서 그저 좋은 줄만 알았네. 그때 함께 해 주지 못해 미안해~.
>
> 아이 : 괜찮아요. 엄마, 이 책에서 제일 와 닿은 부분이 무엇인지 아세요?
>
> 엄마 : 뭔데?

아이 : 기다리는 건 그만한 가치가 있다는 것이예요. 제가 그 비닐
　　　우산을 쓰고 외로움을 견뎠기에, 지금 엄마와 함께하는 이 시
　　　간이 더 소중한 거예요. 그래서 전 기다리는 것을 좋아해요.
엄마 : 와~ 우리 아들 많이 성장했구나. 기특하네.

　당시 본인의 외로움을 호소한 아들. 엄마의 부재를 오래 견뎌냈던
아이. 하브루타를 통해 자연스럽게 아이의 상처를 어루만져 줄 수
있었다. 그리고 아이는 기다림에 대해 오랜 시간 생각한 듯했다. 기
다림, 그리고 기다림 후의 성장에 대해서!

《비 내리는 날의 기적; RAIN》으로 만나는 20가지 질문

- 기적이란 무엇일까?
- 살면서 기적이라고 생각된 일이 있었는가?
- 왜 책 제목이 '비 내리는 날의 기적'일까?
- 어떤 날씨를 좋아하는가?
- 비 맞는 것을 좋아하는가?
- 비와 관련해 생각나는 추억이 있는가?
- 비는 왜 내리는 것일까? 비가 오는 원리를 알고 있는가?
- 만약 비가 계속 오거나, 오지 않는다면 어떤 일이 벌어질까?
- 비가 올 때 집 안과 밖은 무엇을 의미하는 것일까?
- 수상도시에 대해 알고 있는가? 혹 수상도시에 가본 적이 있는가?

- 내가 상상하는 수상도시는 어떤 모습인가?

- 할아버지가 받고 좋아한 편지는 누구에게서 온 편지일까? 어떤 내용이었을까?

- 할아버지는 편지를 쓰고 고치고 또 고친다. 왜 그랬을까?

- 편지 쓰는 것을 좋아하는가? 지금 편지를 쓴다면 누구에게 어떤 내용으로 쓰고 싶은가?

- 주인공의 부모님은 어디에 계신 걸까?

- 나는 조부모님을 좋아하는가? 자주 만나뵙는가? 그분들과 함께할 때 나의 마음은 어떤가?

- 할아버지는 왜 비가 멈출 때까지 기다리라고 했을까?

- 나는 기다리는 것을 좋아하는가?

- 만약 좋아한다면, 왜 좋아하는가? 나는 어떤 것을 잘 기다릴 수 있는가?

- 만약 기다림을 좋아하지 않는다면, 왜 그런가? 특히 잘 참을 수 없는 일은 무엇인가?

진정한 친구를
찾아서!

그림책 하브루타

HAVRUTA

    7월 30일은 세계 우정의 날이다. 2011년 UN이 정한 국제기념일 중 하나로 전 세계 다양한 문화권 간의 우정을 통해 평화를 추구하자는 취지로 제정된 특별한 날이다. 세계 우정의 날의 의미를 되새기며 우정을 주제로 하브루타 해보자.

    사람의 인생에서 중요한 것 중 하나는 친구다. 진정한 친구, 마음이 통하는 친구, 언제나 내 편이 되어 줄 든든한 친구는 누구에게나 필요하다. 아이들도 마찬가지다. 하지만 모든 친구가 내 마음 같지 않다. 나와 다르지만 다른 점을 인정하고 이해하려는 노력이 필요할 때도 있다. 7월에는 아이들과 친구와 진실된 우정에 대해 깊이 생각해 보는 시간을 가져보자.

《친구의 전설》
저자: 이지은
출판사: 웅진주니어

친구와 우정에 관련한 그림책《친구의 전설》은《팥빙수의 전설》의 속편으로 우연히 탄생한 전설이다. 이 책에는 너무나 다른 두 주인공이 함께 공존하며 벌어지는 재미있는 에피소드가 가득하다. 더불어 진정한 우정, 친구의 희생과 헤어짐에 대한 감동적인 메시지가 담겨 있다.《팥빙수의 전설》에 나오는 눈 호랑이가 호랑이로, 팥 할머니가 꼬리꽃으로 재탄생되는 재미도 있으니 두 그림책을 꼭 함께 보길 추천한다.

★ ★ ★ ★

열두 달 하브루타 포인트

친구와 나의 다른 점을 찾아보고
이를 자연스럽게 받아들일 수 있게 도와주자.

이렇게 해 봐요

○《친구의 전설》을 읽고 질문을 만들고 이야기해 보자.

○ 비교 하브루타를 해 보자.

 – 앞뒤 표지를 살펴보고, 주인공들의 표정을 비교해 보자.

 – 호랑이와 꼬리꽃의 성격을 비교해 보고, 나는 누구와 비슷한지 생각해

보자.

- 호랑이의 변화로 친구들이 호랑이를 대하는 태도가 달라진다. 친구들의
  태도가 어떻게 변했는지 전후를 비교해 보자.

이렇게도 할 수 있어요

○ 친구 그물을 만들어보자(친구 마인드맵).

- 친구를 생각하면 떠오르는 것들을 그물처럼 작성한다.

- 이름, 장점, 단점, 느낌, 슬플 때, 서운할 때, 기쁘고 행복할 때, 함께할 때
  좋은 활동 등

○ 친구와 나의 차이점과 공통점을 찾아보자.

- 친한 친구를 한 명 정한다.

- 아이와 친구의 차이점과 공통점을 생각해 보고 표를 작성한다.

- 아이와 친구의 차이점을 이야기해 보고 이해할 수 있도록 독려해 준다.

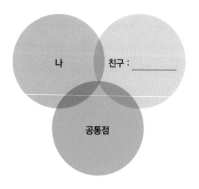

○ 최고의 친구상을 만들어 보자.

- 최고의 친구를 생각해 보고 그 친구의 장단점을 구체적으로 이야기한다.

이 책도 좋아요

- 《우리는 친구》(앤서니브라운, 웅진주니어, 2008)

- 《무지개 물고기와 신기한 친구들》(마르쿠스 피스터, 시공주니어, 2009)

- 《까만 크레파스》(나카야 미와, 웅진주니어, 2002)

- 《친구랑 싸웠어》(시바타 아키코, 시공주니어, 2017)

하브루타 한 걸음: 궁금한 것은 직접 물어보면 의외로 쉽게 해결된다

이미 아이가 여러 번 읽었던 《친구의 전설》을 다시 읽고 이야기했다. 자연스럽게 유치원 친구와의 관계에 관해 이야기를 나누게 되었다.

　　엄마 : 책 초반에 나오는 호랑이처럼 친구들을 괴롭히는 친구가 있
　　　　　으면 어떨 것 같아?
　　아이 : 당연히 싫지! 나는 괴롭히는 친구가 있으면 함께 안 놀거

야!!

엄마 : 유치원에서는 괴롭히는 친구들 없어?

아이 : 응! 괴롭히는 친구들은 없어. 그런데..

엄마 : 그런데?('그런데'라는 단어에 엄마는 많이 놀랐지만 안 놀란 척
했다)

아이 : 친구 한 명이 나를 속상하게 해.

엄마 : 어떻게 속상하게 하는데?!

아이 : 다른 친구들은 이름만 부르는데 나한테는 꼭 성까지 붙여서
불러.

엄마 : 성까지 붙여서 부르는 게 기분이 안 좋아?

아이 : 당연히 안 좋지. 안 친한 느낌이잖아. 게다가 나한테만 그렇
게 부른다고.

엄마 : 그래, 그러겠네. 그래서 많이 속상했어?

아이 : 응. 엄마 나 어떻게 해야 해?

엄마 : 글쎄. 어떻게 해야 할까? 혹시, 왜 그러냐고 물어본 적 있어?

아이 : 아니, 없어. 책의 호랑이처럼 내 이름만 성까지 부르는 이유
가 있는 걸까?

엄마 : 글쎄, 그건 그 친구에게 물어봐야겠지?

아이 : 그 친구가 이유를 얘기한 다음엔 어떻게 해?

엄마 : 어떻게 해야 할까?

아이 : 나, 내 기분을 이야기하고 성을 빼고 불러 달라고 얘기할래.

엄마 : 그래. 그렇게 얘기해 보자.

다음날 등원 전, 아이와 함께 친구에게 그 이유를 물어보자고 다

시 이야기를 나누었다. 나는 아이가 하원할 때까지 종일 걱정을 했다. 혹시 친구가 이유조차도 얘기해 주지 않는다거나 이유를 이야기했는데 그 이유에 딸이 큰 상처를 받진 않을까 등을 걱정하며 하원 시간만 기다렸다. 결론은 다행이면서도 매우 싱거웠다.

> 아이 : 엄마, 물을 것도 없었어! 아침에 나를 보자마자 친구가 이름만 불러서 온종일 같이 즐겁게 놀았어!!

우리 두 모녀의 고민이 무색하게 물어보기도 전에 끝났지만 그래도 아이와 하브루타를 하고 엄마가 답을 정해 주기보다 질문으로 아이가 스스로 해결 방법을 생각하게 한 것은 아이가 성장하는 데 분명 도움이 되었으리라 생각한다.

하브루타 두 걸음: 좋은 친구는 무엇일까?

코로나19와 함께 생활하면서 쉬는 시간에 혼자서 노는 것에 익숙해진 아이를 보며 아이의 사회성을 걱정했다. 우연히 아이 친구 엄마들과 이야기를 나누었는데, 이런 문제는 비단 우리 아이만의 문제는 아닌 듯했다. 그러다 《친구의 전설》을 읽게 되었다. '호랑이와 민들레의 관계가 우리 아이들이 자랄 때쯤엔 마치 전설처럼 남지 않을까?'라는 씁쓸한 생각이 들었다. 아이와 친구에 관한 이야기를 나누고 싶었다.

> 엄마 : 학교에서 항상 함께하면 좋은 친구가 있어? 지금 떠오르는 친구가 몇 명이야?

아이 : 나랑 같은 반 친구는 두 명. 그리고 유치원 때부터 내 마음 속 가장 친한 친구는 한 명.

엄마 : 그 친구들이 왜 좋아?

아이 : 항상 친절해. 그리고 내가 속상한 일이 있을 때 와서 많이 걱정해 주고 위로해 줘. 물론 친구가 속상할 때 나도 그래.

엄마 : 그럼 좋은 친구란 힘들 때 서로 위로해 주고 도와주는 사람인가 보네?

아이 : 응, 당연하지. 그럼 엄마는 좋은 친구란 어떤 친구라고 생각해?

엄마 : 《친구의 전설》에서 호랑이와 민들레처럼 서로에게 좋은 영향을 주는 사이 아닐까? 서로가 익숙해지기 전까지는 많이 싸울 수도 있지만 서로에게 자연스럽게 익숙해지면서 좋은 영향을 주고받잖아. 엄마는 좋은 친구란 그런거라고 생각해.

아이 : 엄마 이야기를 들어보니 친구와 싸우는 게 꼭 나쁜 것만은 아닌 것 같아. 서로를 이해하는 과정에서 싸울 수도 있는 거구나. 앞으로는 싸우더라도 친구를 좀 더 이해하고 잘 화해하도록 노력해야겠어.

엄마 : 엄마 생각에는 지금도 충분히 잘 하고 있는 것 같은데? 지금 네가 가장 친하다고 말하는 친구와도 유치원 때 많이 싸우고 속상해했잖아. 하지만 지금은 서로에게 없어서는 안될 소중한 친구가 되었잖니. 우리 그 친구에게 최고의 친구상을 만들어 줄까?

아이: 엄마, 진짜 멋진 생각이다! 최고야. 당장 만들자.

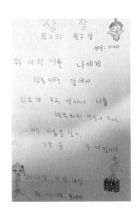

아이의 교우 관계에 대한 나의 생각들은 기우였다. '코로나19'라는 특수한 환경이 일상을 많이 무너뜨린 요즘, 아이에게 서로를 소중하게 생각하는 친구가 있다는 것이 감사한 요즘이다. 아이는 가장 좋아하는 친구에게 최고의 친구상을 만들어 주었지만 나는 친구를 소중하게 생각하는 아이의 마음에 큰 상을 주고 싶다.

하브루타 세 걸음: 모르겠다고 하는 아이, 대답을 유도해 보자

둘째 아이의 학교 생활이 궁금했다. 두 번의 전학으로 아이가 많이 힘들었을 텐데도 학교를 잘 다녀주고 있어 고맙지만, 친한 친구를 만들 기회를 빼앗은 것 같은 미안함이 들었다. 아직 친한 친구는 없지만, 서로 다른 호랑이와 민들레가 친구가 되는 《친구의 전설》이라는 책으로 둘째 아이와 하브루타를 해 보고 싶었다.

엄마 : 호랑이와 꼬리꽃 중에서 너는 어디에 가까운 것 같아?

아이 : 글쎄, 모르겠어.

엄마 : 그러면 호랑이는 어떤 성격인 것 같아?

아이 : 식탐이 많아. 배고프면 흥분해.

엄마 : 그래, 그렇네. 또 호랑이 성격의 특징이 뭔 거 같아?

아이 : 모르겠어.

엄마 : 엄마 생각에는 소심하기도 한 것 같아.

아이 : 그러네. 다른 동물들과 놀고 싶은데 그 말은 못하면서 일부

러 관심 끌려고 장난을 치는 부분이 그런 것 같아. 그런데 그 장난이 너무 과하게 느껴져.

엄마 : 그럼 꼬리꽃은?

아이 : 웃겨, 그리고 붙임성이 좋아.

엄마 : 왜 붙임성이 좋다고 느꼈어?

아이 : 처음 만나는 누구에게나 말을 잘 걸고, 너무 다른 호랑이랑 도 친해지려고 노력하는 모습이 그렇게 느껴졌어.

엄마 : 그럼 너는 둘 중 어디에 가까운 것 같아?

아이 : 모르겠어.

엄마 : 붙임성 좋은 꼬리꽃일까? 소심해서 오히려 장난을 많이 치 며 친해지길 원하는 호랑이일까?

아이 : 난 둘 다 아닌 것 같아.

엄마 : 그럼 넌 친구를 사귈 때 어떤 스타일 같아?

아이 : 난 친구들에게 먼저 다가가는 스타일은 아니야. 나한테 말 거는 친구랑만 이야기를 나눠.

엄마 : 그러는 이유가 있을까?

아이 : 굳이 나에게 다가오지 않는 친구들에게 말 걸 필요가 없다 고 생각해. 나는 친구가 없다고 외롭거나 속상한 기분이 들 지 않아. 그래서 나한테 말 거는 친구랑 지내는 것이 마음이 편해.

세 아이 중 유난히 "모르겠어"라는 대답을 많이 하는 아이다. 역시나 이번에도 모른다는 대답을 많이 했지만, 중간에 조금씩 나온 몇 마디가 참 귀했고 그 안에서 아이의 생각을 조금이나마 읽을 수 있었다. 우리 아이뿐만 아니라 처음 질문을 받으면 '모른다'라고 대답하는 아이들이 많다. 하브루타를 하다 보면 대답을 잘 하다가도 '모른다', '하기 싫다'라고 말하는 아이들도 있다. 이런 아이에게는 계속 질문을 하기보다 아이에게 대답하고 싶은 질문을 고르게 해 주거나 기다려 주자. 때로는 과감하게 그만두고 다음을 기약하는 용기도 필요하다.

《친구의 전설》로 만나는 20가지 질문

- 왜 친구들은 호랑이를 좋아하지 않고 피했을까?
- 친구들이 자신과 함께하길 원치 않았을 때 호랑이의 기분은 어땠을까?
- 내가 만약 호랑이였다면 어떻게 행동했을까?
- 성격이 고약하다는 것은 무슨 의미일까?
- 꼬리꽃은 왜 호랑이 꼬리에 붙었을까?
- 민들레 씨앗이 동물에게도 붙을 수 있는 것일까?
- 민들레의 일생을 알고 있는가?
- 호랑이와 꼬리꽃 캐릭터의 성격은 어떠한가?
- 내 성격은 두 캐릭터 중 어디에 가까운가?
- 호랑이는 겁이 많고 소심하지만 친구들 주변에 있고 싶어 한다. 그런데 함께하는 방법을 잘 모르니 친구들을 괴롭힌다. 내 주위에 이런 친구가 있는가? 혹시 내가 이런 친구는 아닐까?
- 이렇게 방법을 모르는 친구를 만났을 때 나는 어떻게 행동하는가?
- 호랑이가 조금씩 좋은 일을 하고 칭찬과 고맙다는 소리를 듣게 된다.

호랑이의 기분이 어땠을까? 나에게는 이런 경험이 있는가?

● 함께 다니면서 좋은 영향을 받아 변한 친구가 있는가? 혹은 내가 그렇게 변한 경험이 있는가?

● 호랑이와 꼬리꽃이 함께 흰색으로 변하게 된다. 왜 그랬을까?

● 꼬리꽃이 흰색이 되고 주름이 생겨버린다. 이것은 무슨 의미일까?

● 꼬리꽃이 민들레 씨앗이 되어 날아간다. 그때 호랑이의 기분은 어땠을까? 또 꼬리꽃의 기분은 어땠을까?

● 친한 친구가 떠나고 혼자 남게 된 호랑이. 호랑이는 어떤 감정을 느꼈을까? 더 외롭다고 느끼지는 않았을까?

● 친한 친구가 이사가거나 떠난 적이 있는가? 그때의 기분은 어땠나?

● 홀로그램이 있는 장면을 만져보고 눈으로 보자. 어떤 느낌인가?

● 내가 아는 전설에는 어떤 것이 있는가?

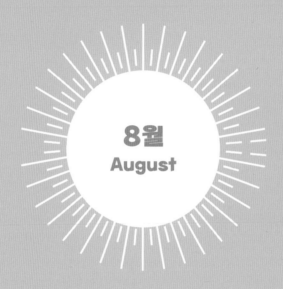

8월
August

우리 집 밖에서 만나는 하브루타

하브루타는 우리 삶 전반에서 만날 수 있다. 하브루타의 3요소 중 텍스트는 우리 아이와 함께 체험하고 경험할 수 있는 모든 요소를 포함하는 것이다. 즉, 우리는 집밖에서도 많은 하브루타 요소를 만나고 있는데 그것을 인지하지 못하는 것일 뿐이다. 그럼 우리 집 밖에서 만나는 하브루타에는 어떤 요소가 있을까?

우리 집 밖에서
만나는 하브루타
여행 하브루타

지도 보기로 시작하는 여행

아이와 여행을 떠나기 전에 먼저 여행 갈 곳의 홈페이지에서 관광 지도와 안내 책자를 신청했다. 그리고 일곱 살이 된 아이와 함께 지도를 펼쳐보았다. 이 서비스는 20여 년 전 몇몇 지자체에서 시작되었는데 지금은 거의 모든 지자체에서 제공하고 있다. 덕분에 여행 계획을 세울 때 많은 도움을 받을 수 있다.

올해는 남해와 강원도의 양양, 속초의 자료를 받아보았다. 신청한 지도가 오면 우선 각자 지도를 살펴보며 공부한다. 그리고 각자의 지도에 꼭 가보고 싶은 곳을 표시한 뒤 함께 이야기를 나눈다. 어떤 곳에 가고 싶은지, 왜 가고 싶은지를 이야기하고 계획표를 짠다. 꼼꼼한 이모와 여행할 때는 음식점과 여행지가 세세하게 들어가 있는 매일의 계획표를 짜고, 즉흥적인 여행을 좋아하는 아빠와 여행할 때는 여행지와 음식점 목록을 나눠서 정리하는 정도로 계획표를 짠다.

여행은 여행 계획을 세울 때부터 시작된다. 아이와 지도를 보며 함께 이야기를 나누다 보면 설레임이 더해진다. 특히, 첫째 아이는 이번 여행의 설레임 때문에 제대로 잠을 이루지 못했다. 또 계획을 세우는 과정에서 식성이 갈리는 엄마, 아빠, 아이 간의 격렬한 논쟁이 펼쳐지기도 한다.

아이 : 우와, 엄마, 속초에는 빵 종류가 다양하대 단풍빵이라는 것도 있고, 연꿀빵이라는 것도 있어. 다 먹어봐야겠다.

엄마 : 음식 소개에 다른 음식들도 있는데 더 가고 싶은 데는 없어?

아이 : 없어. 나는 빵이면 충분해.

엄마 : 매번 빵만 먹을 수는 없잖아. 엄마 아빠는 빵을 별로 안 좋아하기도 하고 빵은 간식으로 먹고 식사는 제대로 해야 하지 않을까?

아이 : 난 빵으로도 밥이 되는데…. (다시 지도를 살펴보더니) 다른 건 별로고 대게랑 닭강정으로 하자!!

엄마 : 엄마 아빠는 회도 먹고 싶어. 우리 바닷가로 여행가니까 회도 먹자.

아이 : 윽! 나는 생선이 정말 싫은데!!

엄마 : 생선을 아예 안 먹는 건 아니잖아. 엄마 아빠도 빵 사주기로 했으니까 너도 엄마 아빠가 먹고 싶은 것 먹을 수 있게 배려해 주는 건 어때?

아이 : 음... 그러면 우리가 먹을 수 있게 미역국이랑 밥을 꼭 시켜
줘야 해.

그냥 회센터에 들어가면 좋아하지 않는 음식점에 가니 얼굴이 찌
푸려질 테지만 이렇게 이야기를 나누고 가면 이미 대안에 대해서도
미리 이야기해 놓은지라 함께 즐거운 식사 시간을 보낼 수 있다. 이
처럼 부모가 주도하는 여행은 아이의 입장에서 따라만 다니는 지루
한 여행이 되지만 아이가 함께 계획한 여행은 아이가 스스로 주도한
여행이 된다. 그러니 여행을 계획할 때 여행 갈 곳의 지도를 펼쳐놓
고 볼거리, 먹거리 등을 아이와 함께 선정해 보자.

여행을 더 풍성하게, 그림책 하브루타

양양에는 오산리 선사 유적지가 있다. 개인적으로 그곳에 확인하
고 싶은 유물이 있었기에 여행코스에 꼭 넣었다. 하지만 아이들은
박물관을 그리 좋아하지 않는다는 걸 알아서 함께 역사 그림책을 읽
으면서 박물관에 가서 어떤 것들을 보게 될지에 대한 기대감을 심어
주었다. 엄마의 기대대로 아이는 생각보다 박물관을 즐겼다. 책의
내용이 다 기억은 나지 않기에 엄마에게 선생님을 해달라며 궁금한
것을 묻고 책에서 봤던 것들이 실제 있는지 확인했다.

아이 : 엄마! 왜 저 사람들은 노루나 토끼를 주로 사냥하는 거야?
엄마 : 왜 그런지 생각해 볼까?
아이 : 음…, 잘 모르겠어요.
엄마 : 멧돼지나 호랑이, 곰 같은 동물들은 사냥하기에 어떤 것 같아?

아이 : 날카로운 이빨이나 손톱이 있어서 위험한 건가?

엄마 : 그럼 너라면 노루나 토끼를 잡을래? 멧돼지나 호랑이, 곰을 잡을래?

아이 : 당연히 노루나 토끼지! 나는 호랑이나 곰을 절대 이길 수 없어!

아이 : 엄마!! 진짜 책에서처럼 빗살무늬토기가 공중에 매달려 있어요!!

엄마 : 진짜 그러네! 엄마의 40년 묵은 궁금증이 드디어 풀렸다!!

아이 : 그리고 엄마가 얘기한 저 얼굴 모양은 진짜 작아요!!

엄마 : 그러네. 책에서 볼 때는 저 토기만 있어서 크기가 꽤 클 줄 알았는데 와서 보지 않았으면 우리는 계속 크기를 잘못 알았겠지?

아이 : 와서 보길 진짜 잘했다!!

아이들은 책을 통해 보았던 유물에 더 관심을 가지고 반가워했다. 그림책으로 배경지식을 쌓아 온 아이들은 박물관에서 더 주도적으로 즐기고 있었다. 또한 여행을 다녀오고 난 후, 딸은 스스로 책을 여러 번 보면서 가족과 여행의 기억을 끊임없이 되새겼다. 작년까지는 여행을 다녀온 후 주로 사진을 함께 보면서 여행의 기억을 떠올렸는데 어느 정도 나이가 되니 단순한 추억뿐 아니라 다양한 체험, 지식까지도 기억할 수 있게 되어 놀랍고 스스로 탐구하는 데까지 하브루타가 도움을 주니 감사했다. 딸과 함께 엄마인 나도 그 추억을 더 깊이, 오래도록 간직할 수 있게 되었다.

아이야, 헤매어도 괜찮아

이번 여름 휴가는 서울 여행으로 잡았다. 올해 여행은 아빠의 부재로 가깝게 다녀올 수 있는 곳이어야 한다는 점이 중요했다. 초등 5, 6학년인 아들에게 서울로 여행갈 것이라는 말을 전해 주고 가고 싶은 곳을 정해 보라고 이야기했다. 아이들은 하루 동안 열심히 인터넷으로 알아보고 함께 계획을 세우는 시간을 가졌다.

> 엄마 : 너희들이 찾아놓은 곳이 어디야?
>
> 아이1 : 일단 우리는 인사동을 가고 싶어. 그래서 그 근처에 다이나믹 메이즈라고 있는데 그곳을 가고 또 방 탈출 카페를 가고 싶어.
>
> 엄마 : 그래. 어떤 곳인지 살펴보자. 다이나믹 메이즈는 뭐 하는 곳이야?
>
> 아이2 : 예전에 1학년 때 런닝맨 체험하려고 갔었던 장소랑 비슷해. 여기는 막내 동생이 재미있어 할 만한 곳이고 우리도 가볼 만하기도 해서 정했어.
>
> 엄마 : 동생까지 배려해서 장소를 정하다니 기특하네.
>
> 아이1 : 우리는 방 탈출 카페를 꼭 가보고 싶어. 여긴 나이 제한도 있어서 보호자가 꼭 있어야 갈 수 있대.
>
> 엄마 : 그럼 너희가 서울에 가서 꼭 가고 싶은 곳은 이 두 곳이야? 엄마는 서울 야경 보는 버스 투어를 하고 싶어. 네 생각은 어때?
>
> 아이1 : 굳이 야경을 보러 갈…. 근데 엄마가 하고 싶으면 해.
>
> 엄마 : 엄마는 야경 버스 투어하고 싶은 이유가 내가 하고 싶은 것

도 있지만 너희도 한강 다리, 남산타워 등 서울을 상징하는 곳을 둘러보면 좋을 것 같아서야.

아이2 : 난 반대. 왜냐하면 너무 늦은 시간이고 숙소와도 거리가 좀 멀어서 힘들 것 같아.

엄마 : 그렇게 생각하는구나. 그럼 둘 다 별로니까 이번에 버스 투어는 하지 말자.

(여행 전날 밤)

아이1 : 엄마, 우리 숙소에 먼저 들러서 짐을 풀고 이동하는 게 편하지 않을까?

엄마 : 그렇긴 하지. 그런데 그러면 동선이 복잡해지는데….

아이1 : 왜? 그냥 숙소 가서 짐 내려놓고 지하철 타고 인사동 갔다가 돌아오면 되는 거 아니야? 그리고 오후 계획은 아직 없잖아.

지하철로 이동하는 게 상당히 많이 걸어야 하고 동생들도 있어서 그런 일정은 힘들 거라고 이야기하고 내 생각대로 움직이고 싶었다. 하지만 아이가 주도적으로 계획한 여행이라 아이 말에 따르기로 했다. 그래서 일단 숙소 쪽으로 가기로 정했다. 아이들은 여행의 설렘 때문에 일찍 일어났고 느긋하게 출발하려던 계획에서 벗어나 서둘러 집을 나섰다. 아이는 도착 시각에 체크인 할 수 있을지를 고려하지 못했고, 우리는 숙소 방향으로 가고 있었다.

엄마 : 우리 너무 일찍 출발해서 오전에 체크인이 안 될 수 있어.

어떻게 하는 게 좋을까?

아이1 : 아, 우리가 어제 말한 출발 시간보다 빨리 나왔구나. 어떻
　　　　게 하지? 우리 숙소는 몇 시에 들어갈 수 있어?

엄마 : 체크인 시간이 2시야. 근데 여긴 게스트하우스라 외국인
　　　들이 많이 오는 곳이니 일찍 도착하면 체크인 가능할 수도
　　　있어.

아이1 : 음…. 엄마 생각은 어때?

엄마 : 숙소에 전화해서 일찍 체크인 가능한지 물어보는 게 좋을
　　　것 같아. 네 생각은?

아이1 : 엄마! 그냥 처음 계획했던 대로 종로3가를 먼저 가는 게
　　　　좋겠다. 지금 너무 이른 시간이라 숙소 가는 건 안 될 것
　　　　같아.

아이가 고려하지 못한 부분을 넌지시 알려 주자 스스로 생각해 보
고 자기가 납득할 만한 이유를 찾아서 여행 경로를 변경했다.

엄마 : 그래, 여러 가지 고려해 봤을 때 먼저 인사동 가서 몸으로
　　　놀고 점심 먹고 숙소로 들어가면 좋겠다.

아이1 : 그래, 그런 거 같아.

이번 여행은 아이 주도로 여행을 계획하고 실행하는 것이 목적이
었다. 그래서 내 목소리는 최대한 적게 내려고 노력했다. 아니나 다
를까, 아이들은 사소한 것을 놓치기도 했고 길을 헤매기도 하며 여
행을 힘들게 이끌어 갔다. 아이들의 그런 모습을 보며 나는 안타깝

기도 하고 답답하기도 했다. 그럼에도 끝까지 아이의 뒤를 따라 여행을 끝냈다. 처음은 누구나 어설프고 서투르다. 하지만 부모의 믿음을 마음에 담고 한 번, 두 번 도전한다면 언젠간 멋진 여행을 경험할 수 있을 것이다. 그러니 아이가 스스로 끝까지 해낼 수 있도록 믿고 기다려 주자. 아이가 전혀 생각하지 못하는 부분이라면 방법론을 제시해 주며 지지해 주는 것으로 충분하다.

이처럼 스스로 계획을 세우고 길도 헤매고 실수도 많이 해 본 여행은 아이들에게 잊지 못한 추억이자 경험으로 자리 잡게 된다. 그리고 새로운 여행길에 오르는, 도전하는 힘을 키워줄 수 있다.

지루할 틈없는
전시회

전시회 하브루타

H A V R U T A

전시회가 싫은 아이

우리 집 첫째 아이는 책을 읽고 그림 그리는 것을 좋아한다. 어릴 때부터 책을 읽고 자신만의 동화책을 다시 만들거나 책 표지 또는 주인공을 그리는 일이 아이의 놀이였다. 그림을 그릴 때 책 이외의 다양한 자극을 주고 싶어 아이가 볼 만한 전시는 항상 챙겼다. 하지만 미술관에 걸려 있는 그림은 항상 아이에게 배경에 불과했던 것 같다. 안고 다닐 수 있을 때까진 색깔이며 그림 표현에 대해 이야기를 나눴는데, 아이가 점점 자기 생각이 커지면서 함께 전시회를 다니는 것이 어느새 스트레스가 되어가고 있었다.

엄마 : 너는 그림 그리는 걸 좋아하잖아. 다양한 그림을 보면 그

림 그릴 때 더 많은 생각이 떠오를 것 같아서 좋을 것 같은데 미술관에서 엄마랑 작품 감상하는 게 재미가 없니? 항상 쓱-보고 가는 것 같아서. 엄마는 너랑 많이 이야기 나누고 싶은데 아쉬워.

아이 : 사실 공연은 좋은데 미술관은 싫어. 난 그림도 내 생각대로 내가 표현하고 싶은 대로 하는 게 좋아. 다른 작품에는 별로 관심 없어.

엄마 : 그렇구나. 그럼 다음에는 엄마가 좋은 전시가 있으면 알려 줄게. 꼭 보고 싶은 것만 보러 가자.

그렇게 아이와 함께 고른 앤서니 브라운 작품전을 참관했다. 어렸을 때부터 함께 읽어 익숙한 앤서니 브라운 책들이라 아이에게 권하는 것에 부담이 없었다. 그리고 슬쩍 도서관에서 앤서니 브라운 그림책을 전부 빌려 두었다.

어릴 때 보던 책이라며 반가워하더니 어느새 아이는 책 속에 빠졌고, 《우리 아빠》, 《우리 엄마》, 《기분을 말해봐》, 《돼지 책》 그 외 월리 시리즈까지 어릴 때 보았던 것들을 이야기하느라 바빴다.

그렇게 앤서니 브라운 작품에 빠져 있을 때 아이와 함께 전시관을 찾았다. 책에서 보았던 내용들이 입체적으로 또는 영상으로 잘 표현되어 지루할 틈없이 감상했다.

엄마 : 우리 딸, 이렇게 오래도록 그림을 본 적은 처음인 것 같은데? 어떤 그림이 좋았어?

아이 : 유명한 그림에 작가가 월리도 그려놓고 재미있게 표현했던

그림들이 정말 좋았어.

엄마 : 아~ 명화에 앤서니 브라운이 자신만의 색깔로 표현한 것들
이 재미있었구나. 엄마도 모나리자를 윌리로 바꿔 놓은 거
정말 재미있었어.

아이 : 엄마, 나도 다른 그림을 나만의 느낌으로 한번 그려 볼래요.

엄마 : 우와~ 재미있겠다. 다음에는 네 그림을 모아서 전시회를
열어야겠네.

그렇게 전시회를 다 보고 나오는데 마지막 섹션에 셰이프 게임을
체험할 수 있는 공간이 마련되어 있었다. 셰이프 게임은 한 사람이
어떤 형태를 그리면 그 다음 사람이 이어서 그림을 완성하는 놀이
다. 이 놀이는 앤서니 브라운이 어린 시절 즐겨 했던 게임이자 자기
상상력의 출발점이라고 소개하기도 해서 꽤 유명한 놀이였다. 아이
와 셰이프 게임까지 신나게 즐기며 전시관을 나왔다.

전시회는 싫다던 아이는 자신이 좋아하는 그림책과 연관된 전시
회를 직접 선정해 다녀왔다. 엄마가 보여 주고 싶은 작품도 좋지만
아이가 관심을 가지고 좋아하는 작품을 보여 주는 것이 중요하다.
주도적인 아이들은 작품을 바라보는 눈이 달라지기 때문이다. 아이
에게 어떤 작품이 보고 싶은지 함께 이야기 나눠보자.

아이들의 관심에 참여하자
공연 하브루타

한이 뭔지 아니?

여름방학을 맞이해 막내와 함께 〈신비 아파트〉 뮤지컬을 보게 되었다. 아이는 공연 내내 집중하면서 보았는데 중간에 좀비가 나오는 장면에서는 무섭다고도 했다. 뮤지컬을 보고 집에 돌아온 이후로 막내는 〈신비 아파트〉 만화를 시리즈별로 보았고 만화책도 빌려와서 읽는 등 신비 아파트에 빠져 들었다.

매일 〈신비 아파트〉만 보고 나에게도 하루 종일 신비 아파트 이야기만 하는 딸 때문에 자연스레 나도 신비 아파트에 대한 관심이 생기기 시작했다.

"넌 '한'이 뭔지 아니?"

어느 날 〈신비 아파트〉 만화책을 열심히 보고 있는 막내에게 물어

보았다.

엄마 : 얘네들은 왜 귀신이 된 거야?

아이 : 뭔가 복수하고 싶어서.

엄마 : 왜 그렇게 생각하는데?

아이 : 귀신들은 다른 사람들을 괴롭히잖아.

엄마 : 귀신들은 왜 다른 사람들을 괴롭힐까? 이유가 있을 것 같은
데? 엄마가 너랑 〈신비 아파트〉를 계속 보다 보니까 〈신비
아파트〉에 나온 귀신들은 뭔가 복수하고 싶고 남을 괴롭히
기보다는 억울하게 죽은 사람들인 것 같았어.

아이 : 뭔가 억울하게 죽은 걸 알리고 싶은 사람들?

엄마 : 우리 뮤지컬 봤을 때 그 귀신도 원래 착한 사람이었어. 마
을 사람들을 위해 은혼초를 캐러 갔잖아. 힘들게 캔 은혼초
를 임금님이 뺏어가서 마을 사람들이 다 죽게 된 거였어. 얼
마나 억울하겠어? 가족과 마을 사람들을 모두 살릴 수 있는
약초였는데….

아이 : 맞아. 마을 사람들을 위해서 약초를 캐러 갔는데 억울하게
다른 사람들에게 빼앗겼어. 그것만 있으면 다 구할 수 있었
는데.

엄마 : 정말 하고 싶은 걸 못해서 죽은 사람, 그런 사람들이 귀신이
되는 거 아닐까? 그런 걸 '한'이라고 해.

아이 : 〈신비 아파트〉를 읽다 보면 눈물이 날 때가 많아. 처음엔 귀
신이 나오는 거라 무서웠는데 자꾸 눈물이 나는 내용들이
많은 것 같아.

엄마 : 〈신비 아파트〉에 나오는 귀신들이 나쁜 귀신들이 아니라 한을 가지고 있는 귀신들이라 그런게 아닐까? 네가 공감을 잘해서 눈물이 나오나 봐.

아이 : '한이 없다'라는 거 어디서 본 것 같다. 한국사 책에서 본 것 같은데?

말이 끝나기가 무섭게 아이는 책장에 있는 책을 찾아보기 시작했다. 그리고 그 책 속에서 다음의 문장을 찾아냈다.

"얼마 만에 먹어보는 거냐. 내 죽어도 한이 없다."

한국 전쟁에서 인민군이 고구마를 먹으면서 하는 말이었다.

혼자서 이 문장을 읽었을 때 막내는 그것이 무슨 의미인지 알았을까? 그저 읽을 수는 있었겠지만 그 글이 가진 의미까지 파악하기는 힘들었을 것이다. 아이들이 보는 만화라도 대화거리가 많다는 것을 하브루타를 하면서 다시 한 번 느꼈다. 아이들의 관심사에 같이 참여해서 여러 가지 영역으로 확장한다면 아이들의 가능성은 무한할 것이다.

9월
September

우리 가족이
만나는 명절

그림책 하브루타

명절의 의미가 사라지고 가족의 의미 또한 달라지고 있는 요즘, 우리 아이들은 명절에 대해 얼마나 알고 있고 명절을 어떻게 보내고 있을까?

예로부터 '가을' 하면 떠오르는 단어가 '추수'와 '추석'이었다. "더도 말고 덜도 말고 한가위만 같아라"라는 말에는 일상 속 힘들었던 일들을 떨쳐버리고 즐겁고 풍족하게 살아가길 바라는 기원이 담겨 있다. 우리 가족만의 명절을 이야기해 보고 가족과 함께하는 추석을 경험해 보자.

추석에는 추수의 의미가 크기에 자연스레 함께 나눌 수 있는 주제로 24절기가 있다. 우리나라는 농경 사회였기에 조상들은 농사를 잘 짓기 위해 계절의 변화를 파악하는 것이 무척 중요했다. 그래서 1년

《더도 말고 덜도 말고 한가위만 같아라》
글: 김평
출판사: 책읽는곰

을 24절기로 나누어 계절과 날씨의 변화를 파악할 수 있게 했다. 추석과 24절기, 명절에 대한 하브루타를 하면서 새로운 사실도 알아보고 다양한 활동을 통해 즐거운 하브루타를 해 보자.

책의 제목이기도 한 이 문구는 만물이 풍성하게 열매를 맺는 추석을 이르는 말이다. 그림책《더도 말고 덜도 말고 한가위만 같아라》는 옥토끼를 통해 한가위의 풍경을 고스란히 담아내며 어른에게는 향수를, 아이에게는 호기심을 자아내는 책이다. 추석맞이의 설렘이 느껴지는 그림과 글 속에서 명절이 친숙하게 다가올 만한 포인트가 많다

추석은 온 가족이 모여 풍성한 음식과 함께 가족이 즐길 수 있는 놀이를 하며 즐거운 시간을 보내기도 하지만 멀리 살아서 만나기 어려운 가족과 오랜만에 만나 뜻깊은 시간을 갖는 명절이다. 서로 만남이 소원해지는 우리 아이들이 명절을 느낄 수 있게 오롯이 가족만의 시간을 가져보는 것은 어떨까?

★ ★ ★ ★

열두 달 하브루타 포인트

우리 가족만의 명절! 의미 있게 보내는 방법을 나누어 보자.

이렇게 해 봐요

○ 추석에 관한 책을 보고 다양한 질문을 만들어 가족과 이야기를 나눈다.

○ 다양한 관점에서 이야기를 나누어 돈독한 교감의 시간을 갖는다.

  – 명절은 어떤 의미를 갖는가?

  – 이 책에서의 추석과 지금 우리의 추석의 같은 점과 다른 점을 찾아보자.

  – 우리 가족이 명절에 꼭 하는 일과 함께하고 싶은 것을 정해 본다.

이렇게도 해 봐요

○ '추석' 하면 떠오르는 것은?

  – 소원지에 자신이 이루고 싶은 소원을 쓰고 옥
토끼 모양의 타임캡슐에 넣어 일 년 뒤에 소
원이 이루어졌는지 열어보자. 자신의 소원을
이루기 위해 노력하는 한해였는지 돌아볼 수
있는 활동이다.

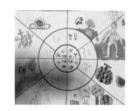

○ 추석이 추수하는 의미의 명절이기에 추석뿐
아니라 같이 이해할 수 있는 24절기를 써클
맵을 그려서 한눈에 익혀보자.

  – 책이나 인터넷을 통해 24절기를 찾아본다.

  – 24절기 중 마음에 드는 절기를 2-3가지를 찾고, 왜 절기가 나뉘었는지
이야기해 보자.

  – 사계절을 먼저 나누고 그 안에 해당하는 절기를 표현할 수 있는 그림을
2-3개 그려 24절기를 한눈에 이해해 보자(저학년에게 24절기가 어렵다면
사계절만 그리고 이야기 나누어도 좋다).

이 책도 좋아요

- 《분홍 토끼의 추석》(김미혜, 비룡소, 2011)

- 《달이네 추석맞이》(선자은, 푸른숲주니어, 2013)

- 《한가위만 같아라》(무돌, 노란돼지, 2015)

- 《추석에도 세배할래요》(김홍신, 노란우산, 2016)

- 《엄마 반 나도 반 추석 반보기》(임정자, 웅진 주니어, 2014)

- 《추석 전날 달밤에》(천미진, 키즈엠, 2019)

하브루타 한 걸음: 아이가 기억하는 명절

몇년 전부터 우리 가족은 양가 모두 차례를 지내지 않고 음식을 만들어 와 가족이 모여 함께 나누어 먹는다. 그런데 이 책을 읽으며 다섯 살 때까지는 양가 모두 차례를 지냈던 기억이 떠올랐는지 아이는 왜 지금 차례를 지내지 않느냐 물었다.

> 엄마 : 이 책을 보면서 우리가 했던 것들 중에 기억나는 거 있어?
>
> 아이 : 응!! 외할머니 네에서는 음식 다 올려놓고 할아버지가 절하라고 해서 절했던 거 기억나고, 친할머니 네에서는 송편 만들었던 거 기억나. 그리고 우리 밤에 밖에 나가서 다같이 강강술래도 했잖아.
>
> 엄마 : 잘 기억하고 있었네~.
>
> 아이 : 근데 엄마, 지금은 음식 올려놓고 절하는 건 왜 안 해?
>
> 엄마 : (대답을 해 주려다 퍼뜩 질문으로 받아야지 하고 생각하고는) 왜 안 하고 있을 거 같아?
>
> 아이 : 내가 질문했는데!!

엄마 : 그래도 한 번 생각해 보자. 얘기하고 나면 엄마도 얘기할게.

아이 : 생각해도 잘 모르겠어요. 엄마가 알려 주세요.

엄마 : 우리 집은 양가 할머니, 할아버지께서 연세가 많으셔서 음식을 많이 하는 것이나 차례 지내는 것을 힘들어 하셔. 그래서 간소화 한 거야. 지금은 예전처럼 가족이 많이 모이질 않아 음식이나 차례를 줄여서 하는 집이 늘었어.

아이 : 아, 그렇구나. 그래도 난 강강술래는 하고 싶은데…. 그게 제일 재밌고 기억에 남아요.

엄마 : 그랬구나. 추석 땐 매년 나가서 꼭 강강술래 하자꾸나.

아이는 아이 나름으로의 명절을 기억하고 있었다. 설날은 절하고 돈 받는 날, 추석은 강강술래 하는 날.

아이가 어렸을 때부터 경험하거나 책을 읽으면 가장 좋았던 장면, 좋았던 기억이나 경험 이야기를 종종 나눠서인지 이제는 딸이 먼저 가장 좋았던 것을 물어올 때가 있다. 아직 어린아이라 명절의 의미를 콕 집어 알려 주기보다는 가족과 함께하는 행복한 날로 기억했으면 한다.

하브루타 두 걸음: 명절은 소통하는 날

일 년에 열세 번씩 제사를 지내는 집에서 자란 나는 결혼을 하면서 제사를 지내지 않는 시댁을 만나게 되었다. 명절 연휴 내내 바빴던 예전과 달리, 결혼 후 명절 음식을 하지 않아 몸은 편했지만 어느 순간부터 명절이 명절 같지 않은 기분이 들기 시작했다. 그래서 아이들에게 '명절이란 무엇인가?'라고 물어보았다.

엄마 : 명절이 뭐라고 생각해?

아이 : 친척들 많이 만나는 거! 그리고 맛있는 음식!

엄마 : 그럼 우리는 추석 때 뭘 하면 좋을까?

아이 : 추석 책에 보면 맛있는 것도 많이 만들고 과일도 많고 그러던데. 우리 집은 제사를 지내지 않아서 먹을 게 없잖아. 우리도 맛있는 음식 만들까?

엄마 : 만약 음식을 만들게 되면 다 엄마 일이라 그렇게 하기는 너무 힘든데….

아이 : 왜 힘들다고 생각해?

엄마 : 평상시에 요리할 때 엄마가 다 하잖아. 추석 음식은 종류도 많고 양도 많으니 엄마가 더 힘들어지지.

아이 : 그럼 다 같이 하면 어때? 많이 만들지 말고 우리가 먹고 싶은 것만 만들면 되지.

엄마 : 그래? 같이 한다면 엄마도 좋아. 그럼 올해 추석 때는 어떤 음식을 만들면 좋을까?

아이 : 특별한 음식을 만들고 싶어. 평상시에는 먹을 수 없는 음식 말이야. 예전 명절 때 제주도 할머니가 만들어주신 산적이 맛있었는데 그거 만들까? 엄마 할 수 있겠어?

엄마 : 물론 못하지. 하지만 할머니한테 전화해서 물어보고 만들어보자.

가족과 무엇을 만들 것인지 같이 하브루타를 하고 나서 마트에서 장을 봤다. 다 같이 재료를 장만하고 음식도 만들었다. 다섯 가족이 먹을 양을 만들다 보니 양이 많아 힘들었지만 다 함께 만드니 재미있었다. 저녁 때가 되어서 만든 음식을 먹으며 도란도란 대화 시간을 가졌다. 그렇다. 어린 시절 나에게도 명절은 힘들기만 했던 것은 아니었다. 가족과 같이 앉아서 음식을 만들며 도란도란 이야기 나누던 추억도 분명히 있었다. 돌이켜 보면 그 시간은 소통의 시간이었다.

하브루타 세 걸음: 24절기의 의미

가을을 맞아 추석에 관한 그림책을 읽어보고 아이와 24절기에 관한 이야기를 나눠보고자 했다. 초등 5학년 아들은 가져온 그림책을 보자마자 흥미를 잃은 듯한 눈빛이었다. 그래도 나는 꿋꿋하게 아이에게 책을 읽어주고 대화를 시도했다.

엄마 : 넌 24절기에 대해서 얼마나 알고 있어?

아이 : 내가 아는 것만 말해 볼까?

엄마 : 그래.

아이 : 입춘, 입동, 동지, 대하, 하지, 이 정도 알고 있어.

엄마 : 학교에서는 24절기에 대해 배운 적 있어?

아이 : 동지는 배웠어. 근데 입하, 입추도 있나? 왠지 입춘이 있으니까 계절마다 있을 거 같아.

엄마 : 한번 이 표를 봐 볼래? 엄마도 외우고 있는 게 아니라서 이 표를 준비했어.

아이 : 여기 있네! 입하, 입추.

엄마 : 네 말처럼 입춘, 입하, 입추, 입동 다 있네. 24절기 중 여기

빈 써클맵에 한 계절에 두 개 정도 골라서 네 맘에 드는 절기를 써 볼래? (빈 써클맵 준비)

아이 : 아니, 칸 나눠서 다 써볼래.

엄마 : 와~ 그럴래? 다 써보면 더 좋지. 24절기에 사계절이니까 계절당….

아이 : 6개씩 들어가지. 써보니까 동지가 제일 낮이 짧은 날이고 하지가 낮이 제일 긴 날인데, 이렇게 마주 보게 되네.

엄마 : 그렇네. 이렇게 원에 그려보니까 1년이 한눈에 보이는 것 같다.

나는 예상외로 적극적으로 참여하는 아이로 인해 신이 났고, 사실 질문이 아닌 한 차원 더 생각하는 질문을 하고 싶어졌다.

엄마 : 그런데 24절기를 어떻게 나눈 걸까?

아이 : 날씨로 나누었잖아.

엄마 : 그래. 근데 이런 게 왜 필요했을까?

아이 : 잘 모르겠어.

엄마 : 엄마도 정확히는 모르겠는데 네 생각이 궁금해. 네 생각엔 24절기가 왜 필요한 거 같아?

아이 : 뭐 그때쯤 '이런 날씨다' 하고 예상할 수 있으니까.

엄마 : 그렇게 예상하는 일이 왜 필요할까? 한번 생각해 봐.

아이 : 모르겠어.

엄마 : 옛날 사람들한테 날씨가 중요한 이유가 뭐였을까? 다시 한 번 생각해 보자.

아이 : 날씨가 큰 영향을 미치는 일이 뭐지?

엄마 : 24절기에 대한 설명글을 한번 읽어 볼래?

아이 : '모심는 시기', '추수가 시작하는 때' 이런 말이 적혀 있네. 농사짓는 일에 날씨가 중요하니까 이런 절기로 미리 날씨를 예측했나 봐. 옛날엔 일기예보도 없고 대부분 농사를 짓고 살았으니까.

엄마 : 그래. 아주 설득력 있는 생각이야.

내 예상과 달리 아이는 24절기를 이야기할 때 적극적으로 참여했다. 그런 아이의 모습을 보니 단순히 절기에 대한 지식 정보가 아니라 절기가 필요한 이유, 혹은 어떻게 사용되었는지 스스로 생각해 보게 하고 싶었다. 추가 질문을 하는 엄마에게 아이는 모르겠다는 대답을 연속으로 했다. 이 상황에서 나는 아이가 더는 하브루타를 하고 싶어 하지 않는다고 느꼈다. 그런데도 끝까지 다시 한 번 생각해 보라는 말로 아이에게 대답을 강요했다. 다행히 적절한 대답을 찾았지만 하브루타를 마치고 마음이 개운치 않았다.

시키는 일을 잘하는 이 아이는 스스로 생각해 보고 자신의 생각을 말하라고 할 때 많은 어려움을 느낀다. 고학년이라 시시콜콜 이야기하는 것도 꺼린다. 지금 돌아보니 아이가 흥미를 잃은 걸 인지했을 때 거기서 하브루타를 마치는 용기를 냈어야 했다. 모르겠다는 아이를 그대로 내버려 두자는 것이 아니다. 아이에게 귀찮고 짜증 나는 감정이 올라오도록 하지 말자는 것이다. 이후 삶 속에서 또 다른 하브루타를 시도하고 그 안에서 즐거운 기억으로 마치는 것이 반복될 때 아이는 점점 더 능동적으로 생각하게 될 것이기 때문이다.

《더도 말고 덜도 말고 한가위만 같아라》로
만나는 20가지 질문

- '추석' 하면 떠오르는 것은 무엇인가?

- 올게심니란 무엇인가?

- 명절의 의미는 무엇일까?

- 내가 좋아하는 명절과 그 이유는 무엇인가?

- 오랜만에 할머니를 만나러 가는 엄마의 기분은 어땠을까?

- 온 동네가 시끌벅적한데 엄마가 아픈 순이네만 조용하다. 순이의
  기분은 어떨까?

- 책을 통해 새롭게 알게 된 추석 풍경이 있는가?

- 24절기를 나눈 이유는 무엇일까?

- 우리 집에서 꼭 기억하는 절기가 있는가?

- 대가족과 명절을 보내는 것을 선호하는가, 아니면 나의 원가족끼리
  보내는 것을 선호하는가?

- 다른 나라의 명절은 어떤 게 있을까?

- 설날, 추석 말고 다른 명절은 왜 잊히고 있을까?

- 점차 바뀌는 명절 분위기에 대해 어떻게 생각하는가?

- 명절에 해야 하는 음식, 풍습에 대해 형식적이라 생각하는가, 아니면
  받아들이고 지켜야 한다고 생각하는가?

- '더도 말고 덜도 말고 한가위만 같아라'라고 느낀 적이 있는가?

- 내 아이가 기억했으면 하는 명절의 모습은 어떤 것인가?

- 꼭 이어나가야 할 명절의 풍습에는 어떤 것들이 있을까?

- 내가 어렸을 때 경험했던 추석과 성인이 된 지금의 추석의 차이점이 있다면 무엇인가?
- 보름달에 빌고 싶은 소원은 무엇인가?
- 아이들에게 물려주고 싶은 추석은 어떤 추석인가?

세대를 아우르는
놀이 하브루타

그림책 / 놀이 하브루타

HAVRUTA

전래 놀이는 예로부터 전해 내려오는 놀이로 모든 세대가 함께 즐겼던 '세대를 아우르는 놀이'라고 할 수 있다. 윷놀이, 제기차기, 연날리기, 공기놀이, 자치기 등 그 종류도 다양하다. 그래서 모든 세대의 공감을 끌어내고 재밌게 즐길 수 있다는 장점이 있다. 또한 전래 놀이는 규칙의 유연성이 있기에 상황에 맞게 규칙이나 놀이 방법에 변화를 줌으로써 더 나은 놀이를 만들어 내기도 한다.

요즘은 아이들이 학교와 학원 다니느라 쉴 틈이 없고 부모도 회사 다니느라 바빠서 소통의 시간을 갖기가 쉽지 않다. 온 가족이 모일 수 있는 명절에 아이들과 함께할 수 있는 놀이로 즐거운 소통의 시간을 가져보자.

《사계절 우리 전통 놀이》
글: 강효미
그림: 한지선
출판사: 미래엔아이세움

컴퓨터, 스마트폰이 없던 시절, 우리는 무슨 놀이를 했기에 해가 저무는 줄도 모르고 놀았을까? 이 책에는 우리가 어렸을 적 흔히 했던 놀이와 전통 놀이가 계절별로 자세히 설명되어 있다. 특히, 요즘 아이들이 잘 알지 못하는 자치기, 비사치기가 소개되어 있고 우리나라 전통 스포츠인 씨름에 대해서도 자세하게 설명되어 있다.

★ ★ ★ ★
열두 달 하브루타 포인트
아이들과 같이 놀이하는 과정은 가족 소통의 시작이다.

이렇게 해 봐요

○ 아이들과 함께할 수 있는 놀이 시간 정하기

놀이 시간을 정할 때는 부모 마음대로 정하는 것이 아니라 아이들과 함께 결정하는 것이 중요하다. 이 과정에서 아이들은 가족의 구성원으로서 소속감을 느낄 수 있으며 부모로부터 존중받는 느낌을 받게 된다.

– 가족이 함께 놀이하는 시간을 갖고 싶은데 네 생각은 어때?

– 가족과 함께 놀이하는 시간이 있으면 어떤 점이 좋을까?

– 일주일 중 어떤 요일에 하면 좋을까? 시간은 언제가 좋을까?

○ 공정한 방법으로 놀이 정하기

아이들과 다 같이 어울릴 수 있는 놀이, 아이들이 신나게 즐길 수 있는 놀이로 정하자. 결국 놀이의 주체는 아이들이기에 부모가 원하는 놀이나 공부에 도움이 되는 놀이를 강요해서는 안 된다. 아이들이 동의할 수 있는 방법으로 놀이를 정하면 자신이 원하는 놀이가 아니더라도 인정하고 수용할 것이다.

- 가족과 다 같이 할 수 있는 놀이에는 어떤 것이 있을까?
- 놀이를 결정할 때는 어떤 방법이 좋을까? 어떤 방법으로 할 때 공정하다고 생각하니?
- 내가 원하는 놀이가 선택되지 않으면 어떤 기분이 드니?

○ 놀이 후 느낌 나누기

놀이 후 좋았던 점이나 아쉬웠던 점에 관해 이야기를 나누고 놀이의 규칙이나 방법 중 추가하고 싶은 부분에 관해서도 이야기를 나누어 보자. 우리 집만의 새로운 놀이를 만들 수 있다.

- 지금까지 했던 놀이 중 어떤 놀이가 가장 재밌었니? 그 놀이가 재밌는 이유는 무엇일까?
- 놀이 중 어떤 부분이 좋았니? 그 부분이 왜 좋았니?
- 놀이 중 재미없었던 부분이 있니? 그 부분을 어떻게 바꾸면 재밌을까?

이렇게도 할 수 있어요

놀이를 일상생활 속에 적용한다면 가족의 참여도를 높여 가족 간 갈등 해소의 도구로 사용할 수 있다. 기존 놀이를 우리 집에 맞도록 규칙을 바꾸거나 방법을 추가해 우리 집만의 놀이를 만들어 보자.

- ○ 간단한 놀이를 일상생활에 적용하기
  - 외식 메뉴 정할 때

- 심부름(식탁 치우기, 신발 정리, 재활용 쓰레기 버리기 등)을 정할 때
- 집 청소 시 아이들과 역할(치우기, 닦기 등)을 나눌 때
- 간단한 놀이 예시: 사다리 타기, 제비뽑기, 악어 이빨, 가위바위보, 묵찌빠, 주사위 던지기 등

○ 전통 놀이를 우리 집만의 놀이로 확장하기

- 띠지 빙고 게임에 놀이 방법 추가 및 다른 영역으로 확장하기
- 전통 팽이 놀이 후 블록을 이용해 여러 가지 모양의 팽이 만들기
- 책을 활용한 책 쌓기, 책 터널 만들기, 책 격파 태권도 하기

이 책도 좋아요

- 《열두 가지 전래 놀이의 아주 특별한 동화》(강정규, 파랑새어린이, 2003)
- 《전래놀이》(함박누리, 보리, 2009)
- 《고구마구마》(사이다, 반달, 2017)
- 《딱지 딱지 내 딱지》(허은순, 현암사, 2021)

하브루타 한 걸음: 아이들은 놀이가 밥이다

최근 들어 첫째 아이는 책과 하브루타 모임을 통해 전래 놀이에 부쩍 관심이 생겼는데, 얼마 전 아이가 다니는 병설 유치원에서 유치원부터 초등 전 학년이 다 함께 전래 놀이를 하는 행사가 있었다. 아이는 '엄마랑 해 봤거나 내가 알고 있는 전래 놀이도 할까?'라는 기대를 안고 참여했다. 유치부는 비빔밥 놀이, 수건돌리기, 한 발 술래잡기 놀이를 했고 마지막에 전 학년이 다 함께 강강술래를 했다. 아이는 모든 행사가 끝나고 한껏 상기된 얼굴로 재밌었다고 이야기했다.

엄마 : 한껏 기대하더니 기대만큼 행복한 하루였어?

아이 : 아니! 기대보다 더~~~ 행복한 하루였어.

엄마 : 그래? 뭐가 그렇게 좋았을까?

아이 : 비빔밥 놀이는 한 번도 해 보지 않았는데 내가 맡은 비빔밥
　　　재료가 나올 때마다 친구들이랑 자리 바꾸는 게 너무 재밌
　　　었고, 수건돌리기랑 한발 술래잡기는 예전에도 해 봤는데
　　　오늘은 내가 술래가 한 번도 안 돼서 조금 슬펐어. 그래도
　　　술래가 될까 봐 조마조마했던 것도 좋았어. 하지만 내가 제
　　　일 좋았던 거는 따로 있어! 그게 뭔지 알아?!

엄마 : (반응을 크게 하며) 글쎄, 그게 뭘까?

아이 : 바로바로 강강술래야!!

엄마 : 그래? 강강술래는 엄마 아빠랑도 명절 때 해 봤잖아. 그런
　　　데도 강강술래가 재밌었어?

아이 : 엄마, 그때는 우리 가족끼리만 했잖아. 이번에는 유치원 동
　　　생이랑 초등학교 언니, 오빠까지 다 함께 했다고! 강강술
　　　래는 사람들이 많~아야 진짜 재밌는 거였어. 그냥 돌기만
　　　도 하고 '동대문을 열어라'도 하고 강강술래 노래도 배웠어.
　　　'동대문을 열어라'에서는 금방 잡혔는데 그 뒤로 잡는 것도
　　　진짜 재밌었어!!

엄마 : 오늘 진짜로 행복한 하루였구나!

아이는 집에 와서 씻고 자리에 누워서까지도 얼마나 행복했는지
이야기하고 또 이야기했다. 엄마가 어떤 놀이를 어떻게 하고 놀았는

지 물어보면 아이는 놀이 방법도 술술 설명했다. 행복해 하는 아이의 말을 들어주고 맞장구쳐 주는 것만으로도 아이의 행복감은 더 배가 되는 듯했다. 놀이의 최고 장점은 아이의 말처럼 '함께하기'가 아닐까 한다.

우리가 사는 곳 근처에는 전래 놀이를 접할 수 있는 곳이 몇 군데 있다. 그곳에서 가족과 함께하는 전래 놀이도 좋지만 많은 친구와 함께하는 전래놀이가 아이의 생각과 경험치를 더 크게 확장해 준 듯하다. 놀이 전문가 편해문 선생님은 이렇게 말씀하셨다. "아이들은 놀이가 밥"이라고. 놀이에 하브루타 한 숟가락을 얹었더니 오늘도 아이의 몸과 마음은 쑥쑥 자란다.

하브루타 두 걸음: 우리 집만의 놀이

여덟 살 둘째 아이는 하교 후 학교에서 배운 것을 자주 이야기한다. 2학기가 되면서 최근에는 '추석'이라는 명절에 대해 배우고 있다고 이야기했다. 때마침 9월의 주제가 '전통 놀이'라 가족 하브루타에서 '놀이'에 대해 이야기를 나누었다.

> 엄마 : 책을 읽어보니 그중에서 이번 추석에 하고 싶은 놀이가 있니?
>
> 아이 : 원래 윷놀이는 설에 하는 거지만 저는 추석 때 윷놀이하고 싶어요.
>
> 엄마 : 왜 윷놀이가 하고 싶어?
>
> 아이 : 윷놀이는 재미있어요. 저는 친구들이 하는 게임보다 윷놀이가 좋아요.

엄마 : 그래? 엄마는 예전에 윷판을 변형해서 해 봤는데 무척 재미
있었어.

아이 : 어떻게 변형했어요?

엄마 : 말판에 '꽝', '돌아가기', '3칸 앞으로 가기' 등을 넣어서 부
루마블 게임을 응용한 것 같아.

아이 : 그래요? 저는 미션 윷놀이를 만들어보고 싶어요.

엄마 : 멋지다. 무척 재미있을 것 같은데. 어떤 미션을 넣고 싶어?

아이 : 사랑해요, 하트 5종 세트, 뽀뽀 3번 하기, 처음으로 가기,
시작 빼고 가고 싶은 곳 가기, 엉덩이로 이름 쓰기, 45초 안
기?

엄마 : 그럼 우리 한 번 만들어 볼까?

아이 : 이번에 할머니 댁에 가면 이 윷판으로 윷놀이해야지. 이 윷
놀이는 우리 집만의 윷놀이네요.

엄마 : 그러네. 미션 윷놀이 말고 우리 집만의 놀이가 또 있을까?

아이 : 어릴 때 책으로 태권도 격파한 것도 특별한 놀이 같아요.

엄마 : 그럼 책 속의 웅이, 송이처럼 너도 우리 집만의 책 태권도
격파 놀이를 정리해 보면 어떨까?

아이 : 책 2권을 준비해 송판으로 사용해요. 주먹 격파, 손날 격파,
발차기 격파, 머리로 격파!

아이들이 어릴 때는 책을 쌓아 집을 만들기도 하고 책을 거실에
펼쳐 징검다리처럼 건너다니기도 했다. 우연히 아이와 책을 송판 삼
아 태권도 격파 놀이를 했는데 아이는 이것을 무척 재미있어 했다.
아이들이 자라면서 더 이상 이 놀이를 하지는 않지만 가끔 그때를

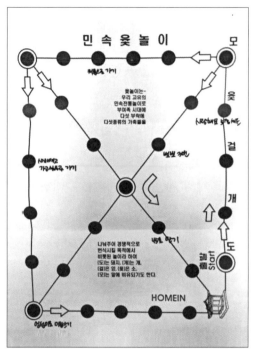

(윷판 만들기 작업)

떠올리면 유쾌하고 재미있었던 추억으로 남아 있다. 이번 추석이 지나면 미션 윷놀이가 우리 집만의 새로운 놀이가 되어 있지 않을까?

하브루타 세 걸음: 놀이, 다른 영역으로 확장하다

아이들의 나이 차가 많이 나는 우리 집 삼 남매(7세, 초6, 중3). 사춘기를 맞아 점점 또래들과 시간을 보내려는 첫째 아이와 둘째 아이를 보면서 나는 가족과의 시간을 인위적으로라도 만들어야겠다고 느꼈다. 그래서 가족 동의하에 매주 일요일 저녁 8시를 놀이 시간으로 정하고 그 시간에 다 같이 즐길 수 있는 놀거리를 찾았다. 우선 어떤 놀이를 할지 가족 구성원 각자 하고 싶은 게임들을 말하고 사다리 타기를 통해 정했다. 하지만 게임을 한다고 해서 다 재미있었던 건 아니였다. 특히 일곱 살, 초6, 중3 아이들을 다 만족시키는 게임을 찾기에는 한계가 있었다. 그렇게 고민을 하던 중 나는 가족에게 '띠지 빙고 게임'을 하자고 제안했다.

처음에는 재미있게 '띠지 빙고 게임'을 했다. 하지만 재미도 잠시, 3-4번 하다 보니 조금씩 지루함을 느끼기 시작했다. 그때 마침 둘째 아이가 '띠지 빙고 게임'에 새로운 게임을 추가하고 싶다고 했다.

> 아이1 : 엄마, 나만의 이야기 만들기 할까?
>
> 엄마 : 나만의 이야기 만들기? 그게 뭘까?
>
> 아이1 : 띠지에 적힌 단어로 나만의 이야기를 만드는 거야.
>
> 엄마 : 아~ 그거 지금도 하고 있잖아.
>
> 아이 : 아니, 그런 거 말고 진짜 나만의 이야기.
>
> 엄마 : 진짜 나만의 이야기가 뭘까? 설명해 줄래?
>
> 아이1 : 봐봐, 나한테 과일 단어들이 있잖아. 내가 이걸로 이야기 만들어 볼게. 귤이랑 포도랑 사과가 배를 타고 가고 있었어. "귤아, 복숭아 먹을래? 자두(사과도) 먹는대?" 포도가 물었어. 그랬더니 사과가 말했어. "아니, 그거 망고(말고) 다른 거 먹을래."
>
> 엄마 : 그거 정말 재밌겠는데?

단어를 가지고 여러 가지 뜻으로 활용하는 것은 재미도 있었지만, 아이의 상상력과 창의력에 놀라지 않을 수 없었다. 그렇게 이야기 만들기를 하고 나니 이번엔 막내가 또 다른 제안을 했다.

아이2 : 엄마, 여기 띠지에 적힌 단어로 '몸으로 말해요'도 해 보자.

엄마 : 몸으로 말해요? 어떻게 하는 거야?

아이2 : 내가 몸으로 단어를 설명하면 엄마, 아빠, 오빠들이 맞추는 거야.

엄마 : 잘 할 수 있을까? 이게 과일이라서 설명하기가 쉽지 않은데? 말은 할 수 있어?

아이2 : 말하면 안되지. 게임 제목이 '몸으로 말해요'잖아. 그러니까 몸으로만 설명해야지. 내가 먼저 할 테니까 잘 봐봐.

추가한 게임을 하다 보니 기존의 게임보다 새롭게 추가된 게임을 더 좋아했고 띠빙고 게임이 집에 정착될 때쯤 아이들은 띠빙고 노래를 만들어 보고 싶다고 했다. 고민에 고민을 거듭한 끝에 마침내 남편과 막내, 둘째 아이는 '띠빙고+' 노래를 완성했다. 이렇듯 게임으로 시작된 가족 소통의 시간은 띠빙고 노래를 만드는 시간까지 연결되었고, 그렇게 해서 우리 집만의 놀이인 '띠빙고 게임+'와 노래가 완성되었다.

《사계절 전통 놀이》로 만나는 20가지 질문

- 내가 가장 좋아하는 전통 놀이는 무엇인가?
- 내가 가장 잘하는 전통 놀이 또는 가장 못하는 전통 놀이는 무엇인가?
- 전통 놀이는 어떻게 만들어졌을까?
- 계절마다 할 수 있는 전통 놀이에는 어떤 것이 있을까?
- 세계 여러 나라에는 어떤 전통 놀이가 있을까?
- 나라마다 계절마다 전통 놀이가 다른 이유는 무엇일까?
- 책에 나와 있는 전통 놀이 중 나는 어떤 놀이를 해 보았는가?
- 옛날에는 전통 놀이가 왜 재밌었을까?
- 어렸을 때 전통 놀이를 했던 기억을 떠올리면 어떤 마음이 드는가?
- 아이들과 집에 있을 때 같이 놀이를 해 본 경험이 있는가?
- 현재 아이들과 함께 놀 수 있는 놀거리가 있는가?
- 우리 집만의 놀이가 있는가?
- 지금 우리는 왜 전통 놀이에 익숙하지 않을까?

- 점점 전통 놀이가 사라져가는 것에 대해 어떻게 생각하는가?

- 아이와 함께하고 싶은 전통 놀이는 무엇인가? 그 놀이를 하고 싶은 이유는 무엇인가?

- 아이들에게 전통 놀이를 통해 어떤 메시지를 전하고 싶은가?

- 아이들이 전통 놀이를 하는 것에 있어서 방해 요인은 뭐라고 생각하는가?

- 아이들은 왜 게임에 빠질까?

- 컴퓨터 게임과 전통 놀이의 차이점과 공통점은 무엇일까?

- 전통 놀이가 갖고 있는 장점에는 어떤 것이 있을까?

10월
October

꿈을 향한
날갯짓
고전 하브루타

H   A   V   R   U   T   A

　고전에는 현재를 살아가는 내가 고민하는 것들이 담겨 있으며 삶에 대한 본질적인 물음들이 담겨 있다. 또한 그 질문들에 대한 답을 찾아가는 실마리도 제공해 준다. 그런 의미에서 우리는 고전을 읽어야 한다.

　아이부터 성인에 이르기까지 삶을 살아가는 이유와 자신의 꿈을 아는 것은 중요한 일이다. 선선한 가을바람을 맞으며 조나단 리빙스턴의 삶에 대해 하브루타를 하며 우리 아이와 나의 꿈에 대해 생각해 보자. 꿈을 이루기 위한 노력에 초점을 맞출 수도 있고 자신이 원하는 것이 무엇인지를 알고 있다는 것에 중점을 둘 수도 있다. 비록 위험을 무릅쓴 도전하는 삶과 도전은 없지만 안정적인 삶 중 어떤 삶을 살고 싶은지 생각해 보는 시간도 가질 수 있다.

301

《갈매기의 꿈》
저자 : 리처드 바크
출판사 : 나무옆의자(초등 고학년 이상),
한국헤르만헤세(초1-4)

《갈매기의 꿈》은 "높이 나는 새가 멀리 본다"라는 유명한 글귀를
남긴 작품이다. 이 책에는 '비행'이라는 자신의 순수한 꿈을 위해 수
천 번의 실패를 극복한 조나단 리빙스턴이 나온다. 또한 남들과 다
른 삶을 사는 조나단을 손가락질하는 갈매기 무리가 있다. 등장인물
의 삶을 통해 나의 삶에 대해 진지한 물음을 가져 보자.

★ ★ ★ ★
열두 달 하브루타 포인트
꿈, 도전, 사랑, 행복 등 추상적 개념에 관해 이야기해 보자.

이렇게 해 봐요

○ 책을 읽고 전반적인 느낌이나 감상을 이야기한 후 각자 질문을 만들어 본다.

○ 개념을 묻는 말을 통해 서로의 생각을 이야기해 보자.

– 책에서 이야기하는 중요한 단어를 찾아보자(꿈, 도전, 사랑, 행복 등).

– 각각의 단어 중 하나를 선택해 나만의 개념으로 정리해 본다. 예) 네가 생
각하는 꿈이란?

이렇게도 할 수 있어요

○ 《갈매기의 꿈》을 시작으로 고전 읽기 도전 계획을 세워본다.

○ 이야기 만들기 하브루타를 해 본다.

 - 등장인물 위주로 질문을 만들어 인물의 성격, 상황 등에 대해 충분히 대화한다.

 - 결말 뒤의 이야기를 한 문장씩 번갈아 가며 만들어 본다.

 - 내용의 개연성이 맞지 않더라도 즐겁게 창작해 보는 것에 의미를 둔다.

이 책도 좋아요

 - 《톨스토이 단편선》(톨스토이, 인디북, 2005)

 - 《꽃들에게 희망을》(트리나 폴러스, 시공주니어, 1991)

 - 《명상록》(아우렐리우스, 인디북, 2010)

 - 《동물농장》(조지 오웰, 민음사, 2009)

 - 《오즈의 마법사》(라이먼 프랭크 바움, 시공주니어, 2019)

하브루타 한 걸음: 왜 도전하는가? 혹은 왜 도전하지 않는가?

　초등 6학년 큰 아이와 그의 친구와 함께 《갈매기의 꿈》을 읽고 하브루타를 했다. 우리의 키워드는 도전-꿈-삶의 목적으로 이어졌다. 아이들이 앞으로 살아가는 인생에서 자기만의 삶의 목적과 사명을 발견하기를 바라는 마음으로 나눈 이 대화가 의미 있게 다가왔다.

　　엄마 : 너희 둘이 책을 읽다가 각자 이야기하고 싶은 질문은 뭐가 있었어?

　　아이 : '왜 조나단은 굳이 도전하려고 했을까?'라는 질문을 만들었

어요.

친구 : 어! 난 조나단이나 플레쳐 같은 갈매기 말고 '평범한 갈매기
　　　들은 왜 도전하지 않았을까?'라는 질문을 만들었는데.

엄마 : 우와~ 신기하다. '도전'이라는 키워드로 각자 질문을 만들
　　　었는데 주체가 다르네. 첫 번째 질문으로 먼저 이야기해 볼
　　　까? 왜 조나단은 도전하려고 했을까?

친구 : '배우는 게 행복해서'라고 책에 나와 있어. 그리고 내 생각
　　　엔 한번 도전해서 성취감을 느꼈고 그것을 계속 느끼고 싶
　　　어서 도전하는 거 같아.

아이 : 나도 그런 거 같아. 그리고 심심하기도 하고 따분해서 도전
　　　했을 거 같아.

엄마 : 너희들 이야기를 들으니까 무언가 도전하려면 성공했던 경
　　　험이 필요하고 심심해야겠다. 그럼 평범한 갈매기들은 왜
　　　도전하지 않았을까?

아이 : 제 생각에는 노력하는 게 힘들고 편하게 살고 싶어서인 것
　　　같아요.

친구 : 나는 무서워서 그러는 것 같아.

엄마 : 뭐가 무서워?

친구 : 못할까 봐. 실패할까 봐 겁이 나서 도전하지 못하는 게 아닐
　　　까요?

엄마 : 실패하는 게 왜 겁이 나는 걸까?

친구 : 실패하면 창피하잖아요. 놀림거리가 될 수도 있고.

엄마 : 그러네. 보통 사람들은 다른 사람의 실패를 가볍게 이야기
　　　하고 놀리기도 하지. 사실 도전 자체로도 충분히 의미 있는

일인데…. 결과가 실패라 할지라도 말이야. 너희는 어떤 사람이 되고 싶니?

친구 : 나는 도전하는 사람으로 살고 싶어.

아이 : 저는 잘 모르겠어요. 노력하는 게 힘드니까 그냥 살고 싶다가도 '도전하는 삶이 더 멋진 건가?' 하는 의문이 들기도 해요.

엄마 : 진짜 자기 꿈을 발견하면 아마 도전하는 삶을 선택하지 않을까?

친구 : 아! 조나단에게는 '비행'이라는 확실한 꿈이 있었어요. 그래서 도전할 수 있었나 봐요.

엄마 : 엄마도 그렇게 생각해.

아이 : 우리가 도전하려면 먼저 확실한 꿈이 있어야겠네요.

엄마 : 그렇겠네.

이후의 생략된 대화에서 우리는 '삶의 목표'라는 논제를 가져왔다. 조금 과했나 싶었지만 초등 6학년인 아이들은 꽤 진지하게 생각하는 듯했다. 아이들이 아직 삶의 목표에 대한 답을 내린 것은 아니었지만 그 질문에 대해 한 번쯤 생각해 볼 기회를 준 것만으로도 의미 있는 시간이었다. 앞으로 다가오는 청소년기에 각자 삶의 목적과 꿈에 대해 치열하게 고민하길 바란다.

하브루타 두 걸음: 나를 배척한 무리를 용납하는 사랑

조나단의 모습을 보며 플라톤의 동굴 비유가 생각났다. 무지에서 벗어나 태양을 본 자는 다시 동굴로 돌아와 남은 사람들에게 동굴

벽에 비치는 것이 실체가 아니라 동굴 밖에 실체가 있다며 그들을 이끌려 한다. 하지만 동굴 안의 사람들은 그를 죽인다. 진리를 발견하고 그것을 자신에게만 머물지 않고 다른 사람들과 나누려고 했던 조나단이 왜 무리에서 추방당한 걸까? 그리고 조나단은 자신을 배척한 갈매기들에게 왜 돌아가려고 한 것일까? 많은 질문을 품고 가족하브루타에 참여했다.

아이 : '나는 추방당한 무리에 다시 갈 수 있을까? 그리고 내가 노력해서 얻은 진리를 나누어 줄 수 있을까?' 이런 생각이 계속 들어요.

엄마 : 조나단이 왜 이런 생각과 행동을 했다고 생각하니?

아이 : 조나단은 수련을 통해 사랑을 알게 되었는데 그것은 다른 사람들의 본성이 선함을 보고, 그들이 진리가 무엇인지 모르기 때문에 자신이 그들을 도와주기로 한 것 같아요. 그걸 조나단은 '사랑'이라고 표현했고요.

엄마 : 조금 자세히 설명해 줄래?

아이 : 나에게 잘못한 사람에게 복수하면 그 사람이 또 복수하고, 이렇게 계속 나쁜 일이 생기잖아요. 그러니 내가 먼저 용서하고 그들에게 기회를 주는 게 좋은 것 같은데, 쉽지는 않을 것 같아요.

엄마 : 너라면 어떻게 행동했을 것 같아?

아이 : 쉽지 않지만 그래도 노력은 할 것 같아요.

나는 열한 살 아이만큼 사랑을 이해하고 있을까? 어른이 되었지만 여전히 용서와 사랑은 쉽지 않다. 사랑은 신체의 화학적 변화라고 설명되기도 하고 감정적 친밀감으로 이해되기도 한다. 그리고 아이가 이해한 또 다른 사랑의 정의가 있었다. 사랑은 우리 눈에 보이지 않는 추상적 개념이다. 아직 어린 줄만 알았는데 이제 추상적인 주제에 관해서도 대화가 된다니 아이가 자라고 있음이 실감이 났다. 아이가 성장하면 좀 더 깊고 철학적인 주제들에 관해서도 하브루타를 많이 해 보고 싶다.

하브루타 세 걸음: 조나단 같은 삶이 행복한 걸까?

어릴 때 《갈매기의 꿈》을 읽으면서 꿈을 키웠던 모습이 떠오른다. 한계가 없어 보이는 조나단의 삶에 가슴이 요동쳤는데 엄마가 된 지금의 나에겐 나를 한계 짓는 것들이 많다. 생각을 정리하고 싶어 남편과 《갈매기의 꿈》에 대해 하브루타를 해 보았다.

아내 : 당신은 《갈매기의 꿈》을 읽으면서 어떤 생각이 들었어? 난 엄마가 되고 보니 '내 아이가 조나단 같은 삶을 살면 과연 행복할까' 하는 생각이 들더라.

남편 : 왜 그런 생각을 했는데?

아내 : 아무래도 우리 아이의 기질이 조나단 같아서? 목표가 있거나 하고 싶은 것이 있으면 환경에 영향을 받지 않잖아. 보통 아이들은 함께하는 것을 좋아하고, 함께하기 위해서는 불편함을 감수하면서 조화롭게 사는 것을 좋아하지 않나? 이건 나의 기질일 수도 있고.

남편 : 그건 당신 기질이지. 우리 첫째는 내 기질과 비슷하잖아.

아내 : 그럼 당신은 조나단처럼 집단에서 추방당하는 일이 있더라도 본인이 좋아하는 일을 하고 끝없이 도전하는 것이 더 중요하다고 생각해?

남편 : 극단적으로 선택하라면 난 그렇게 생각해. 그리고 무엇보다 본인의 기질이 중요한 것 같아. 당신의 기질이라면 무리에서 인정받는 것이 중요하겠고, 나와 같은 기질이라면 집단에서 미움을 받더라도 아이의 도전과 삶을 인정해 주고 응원해 주는 것이 중요하고.

아내 : 그렇지. 어릴 때부터 아이가 친구들과 조화롭게 어울리는 것에 너무 많이 신경 썼어. 가끔은 나의 양육 태도 때문에 우리 아이의 기질이 좀 많이 꺾인 것 같아 혼란스러울 때도 있어.

남편 : 정말 나를 닮았다면 당신의 양육 태도에 의해 아이의 기질이 꺾이진 않을 거야. 본인이 성장하면서 주위 환경에 큰 충격을 받지 않는 이상은 말이야. 나처럼.

아내 : 당신은 조나단의 어떤 점이 긍정적이라고 생각해? 원하는 목표를 끊임없는 노력으로 성취한 것 말고.

남편 : 나를 추방한 집단에 더 큰 신념을 가지고 다시 부딪힐 수 있었던 용기. 우리 아이가 가졌으면 하는 마음이야.

아내 : 맞아. 모든 사람이 나를 좋아할 수는 없겠지. 그리고 새로운 환경에서 또 나를 좋아하고 인정해 주는 집단이 생기겠지. 우리는 끊임없이 아이를 믿어 줘야 하는 부모라는 걸 잊지 말아야겠다는 생각이 드네. 내 자녀가 조나단 같은 기질이라면 부모는 어떤 역할을 해야 할까?

남편 : 조화를 이루는 힘, 주위를 둘러보는 힘.

아내 : 그리고 융통성을 발휘하는 힘. 사고가 유연한 아이로 성장
할 수 있도록 도와주어야겠지?

어릴 때 읽었던 《갈매기의 꿈》은 엄마가 되고 나서 나에게 새로운 책으로 다가왔다. 한계를 짓지 않고 목표를 설정해 수없이 날갯짓한 조나단. 물론 목표를 가지고 그 목표를 달성하기 위해 끊임없이 노력하는 모습만큼 부모를 안심하게 만드는 모습은 없을 것이다. 다만 목표만을 바라보는 삶보다는 목표를 달성하는 과정에서 주위를 둘러보며 사람들 속에서 안정감을 느끼는 아이로 자라기를 조심스레 희망해 본다. 그리고 무엇보다 남편의 말처럼 아이가 어떤 삶을 살더라도 믿어 주고 응원해 주는 것이 부모라는 걸 잊지 말아야겠다 다짐해 본다.

《갈매기의 꿈》으로 만나는 20가지 질문

- 조나단의 꿈은 무엇이었나? 조나단이 꿈을 이룰 수 있었던 이유는 무엇인가?

- 대부분 갈매기가 비행하는 이유는 무엇인가?

- 왜 다른 갈매기들은 조나단에게 등을 돌렸을까?

- 내가 원하는 것을 이루기 위해 반복해서 노력해 본 적이 있는가?

- 배움이란 무엇일까?

- 조나단은 자신을 쫓아냈던 무리에게 왜 다시 돌아가고 싶었을까?

- 조나단에게 치앙처럼, 플레처에게 조나단처럼 내가 믿고 의지할 만한 멘토가 있는가?

- 나였다면 평범한 갈매기의 삶을 선택할 것인가? 조나단처럼 새로운 길을 개척하는 삶을 선택할 것인가?

- 조나단은 처음부터 먹이가 아니라 비행 자체에 관심을 가지고 있었을까? 그렇게 된 계기가 있을까?

- 조나단은 "한계는 없다"라고 말했다. 내가 나에게 한계 짓는 요소는 무엇일까?

- "어디든 가려거든 자네가 이미 도착했다는 것을 아는 것에서 시작해야 하네"라는 말은 무슨 의미일까?

- 다른 갈매기들이 조나단의 행동을 응원해 주지 않는 이유는 무엇일까?

- 남다른 행동을 하는 사람을 만나면 나는 어떻게 반응하는가?

- 나의 행동이나 생각이 내가 속한 사회에 받아들여지지 못한 경험이 있는가?

- 작가는 조나단의 삶을 통해 무엇을 말하고 싶었을까?

- 당신은 공동체의 규칙을 깨본 적이 있는가?

- '사랑을 연마하라'는 말의 의미는 무엇일까?

- 나는 무엇인가에 도전해 보았는가?

- 도전했다가 실패한 경험이 있는가? 그때 그것을 어떻게 극복했는가?

- 지금 나의 목표는 무엇인가? 내가 가고 싶은 곳은 어디인가?

상상으로 만나는
역사 이야기

동화 / 역사 하브루타

H A V R U T A

10월은 독서의 계절이다. 아이와 재미있으면서 유익한 책을 함께 읽기엔 더없이 좋은 계절이다. 감성이 충만해지는 가을. 고학년 친구들에겐 읽는 즐거움, 저학년 친구들에겐 엄마가 이야기하듯 들려줄 수 있는 책을 선정해 함께 읽어보자. 이때 역사, 과학, 수학 등 유익함이 한 스푼 포함된 책으로 선정해 보자. 우리는 역사적 내용이 가미된 책으로 아이와 독서의 계절에 빠져보기로 했다.

《서찰을 전하는 아이》는 동화작가이자 연극 연출가인 작가 한윤섭의 역사 동화다. "녹두 장군 정봉준이 김경천의 밀고로 관군에 붙잡혀 처형되었다"라는 역사적 사실에서 출발해 보부상 소년의 눈으로 동학농민운동과 외세에 침탈당해가는 나라의 모습을 보게 된다. 아울러 소년의 여정을 따라가며 슬픔과 고난을 겪으며 그 안에서

《서찰을 전하는 아이》
글: 한윤섭
그림: 백대승
출판사: 푸른숲주니어

행복을 찾기 위해 노력하는 모습에 어느새 소년을 응원하고 있는 우리의 모습도 볼 수 있다.

★ ★ ★ ★

열두 달 하브루타 포인트

소년과 나를 비교해 보면서 내가 찾고자 하는 행복은 무엇인지 생각해 본다.

이렇게 해 봐요

○ 책을 읽으며 마음에 드는 장면, 문장을 골라 낭독한다. 다른 사람들은 왜 그 부분이 마음에 들었는지 질문하면서 장면을 좀 더 깊이 들여다 본다.

○ 아래의 내용을 생각하며 하브루타를 진행한다.

– 책을 읽으며 가장 재미있었던 부분에 대해 이야기 나눈다.

– 책을 읽으며 궁금한 점을 질문으로 만들어 본다.

– 책에 나오는 경험 중 나와 비슷한 경험이 있거나 내가 겪어보고 싶은 일을 공유한다.

– 책의 내용을 통해 작가가 하고 싶은 말이 무엇일지 생각해 본다.

이렇게도 할 수 있어요

○ 다른 매체를 통한 확장

– 〈서찰을 전하는 아이〉 연극 관람 후 책과 연극을 비교하며 이야기 나눈다.

– 동학농민운동을 다룬 드라마나 영화를 찾아보고 감상을 나눈다.

○ 인물과 동학농민운동에 대해 좀 더 깊이 알아본다.

– 책 뒤에 실린 작품 해설의 동학농민운동에 대해 함께 읽은 뒤, 좀 더 알아
보고 싶은 인물과 역사적 사실에 대해 찾아본다.

– 동학농민운동 전적지나 기념관을 방문한다.

이 책도 좋아요

– 《초정리 편지》(배유안, 창비, 2013)

– 《마지막 왕자》(강숙인, 푸른책들, 2007)

– 《책과 노니는 집》(이영서, 문학동네어린이, 2017)

– 《오월의 달리기》(김해원, 푸른숲주니어, 2013)

– 《이선비 시리즈》(세계로, 미래엔아이세움, 2011)

하브루타 한 걸음: 행복이란?

《서찰을 전하는 아이》는 많은 여운이 남는 책이었다. 주제가 가볍
진 않으나 술술 읽히는 책이었고 아슬아슬 흥미진진한 부분도 많아
책을 읽는 재미를 즐길 수 있었다. 주인공 아이의 여정을 토닥여 주
고 응원하고 싶었던 책! 초3인 첫째 아이가 이 책을 쉽게 읽었을지,
어떤 생각을 하고 어떤 질문이 떠오르는지 궁금했던 찰나, 이미 책
을 읽은 아이가 먼저 나에게 많은 질문을 던졌다.

아이 : 가족을 잃은 기분은 어떨까요? 어떻게 혼자서 먼 길을 갈 수 있죠? 어린 나이에 이 일을 어떻게 마쳤을까요? 나라면 두렵고 무서웠을 텐데. 어떻게 이 과정에서 행복하다고 생각했을까요?

엄마 : 책을 읽으며 많은 생각을 했구나. 엄마도 책을 읽고 많은 질문이 생각났어. 우리 천천히 이야기 나눠볼까?

아이 : 제일 궁금한 건 아이는 왜 행복하다고 했을까요? 난 생각만 해도 무섭고 떨리는데.

엄마 : 엄마 생각엔 아빠가 남기신 유언이라고 생각했고 책임감과 그 일을 완수했다는 뿌듯함이 들었던 거 같아. 우리가 어떤 일을 성취했을 때 드는 기분 같은 거 말이야.

아이 : 맞아요. 어떤 일을 살 끝마쳤을 때 그런 기분이 들어요. 그럼 그게 행복한 걸까요?

엄마 : '행복'에 대한 정의는 누구에게나 주관적이라고 생각해. 먼저 행복을 생각하면 어떤 단어가 생각나?

아이 : 따스함, 설렘, 기분 좋음, 신남…. 전 항상 '행복' 하면 가족, 사랑이 생각나요.

엄마 : 엄마도 그런 생각이 들어. 기분 좋은 단어들과 우리 가족. 그럼 어떨 때 행복하다고 느껴?

아이 : 할 일을 다 하고 놀 생각할 때, 캠핑 갈 때, 칭찬들을 때, 친구들과 이야기할 때, 내가 가족에게 도움을 줄 때, 동생과 사이좋을 때, 나의 존재만으로도? 하하하.

엄마 : 맞아. 너의 존재만으로 우리 가족은 진짜 행복해. 네가 그렇게 생각하다니 엄마도 정말 기쁘다. 그럼 앞으로 계속 이렇

게 행복하기 위해 우린 어떻게 살아야 할까?

아이 : 내 꿈을 위해 열심히 살고, 꿈을 이루면서 여행도 많이 다니고, 멋진 세상을 더 멋지게 살면 행복할 것 같아요.

엄마 : 정말 근사한 생각이다.

우리 가족의 가훈은 '행복하게 살자'이다. 늘 아이들에게 행복하게 살자고 말하며 너희들이 엄마 아빠에게 와줘서 고맙고 행복하다고 늘 말한다. 아이 또한 그 뜻을 이해하고 자기 삶을 긍정적으로 계획하며 나아가고 있음을 느꼈다. 또한 본인의 존재만으로 자기 자신, 모든 가족이 행복을 느낀다고 말하는 아이를 보며 높은 자존감을 느낄 수 있어 뭉클했다. 오늘도 아이에게 긍정적 사고를 배울 수 있어 유익한 시간이었다.

하브루타 두 걸음: 아이의 눈으로 본 동학농민운동

보통 '동학농민운동' 하면 녹두 장군 전봉준을 떠올린다. 하지만 책을 읽은 아이의 첫 질문은 동학농민운동을 바라보는 남다른 관점을 보이는 신선한 질문이었다.

아이 : 엄마, 이 책은 바라보는 시각이 다른 책들과는 조금 다른 것 같아요.

엄마 : 그래? 어떻게 다른 것 같은데?

아이 : 보통 그 사건의 주인공으로 여겨지는 인물의 시선에서 쓰여진 책이 많은데, 이 책은 한 아이의 눈으로 바라본 동학농민운동이예요.

엄마 : 그래서 뭐가 다른 것 같아?

아이 : 이 사건에 대해 객관적으로 볼 수 있는 것 같아요. 전봉준,
배신자, 그 외의 사람들…, 모두의 입장을 각자의 시각으로
재해석할 수 있어서 역사를 바라볼 때 이렇게 객관화해 봐
야겠다고 생각하게 되었어요.

엄마 : 오, 그러네. 엄마도 생각하지 못했던 부분을 생각했구나. 엄
마도 그런 객관적인 시선을 가져보도록 해야겠다. 이 책에
서 역사 말고 다르게 와닿은 부분은 없었니?

아이 : 그 아이처럼 아버지의 갑작스러운 죽음 그리고 이별, 하지
만 애도 할 여유 없이 앞만 보고 달려야 하는 상황이 된다면
어떨지 생각해 봤어요.

엄마 : 물론 극단적인 상황이지만, 그렇다면 어떨 것 같아?

아이 : 저는 아마 무너졌을 것 같아요. 이렇게 자리를 박차고 일어
나 목표 의식을 가지고 살진 못했을 것 같아요. 그래서 더
느낀 것이 현재의 나의 삶이 얼마나 행복한지, 이 소소한 인
생이 의미 있는지를 다시 한 번 생각해 봤어요.

엄마 : 네가 생각한 너의 소소한 행복이 무엇일까?

아이 : 엄마, 아빠, 동생과 함께 식사를 할 수 있고, 웃을 수 있고,
야구를 하고, 대화를 할 수 있는 이런 일상들이요. 느끼지
못했지만 이런 일상이 가장 소중하다는 생각이 들었어요.

재미있는 구성의 역사책이었다. 아이가 역사에 대해 거꾸로 생각
하고 등장인물 각자의 입장을 고민해 볼 수 있는 신선한 접근이자
교육방식이라는 생각이 든다. 단순한 역사 소설이 아니라 인생, 특

히 소소한 삶의 행복에 대해서까지 고찰할 수 있었고 아이에게 큰 깨달음이 있었던 즐거운 시간이었다.

하브루타 세 걸음: 부모는 그저 응원할 뿐

평소 우리 부부의 교육 철학은 '아이가 원하지 않는 한 굳이 사교육까지는 시키지 말자'라는 것이다. 아이들을 키우는 16년 동안 한 번도 흔들린 적이 없다면 거짓말일 것이다. 옆집 엄마들 얘기에 갈대처럼 이리저리 흔들렸던 것도 사실이다. 다행히 그때마다 남편이 중심을 잡아줘서 여태껏 우리 부부의 교육 철학을 지킬 수 있었다. 그런데 그런 교육 철학이 심하게 흔들린 때가 있었다. 바로 첫째 아이의 중학교 3학년 겨울방학 때였다.

기숙사 고등학교에 합격한 아이는 기숙사에 스마트폰을 못 가져 간다는 사실을 알고 방학 내내 게임을 했다. 나는 아무 준비 없이 고등학교에 가면 힘들지 않겠냐며 잔소리했고 급기야 그럴거면 학원이나 과외를 하라고 했다. 서로 바라보는 지향점이 달라서일까? 결국 첫째 아이와 나의 갈등의 골만 깊어졌다.

그러던 중 《서찰을 전하는 아이》로 하브루타를 하기로 했는데 역사에 관심이 없던 나였지만 어느새 책의 내용에 푹 빠져서 읽었고 급기야 집에 있는 역사 만화책을 펼쳐서 동학농민운동에 대해 찾아보았다. 동학농민운동에 대한 배경지식이 부족했던 나는 책에 나와 있는 시대적 배경을 알고 다시 책을 읽어보니 책이 더 깊이 이해되는 기분이었다. 그렇게 두 번을 읽고 짝과 하브루타를 했다. 한참 하브루타를 하던 중 짝이 질문을 했다.

"아버지는 왜 아들에게 아무런 메시지 없이 죽었을까요?"

그 순간 내 몸에 전율이 흘렀다.

'바로 그거였구나. 아무 말 없이 아버지가 떠났기 때문에 아이는 내적 동기에 의해 스스로 선택하고 결정할 수 있었구나. 그렇기에 자신이 서찰을 전한 일이 좋은 결과로 연결되지 않음에도 불구하고 후회가 없었구나'라는 생각이 들었다. 책 속의 아이는 그 힘든 과정을 겪으면서 결국 성장하는 모습을 보였기 때문이다.

짝과의 하브루타를 통해 지금 첫째 아이에게 아무리 잔소리해 봐야 소용이 없다는 것을 깨달았다. 비록 지금 준비 없이 학교에 가더라도 그 힘듦은 아이의 몫으로 남겨둬야겠다. 첫째 아이는 그 힘든 과정을 겪고 이겨내면서 분명 성장할 것이다. 잔소리보다는 마음속으로 아이의 학교생활을 응원해 주는 것이 내가 할 수 있는 최선일 것이다.

《서찰을 전하는 아이》로 만나는 20가지 질문

- 내가 전봉준이었다면 밀고되어 죽을 것을 알고서도 그 자리에 갔을까?
- 어린 나이에 세상에서 혼자가 된다는 것은 어떤 느낌일까?
- 김경천은 왜 전봉준을 밀고했을까?
- 나는 지금 행복한가?
- 소년은 훗날 어떻게 살게 될까?
- 나에게도 주인공처럼 잊히지 않는 생생한 기억이 있는가?
- 어떤 것을 얻기 위해 대가를 지불한 적이 있는가?

- 나라면 주인공처럼 서찰을 전달하기 위해 노력했을까?

- 김경천을 마주쳤다면, 나는 어떻게 행동했을까?

- 만약 아이가 한자를 읽을 줄 알았다면 이야기는 어떻게 달라졌을까?

- 나라에 힘이 없을 때의 고통은 어느 정도일까?

- 태어나서 '행복'이란 단어를 처음 썼던 아이는 어떤 감정이었을까?

- 아이가 녹두 장군을 만났을 때 어떤 기분이었을까?

- 화력의 열세를 알면서도 일본에 대항했던 의병 전쟁기, 독립운동기의
  지사(志士)들은 어떤 생각을 하면서 참여했을까?

- 아이가 글자를 알아내면서 지불한 금액이 시간이 지나면서 왜 차이가
  나는가?

- 내가 이 세상에서 꼭 해야만 하는 일이 있는가?

- 만약 동학농민운동이 성공했다면 우리나라 역사는 어떻게 되었을까?

- 아이가 서찰을 전하게 된 결정적 이유는 무엇이라고 생각하는가?

- 세상에서 대가를 치르지 않는 일에는 무엇이 있을까?

- 사회에 좋은 영향력을 남길 아주 작은 일을 한 적이 있는가? 아니면
  그런 목표가 구체적으로 있는가?

11월
November

새로운 도약,
삶의 의미를 찾아서
영상 하브루타

요즘에는 아이들과 하브루타를 할 만한 좋은 영상물이 많이 있다. 빠른 장면 전환과 생생함으로 깊은 감정 이입을 할 수 있게 해주고 몰입을 경험할 수 있게 하는 영상물로 하브루타를 해보자.

한국의 대표 장편 애니메이션인 〈마당을 나온 암탉〉은 아이와 자연스럽게 삶의 의미와 목표에 대해 이야기 나눌 수 있는 작품이다. 이 작품의 잎싹과 초록이를 통해 부모는 부모의 역할에 대해, 자녀는 삶에 대한 자세를 새로운 시각으로 배우게 된다. 20년간 밀리언 셀러를 기록한 탄탄한 원작을 바탕으로 한 애니메이션인 이 작품은 한국 장편 애니메이션 최고의 흥행 신화를 기록했으며, 삶과 죽음, 모성애와 정체성, 생명 존중과 먹이 사슬, 입양 문제 등 결코 가볍지 않은 주제들을 다루고 있다.

〈마당을 나온 암탉〉
한국 애니메이션
2011. 7. 28 개봉

원작은 초등학교 5학년 교과서에도 실렸지만 생생한 묘사들과 결말이 아이들에게 상처를 줄 수도 있어 유해 작품으로도 선정되었다. 따라서 아이들의 성향에 맞추어 애니메이션의 결말 삭제판을 선택해도 좋다. 결말 삭제판으로도 아이들과 생각을 나누기에 충분히 좋은 작품이다.

★ ★ ★ ★

열두 달 하브루타 포인트

어른과 아이의 서로 다른 시각을 느껴본다.

이렇게 해 봐요

○ 애니메이션을 보고 질문을 만들고 이야기를 나눈다.

  - 애니메이션에서 재미있었던 포인트를 찾아보자.

  - 먹이 사슬에 대해 이야기 나누며 자연스럽게 자연의 생태를 이해할 수 있다.

  - 친구를 괴롭히는 상황에 관해 이야기 나누며 자녀의 친구 관계에 대해 이해하는 시간을 가질 수 있다.

○ 잎싹과 초록이의 입장을 대변하는 역할 놀이를 진행한다. 이를 통해 부모와 자녀는 서로의 입장을 이해하고 공감할 수 있다.

- 잎싹과 다른 자신의 모습을 인식한 초록이의 입장

- 외톨이가 싫어 마당으로 가려는 초록이와 마당을 떠나려고 하는 잎싹의
  입장

- 초록이가 잎싹을 떠나 무리에 들어가겠다고 결심하는 부분과 초록이를 떠
  나보내는 잎싹의 입장

이렇게도 할 수 있어요

○ 유아, 초등 저학년: 애니메이션을 보고 애니메이션용 동화책으로 아이와
  스토리를 정리하며 이야기를 나눈다.

○ 초등 고학년 이상: 원작을 읽고 영화와 원작이 어떻게 달라졌는지 찾아보
  고 책과 영화가 주는 감동의 차이에 대해 하브루타를 한다.

○ 영화를 보며 감동 깊었던 장면을 글이나 그림으로 남겨본다.

○ 뒷 이야기를 아이와 자유롭게 상상하여 동화책을 만들어 본다.

○ 등장인물에게 편지를 써본다. 부모는 아이의 편지를 읽고 관련된 등장인
  물의 입장에서 답장을 써 준다.

이 애니메이션도 좋아요

- 〈바오〉(빈둥지 증후군)

- 〈새들의 이야기〉(For The Birds)

- 〈고물 냉장고〉(Old refrigerator)

- 〈할아버지의 캔버스〉

- 〈플로트〉

- 〈토끼굴〉

- 〈루프〉

하브루타 한 걸음: 재미있었던 포인트는?

지난해 황선미 작가의 《마당을 나온 암탉》이라는 책을 보고 마지막 장면에서 많은 생각을 하게 되었다. 그리고 초등 1학년인 막내와 이 작품에 대해 이야기하고 싶어 애니메이션을 함께 보았다. 애니메이션을 보고 난 아이는 재미있었다며 만족했다. 엄마인 나는 잎싹이가 초록이를 떠나보내는 장면이 인상적이었는데 아이는 무엇을 가장 관심 있게 보았을지 궁금했다.

> 엄마 : 영화는 어땠어?
>
> 아이 : 정말 재미있었어.
>
> 엄마 : 그렇구나! 그럼 제일 재미있었던 장면은 뭐야?
>
> 아이 : 초록이가 파수꾼 대회에 참여하는 게 제일 기억에 남았어.
>
> 엄마 : 그 장면이 재미있었던 이유는 뭘까?
>
> 아이 : 초록이가 지고 있다가 나중에 1등을 하게 되니까 심장이 두
> 근두근했어. 그리고 결국 1등을 했잖아. 그래서 더 좋았어.
>
> 엄마 : 그래, 그 장면이 흥미진진하긴 했지. 만약에 초록이가 1등
> 을 하지 못했어도 그 장면이 재미있었을까?
>
> 아이 : 음…. 1등이 아니라면 제일 재밌는 장면은 아니었을 것 같
> 아. 지고 있다가 이겼을 때 기분이 정말 좋았거든.
>
> 엄마 : 지고 있다가 이기는 걸 뭐라고 말하는 줄 알아?
>
> 아이 : 모르겠어.
>
> 엄마 : 역전했다고 해. 어떤 운동 경기든 역전승을 하는 건 재미있지.

아이는 주인공인 초록이가 파수꾼 대회에서 1등을 하게 되는 장

면을 가장 좋아했다. 하지만 애니메이션이 끝나자마자 아이가 뱉은 말은 "잎싹이가 불쌍해"였다. 배고픈 족제비의 아기들을 위해 잎싹이가 죽음을 받아들인 마지막 장면에서 희생, 순환 등에 대한 많은 생각이 들었다. 하지만 아직 아이는 주인공의 시점에서 잎싹이의 죽음을 안타깝고 슬프게만 받아들인 듯하다. 이 작품을 아이가 성인이 된 후 다시 보게 된다면 잎싹의 죽음이 분명 다르게 다가오지 않을까 생각한다.

하브루타 두 걸음: 동물 생태 이해하기

7세, 4세 딸과 함께 원작의 결말과는 다른 버전의 애니메이션을 감상했다. 원작의 결말이 아이들에게 아직은 충격으로 다가갈 듯해서였다. 등장인물에 대해 이야기 나누다 족제비를 통해 동물의 생태에 관한 이야기를 나누게 되었다.

아이 : 난 족제비가 나올 때마다 너무너무 무서웠어.

엄마 : 끝까지 족제비가 무섭기만 했어?

아이 : 거의 무섭긴 했는데, 족제비가 아기들 먹이를 구하려고 했다는 걸 알았을 때는 불쌍해지기도 했어.

엄마 : 맞아. 알고 보면 족제비도 아기들을 위해서 그랬던 거니까 꼭 나쁜 거라고 생각할 수는 없겠지?

아이 : 그런데 왜 꼭 다른 동물을 잡아먹어야 하는 걸까?

엄마 : 우리 얼마 전에 자연 관찰 책에서 동물이 초식 동물, 육식 동물로 나뉜다는 거 봤었지? 그리고 육식 동물이 나쁜 건 아니라는 것도 알았잖아.

아이 : 응. 호랑이나 늑대는 풀이 아니라 고기를 먹어야 하기 때문
　　　에 사냥을 하는 거라고 했었어. 그래도 내가 좋아하는 토끼
　　　나 다람쥐가 잡아먹히는 건 너무 슬퍼.

엄마 : 하지만 그런 동물들을 잡지 못하면 족제비나 호랑이, 늑대
　　　들이 굶어 죽을 수 있어. 책에서 그런 동물들이 없어지면 어
　　　떤 문제가 생기는지도 봤었는데, 기억해?

아이 : 응. 육식 동물들이 살지 못하고 죽어버리면 토끼나 다람쥐
　　　들이 너무 많이 늘어나서 나무와 풀을 다 먹어 치우고, 그
　　　러면 먹을 게 없어져서 토끼, 다람쥐도 살지 못하게 된다
　　　고 했어. 그래서 서로서로 잡아먹고 잡아먹히고 해야 하는
　　　거라고.

엄마 : 그래. 그러면 족제비의 입장이 좀 이해가 될까?

아이 : 그렇다는 건 알겠는데, 그래도 족제비가 무섭고 나쁘게 느
　　　껴지는 건 바뀌지 않아.

　자연 관찰 책을 통해 동물의 생태에 대해 이해는 하지만 애니메이
션을 보며 등장인물에 동화된 아이가 족제비를 가슴으로 받아들이
긴 쉽지 않아 보였다. 하지만 이것 역시 과정이라 생각한다. 어른도
영화나 책에 흠뻑 빠지면 가슴이 먹먹해지는 순간이 오듯 아이도 자
연스럽게 현실과 이야기의 세계를 구분할 때가 올 것이다. 다만 아
이가 동물의 생태를 자연스럽게 받아들일 수 있도록 부모는 기다려
주고 함께 이야기를 나눠 주면 충분하지 않을까 생각한다.

하브루타 세 걸음: 다양한 매체로 경험하기

첫째 아이가 여섯 살 무렵, 도서관에서 황선미 작가의 《마당을 나온 암탉》을 읽어 보았다. 당시 나는 이 책을 읽으며 잎싹의 '주체성'이 크게 다가왔고 잎싹이 이러한 주체적인 삶을 살 수 있었던 건 그녀에게 알을 품고 병아리의 탄생을 보고 싶은 '소망'을 가졌기 때문이라고 생각했다. 잎싹은 자기 스스로 잎사귀가 꽃을 낳는, 즉 꽃의 어머니라는 뜻으로 자기 자신의 존재에 이름을 부여했고 그러한 소망을 품고 삶을 살았다. 책을 읽으며 '이 내용을 아이들이 본다고? 과연 이해할 수 있을까?'하는 의문을 가졌던 기억이 난다.

이번에 가족 하브루타를 하면서 아이들과 함께 〈마당을 나온 암탉〉 영화를 보았다. 이미 책을 읽어보았던 나는 애니메이션에서 새롭게 등장한 인물, 소설과 조금 다른 내용, 덧붙여진 내용이 애니메이션을 만들면서 필요한 요소라는 생각이 들면서도 원작의 감동을 감소시킨다는 느낌을 지울 수 없었다. 그런 느낌이 들었던 이유는 결말 부분이 편집되고 잎싹의 내면 생각이나 마당을 나오는 선택 과정이 빠졌기 때문이 아닐까 생각해 보았다. 그리고 어른들과 하브루타를 하면서 저자가 이 소설을 아동문학으로 규정했고 애니메이션이라는 장르 특성상 결말 부분이 편집된 이유를 이해할 수 있었다. 저자가 자기 작품이 다양한 형태로 변형되는 것을 허락했듯이 책은 저자를 떠난 순간 독자들에 의해 새롭게 해석될 수 있다.

그렇다면 미취학, 초등 저학년 자녀들이 원작을 읽었을 때 작가의 의도를 제대로 파악할까? 작가의 의도를 파악하는 것이 꼭 필요하고 중요한 것일까?

이번에 나도 열한 살 첫째 아이와는 소설책을 함께 읽었지만 여덟 살인 둘째 아이에게는 애니메이션만 보여 주었다. 둘째 아이가 암탉의 마음을, 부모의 사랑을, 떠나보냄을 온전히 이해하지 못한다 해도 이 애니메이션이 초록이의 성장기로 자신에게 다가온다는 것만으로도 충분하다는 생각이 들었다.

오랜 시간이 지나 책과 영화를 보고 하브루타를 하면서 나는 잎싹이 자기 몸을 족제비 새끼들에게 주는 것을 희생의 관점으로 보기보다는 잎싹이 하늘을 날고 싶은 새로운 소망을 품고 죽음으로 그 소망을 이루었다고 생각했다.

아이들은 자라면서 많은 선택의 순간을 만나게 될 것이다. 이때의 선택이 외부에 의해 주어지는 것이 아니라 자신의 소망을 이루는 선택과 결단이기를 바란다. 그리고 어른인 내가 먼저 아이들에게 소망을 품고 주체적으로 삶의 여정들을 결단해 나가는 모습을 보여 주고자 한다.

〈마당을 나온 암탉〉으로 만나는 20가지 질문

- 등장인물 중에 누가 제일 마음에 드는가?

- 잎싹이는 왜 알을 품고 싶었을까?

- 나그네가 잎싹에게 자기 자식을 맡긴 이유는 무엇일까?

- 초록이가 잎싹이와 함께 남기를 원했다면 어떻게 되었을까?

- 초록머리가 잎싹을 떠나 무리에 들어갈 때 잎싹의 기분이나 초록머리의 기분은 어땠을까?

- 잎싹은 초록이에게 아버지에 관한 이야기를 왜 해 주지 않은 걸까?

- 잎싹이 품은 알은 자기 알이 아니었는데 완전히 만족했을까?

- 처음과 끝에서 족제비에 대한 생각이 어떻게 변했나?

- 잎싹은 족제비에게 먹히면서 어떤 마음이었을까?

- 왜 족제비의 목소리는 처음과 마지막이 바뀌었을까?

- 제목을 〈마당을 나온 암탉〉으로 정한 이유는 무엇이라고 생각하는가?

- 이 영화가 원작과 달라진 점은 무엇인가? 원작을 각색하면서 얻은 효과는 무엇일까?

- 내가 닭이라면 마당을 나가고 싶었을까?

- 내가 나의 이름을 짓는다면?

- 지금 당신이 꿈꾸는 소망이 있는가?

- 내가 사랑하는 엄마의 모습은?

- 나그네의 죽음이나 마지막 암탉의 죽음에 대해 어떻게 생각하는가?

- 입양에 대한 내 생각은 어떤가?

- 목표를 이루기 위해 한 가장 큰 노력은 무엇인가?

- 아이가 독립할 때 어떤 이야기를 해 주고 싶은가?

영어 그림책으로도
하브루타가 가능하다고?

그림책 / 어휘 하브루타

매번 그림책으로 하브루타를 하다 보면 같은 패턴을 반복할 때가 있다. 그럴 때는 영어 그림책을 활용하는 것도 도움이 된다. 처음 영어 그림책 하브루타를 접하면 방법을 몰라 막막해하는 경우가 있다. 이는 영어 그림책을 통해 공부를 함께 진행하려 하기 때문이다. 영어 그림책으로 하브루타를 진행할 때에는 아이들이 재미있게 느끼도록 접근하는 것이 효과적이다. 한글 그림책과 영어 그림책 두 개의 텍스트로 평소와는 다른 그림책 하브루타를 진행해 보자.

《무지개 물고기》(The Rainbow Fish)는 시리즈로 제작된 그림책 중한 권이다. 작가는 아이들의 시선에서 일어나는 일상적인 부분을 이책에 담았는데, 친구와 놀다가 싸우기도 하고 갈등하고 화해하는 모습이 그려져 있다. 작가는 우리 아이들이 그 속에서 용기, 나눔과 배

**The Rainbow Fish,
《무지개 물고기》**
저자: 마르쿠스 피스터
출판사: North South Books, 시공주
니어

려 그리고 편견 없는 열린 마음을 가지기를 바라는 메시지를 책 속에 녹여냈다. 이 책은 홀로그램을 활용해 아이들의 흥미를 이끌어낸다. 덕분에 번역본인 《무지개 물고기》도 스테디셀러다. 영어로 만나는 그림책이기에, 아이들이 좋아하고 익숙한 《무지개 물고기》를 이번 달 하브루타 책으로 선정하게 되었다.

★ ★ ★ ★

열두 달 하브루타 포인트

영어 단어의 어원을 찾아보고 역할 놀이를 통해 그림책의 감정을 이해해 보자.

이렇게 해 봐요

○ 영어 그림책과 한글 그림책을 읽고 내 생각을 공유하고 질문을 만들어 대화해 보자.

- 무지개 물고기가 반짝이 비늘을 주지 않은 이유와 다시 주기로 한 이유는 무엇일까?

- 친구들이 무지개 물고기에게 반짝이 비늘을 달라고 한 이유는 무엇일까?

- 왜 무지개 물고기로 이름 지었을까?

- 내가 만약 작가라면 왜 이런 줄거리를 설정했을까?

이렇게도 해 봐요

○ 어원 찾기

영어 단어를 암기만 하는 것보다 어원을 알아 가면 단어를 더 쉽게 오래 기억할 수 있다. 그림책을 보다가 아이들이 좋아하는 단어, 아이가 흥미 있어 하는 단어로 어원 찾기를 해 보자. 이때 어원을 깊게 찾아야 한다는 부담감을 버리고 인터넷 검색을 통해 나오는 정보를 찾는 선으로 마무리하는 것이 좋다.

○ 역할 놀이 또는 이야기 만들기

역할 놀이나 책 내용에 기반한 이야기 만들기는 아이들이 책 속에 더 몰입할 수 있도록 도와준다. 또한 등장인물이 되어 그 감정을 느껴보고 더 깊이 공감할 수 있게 된다. 더해서 책 속에 담겨 있지 않은 내용을 덧붙여 보면서 상상력과 창의력도 향상된다.

먼저, 책에 등장하는 인물을 한 명씩 선정해 역할극을 해 보자. 그 다음에는 이 이야기를 기반으로 생각나는 자신만의 스토리를 만들어 보는 것이다. 이때는 등장인물 이외의 다른 인물이 등장해도 다른 상황이 나와도 무관한다. 어떤 제약 없이 아이들이 무한한 상상력을 키울 수 있도록 하자. 부모님과 짝이 되어 함께 구성해 가는 것을 추천한다.

이 책도 좋아요

- 《가만히 들어 주었어》(The Rabbit listened, 코리 도어펠드, 2018)
- 《점》(The Dot, 피터 레이놀즈, 2004)
- 《줄무늬가 생겼어요》(A Bad Case of Stripes, 데이빗 섀논, 1998)

하브루타 한 걸음: 아이의 눈높이에 맞춘 영어

5세가 된 딸아이는 《무지개 물고기》 책을 유독 좋아했다. 은은한 색감과 홀로그램이 아이의 시선을 사로잡았다. 좋아하는 그림책이니 원서로 읽어보면 어떨까 생각해서 《The Rainbow Fish》로 하브루타를 진행했다.

영어 그림책을 먼저 읽고 한글 그림책을 보았는데 의외로 아이들은 영어 그림책을 집중해서 잘 보았다. 그리고 한글 그림책으로 다시 읽을 때 이런저런 질문이 나왔다.

> 아이 : 엄마, 'fish'(피쉬)가 물고기야?
>
> 엄마 : 응. 물고기가 'fish'(피쉬)야. 그래서 제목이 《The Rainbow Fish》, 즉 《무지개 물고기》야.
>
> 아이 : 어! 그럼 무지개가 'The Rainbow'야?
>
> 엄마 : 음... 무지개는 'rainbow'라고 해.
>
> 아이 : 아~ 엄마, 나 무지개 좋아하잖아. 무지개는 rainbow.
>
> 엄마 : 'rain'은 '비'라는 뜻이고, 'bow'는 '활'이래. 무지개는 비가 내린 뒤 생기는 활 모양이라는 의미래.
>
> 아이 : 아~ 무지개는 비 오고 난 뒤에 다리처럼 동그랗게 생기는 거라 rainbow구나. 이쁘다.

rainbow에 대해 이야기하고 난 후 아이들과 역할 놀이를 시도했다. 하지만 5세, 4세 두 아이와 함께하는 역할극은 쉽지 않았다. 역할극은 서로 주고받는 이야기가 되어야 하는데 각자 하고 싶은 말만 했다. 안 되겠다 싶어 방향을 바꿔서 각자 만들고 싶은 이야기를 만들어 보기로 했다. 아이들은 각자 자신만의 이야기를 만들었다. 5세 아이가 처음부터 끝까지 논리정연하게 말할 수는 없다. 말의 순서도 없고 했던 말을 반복적으로 사용하기도 한다. 의식의 흐름대로 이야기가 나온다. 그러나 아이의 이야기에는 분명 아이의 생각이 담겨 있었다. 엄마인 나의 역할은 그 이야기의 거친 부분을 다듬어 주는 것이다. 영어 그림책이라고 해서 영어 공부로만 접근한다면 나도 아이도 부담스러웠을 것이다. 영어 그림책과 한글로 된 그림책을 함께 읽고 즐겁게 활동하면서 아이는 영어 그림책에 재미를 더해갔다.

하브루타 두 걸음: 노력하는 엄마, 즐기는 아이

나는 영포자이다. 이번 하브루타 주제를 듣고 부담과 걱정이 몰려왔다. 영어 그림책이었기 때문이다. 마음먹고 도서관에서 《The Rainbow Fish》 그림책을 대출했다. 그렇게 아이들과 하브루타 할 엄두도 내지 못하고 며칠을 책만 바라보았다. 생각이 많아졌다. '그냥 하지 말까? 굳이 원서까지 읽어야 할까?' 나를 위한 핑곗거리가 맴돌았다. 그 핑곗거리에 의지해 하브루타를 미루고 있었다.

> 남편 : 이번 주 하브루타 주제는 뭐야?
> 아내 : 어~ 그게 있지… 영어 그림책 하브루타인데 안 해도 돼.
> 남편 : 왜 안 해? 매주 하브루타를 하니까 아이들이 좋아하잖아.
> 아내 : 내가 영어도 잘 못하고 아이들한테 읽어 줄 자신도 없고. 그냥 안 하는 걸로 생각했어.
> 남편 : 그러지 말고 해 보자. 재미있을 수도 있잖아.

남편이 적극적으로 하브루타를 준비했다. 그사이 나는 영어 그림책 잘 읽어주는 방법에 대해 검색했다. 다행히 영어 그림책을 재미

있게 읽어주는 동영상이 많이 있었다. 영상으로 보여 주어야겠다는 생각이 들었다. "엄마도 영어를 잘하지 못하거든. 우리 함께 영상으로 그림책 볼까?"

아이들과 동영상을 보고 난 후 책을 보면서 이야기를 나눴다. 그리곤 여덟 살 막내가 기획해 역할극을 준비했다. 다 함께 모여 물고기와 문어 그림에 색칠하고 막내는 역할극 스토리를 만들었다. 막내의 스토리는 제법 그럴싸해서 깜짝 놀랐다. 막내는 이쁜 공주님 옷을 갖춰 입고 아빠와 역할극에 몰입했다. 그리고 나는 그 장면을 영상으로 남겼다.

> 엄마 : 역할극을 준비해 보니까 어땠어?
>
> 아이 : 처음에는 많이 떨렸어. '중간에 틀리면 어떡하지?' 걱정됐거든. 엄마도 알지만 내 꿈이 뮤지컬 배우잖아. 이번에 이야기도 만들어 보고 그림 인형으로 연극도 해 보니까 너무 재미있었어. 그래서 지금 내 머릿속에서는 벌써 다음 뮤지컬 내용을 생각하고 있는걸? 다음에는 '공부하기 싫은 아기 염소 7마리'로 해 보면 재미있을 거 같아.
>
> 엄마 : 하하, 벌써 다음 뮤지컬까지? 그렇게 재미있었어? 힘들지는 않았고?
>
> 아이 : 처음이라 아쉬운 점도 약간 있었지만 재미있었어. 다음에는 더 잘할 수 있을 것 같아.

영어가 부담스럽다고, 어렵다고 이번 하브루타를 하지 않았다면 어떻게 됐을까? 우리 아이가 할 수 있는 경험 하나를 잃었을 것이다.

내가 먼저 영어가 부담스러워한다는 것을 아이에게 얘기하고 함께 배우는 자세로 임했던 것이 아이들과 재미있게 활동할 수 있는 매개체가 되었다. 나 자신을 있는 그대로 인정하고 잘하지 못하는 영역으로 도전할 수 있는 힘, 그것이 바로 하브루타의 힘이다.

하브루타 세 걸음: 다양한 연령으로 함께하는 영어 그림책

《The Rainbow Fish》그림책을 앞에 두고 아이들과 어떻게 하브루타를 해 볼까 고민했다. 세 아이의 영어 수준이 달랐기 때문이다. 순간, 우리 집에 한글 버전《무지개 물고기》가 있다는 것이 생각났다. 5, 6학년 두 아이에게는 영어 그림책을 읽어주고 1학년 막내는 한글로 된 책을 읽도록 했다. 그렇게 세 아이가 함께 활동할 수 있게 되었다.

> 아이1 : 무지개 물고기는 문어 할머니 말을 들으면 행복해졌을 텐데, 왜 그렇게 안 하고 반짝이 비늘을 안 빌려 줬지?
>
> 엄마 : 너는 왜 그랬다고 생각해?
>
> 아이1 : 자기가 예뻐지려고 그런 거 같아.
>
> 엄마 : 근데 갑자기 하나 줬지?
>
> 아이1 : 작은 것 하나만 달라고 했으니까.
>
> 엄마 : 하나 주는 건 괜찮다고 생각했나?
>
> 아이1 : 어.
>
> 엄마 : 근데 결국엔 다 줬잖아. 다른 물고기들이 와서 "나도 줘" 그랬지?
>
> 아이2 : 파란 물고기만 주고 다른 물고기들은 안주면 괴롭힘 당할

까봐 줬겠지.

엄마 : 그럴 수도 있겠네. 비늘을 나눠주고 무지개 물고기의 마음
이 어떻게 변했지?

아이1 : 행복해졌어. 친구들이랑 놀게 돼서.

엄마 : 나눠 주면 왜 행복한 마음이 드는 걸까?

아이2 : 내가 도움이 된다는 생각 때문에 그럴 거 같아.

아이3 : 나눠줄 때 고마워하는 마음을 보면 뿌듯하고 행복해지지.

엄마 : 하지만 나눠주는 것을 억지로 하는 거라면 행복하지 않을
거야. 억울하기만 하겠지. 혹시 교실에서 무지개 물고기 같
은 친구 있어?

아이3 : 우리 반에는 없어. 잘난 척하는 애도 없고 분위기도 엄청
좋아.

엄마 : 잘난 척하는 친구는 종종 있지 않나?

아이2 : 우리 반에는 있어. 근데 장난처럼 '난 역시 잘해!' 이렇게
말하는데 애들이 어이없어 하고 웃겨 해. 근데 rainbow
fish 는 애초에 반짝이 비늘이 왜 있었던 걸까?

엄마 : 엄청 좋은 질문이다. 진짜 왜 무지개 물고기만 특별한 반짝
이 비늘을 가지고 태어난 걸까?

아이3 : 이 이야기를 시작하려면 무지개 물고기에게만 반짝이 비
늘이 있어야지.

엄마 : 하하하, 그렇게 간단하게 생각할 수도 있구나. 엄마는 너무
심각하게 생각했어.

《The Rainbow Fish》로 하브루타를 하면서 오빠들이 막내를 위

해 나섰다. 원서를 아이들이 직접 읽어 준 것이다. 그때 두 아들과 함께 엄마표 영어하던 시절이 생각났다. 가정에서 아이와 함께 영어 활동을 한다는 것은 보통 엄마에게 상당히 부담스러운 일이다. 미리 발음도 확인해야 하고 뜻도 알아봐야 하는 번거로운 과정이 많다. 나도 엄마표 영어를 할 때 영어전공자 엄마들이 마냥 부러웠다. 우리 아이가 나처럼 영포자가 될까봐 불안하기도 했다. 우리 아이는 나와 달랐으면 좋겠다는 마음으로 엄마표 영어를 시작했다. 영포자였기에 처음에는 어떻게 해줘야 할지 막막했다. 아이와 함께 하나씩 배워갔다. 그랬더니 아이들의 영어 실력이 날로 향상되었고, 오늘처럼 막내동생에게 영어 그림책을 읽어 줄 수 있는 오빠들이 되었다.

문득 추억에 잠겨 아이들과 엄마표 영어하던 시절에 대해서 이야기 나눴다. 그때는 아이들이 좋은 발음과 정확한 단어 해석에 집중하는 것이 옳다고 생각했다. 그리고 아이의 생각을 들어보려 하지 않았다. 하지만 아이에게 진정으로 필요한 것은 엄마와 함께하는 시간이었다. 안아주고 사랑해 주는 시간 속에 영어가 함께한 것이었다. 그리고 엄마인 내가 포기하지 않고 끝까지 하는 모습을 아이들이 마음에 담고 있다는 것을 알게 되었다.

《The Rainbow Fish》로 만나는 20가지 질문

• 나라면 파란 물고기가 반짝이 비늘을 달라고 했을 때 줬을까?

• 왜 다른 물고기는 자신들의 비늘에 만족하지 않고 반짝이의 비늘을 부러워했을까?

- 나에게 반짝이 비늘은 무엇인가?

- 나의 소중한 것을 나누며 행복했던 경험이 있는가?

- 문어는 정말 지혜로운가? 문어의 조언에 대해 어떻게 생각하는가?

- 무지개 물고기인데 왜 반짝이로 표현했을까?

- 무지개 물고기가 버럭 화내지 않고 정중히 거절했다면 꼬마 물고기는 어떻게 했을까?

- 따돌림에 대한 내 생각은 무엇인가?

- 무지개 물고기의 비늘을 받은 친구들의 삶은 어떻게 변화했을까?

- 나에게 친구란 어떤 의미인가?

- 남들과 다른 특별한 내가 좋을까? 남들과 비슷한 내가 좋을까?

- 무지개가 주는 의미는 무엇일까?

- 영어 그림책 중 가장 마음에 드는 영어 단어는 무엇이었나?

- 영어 그림책에서 무지개 물고기는 수컷으로 표현되는데, 왜 동물들은 수컷이 더 아름다울까?

- 영어책과 한글책을 같이 읽었을 때 느낌이 어떻게 다른가?

- 작가는 무지개 물고기 이야기를 왜 만들었을까?

- 나는 무지개 물고기와 같은가? 파란 물고기와 같은가?

- 왜 물고기로 이야기를 만들었을까? 나는 어떤 동물을 주인공으로 만들고 싶은가?

- 무지개 물고기는 왜 불가사리에게 자신의 문제를 이야기했을까?

- 내가 마음 편하게 고민을 털어놓을 수 있는 친구가 있는가?

- 나는 내 감정을 오해 없이 잘 표현할 수 있는가?

12월
December

행복한 부자가 되는 하브루타

그림책 / 일상 하브루타

경제에 관한 관심이 날로 높아지고 있다. 하지만 경제에 관한 관심은 많아도 정작 어떻게 아이들을 경제적으로 독립시켜야 하는지 잘 모르는 경우가 많다. 그 모습은 캥거루족이나 니트족의 모습을 통해 드러나기도 한다. 우리와 달리 유대인들은 어릴 적부터 경제 교육을 철저히 하는 것으로 유명하다. 그들의 경제 교육을 들여다 보면 단순히 돈을 모으고 불리는 것만이 아니라 주변과 나누는 것 또한 중요하게 교육한다. 제대로 쓰고, 모으고, 나누는 법을 아는 것, 그것이 경제 교육의 시작이다.

《세 개의 잔》에서는 정해진 돈을 어떻게 모으고, 쓰고, 나눌 것인지를 다룬다. 우리는 주인공 아이의 경험을 통해 모으기, 나누기, 쓰기의 의미를 알게 한다. 부모가 설명하기 어려운 개념들을 아이들이

《세 개의 잔》(행복한 부자가 되는 첫 그림책)
저자: 토니 타운슬리
출판사: 살림 어린이

알기 쉽게 정리한 책이라 아이들과 함께 이야기 나누기에도 좋다.

★ ★ ★ ★

열두 달 하브루타 포인트

나눔과 소비, 저축에 대한 대화와 계획 세우는 과정을 통해
돈에 대한 긍정적 인식을 가질 수 있다.

이렇게 해 봐요

○ '세 개의 잔'(저금통)을 준비해 각각의 잔에 돈이 얼마만큼 모이면 어떻게
쓰고 싶은지, 왜 그렇게 쓰고 싶은지 이야기 나눈다.

 - 나눔의 잔: 어디에, 어떤 방법으로 나누고 싶은지

 - 모으는 잔: 언제까지, 얼마만큼 모아서 어떻게 쓰고 싶은지

 - 쓰는 잔: 주로 쓰고 싶은 분야는 어딘지, 혹시 지금 사고 싶은 것이 있는
 지 등

○ 나에게 10만원이 있다면 세 개의 잔에 어떻게 나누어 넣을 것인지, 그렇
게 나눈 이유에 대해 이야기 나눈다.

이렇게도 할 수 있어요

○ 벼룩시장에 참여해 보자.

- 우리 지역의 벼룩시장에 참여해 물건을 팔거나 사본다.

- 팔 때 : 어떤 물건을 어떤 가격에 팔지, 홍보는 어떻게 할 것인지 미리 이 야기 나누어 본다.

- 살 때 : 얼마의 지출을 할 것인지 미리 정한 뒤에 사려는 물건이 꼭 필요한 지, 가격이 적당한지 이야기 나누며 소비한다.

○ 기부하기

- 기부할 만한 곳을 함께 찾아본다.

- 어떤 형태로 어떻게 기부할 것인지 이야기 나눈 뒤 가급적 방문을 통해 직 접 기부하는 경험을 해 본다.

이 책도 좋아요

○ 부모 추천 경제 도서

- 《내 아이의 부자수업》(김금선, 한국경제신문, 2021)

- 《유대인 엄마의 부자수업》(랍비마마, 트러스트북스, 2021)

- 《유대인 하브루타 경제교육》(전성수,양동일, 매경출판, 2014)

○ 아이 추천 경제 도서

- 《열두 살에 부자가 된 키라》(보도 섀퍼, 을파소, 2014)

- 《세금 내는 아이들》(옥효진, 한국경제신문, 2021)

- 《치약으로 백만장자되기》(진 메릴, 시공주니어, 2020)

- 《레몬으로 돈 버는 법》(루이스 암스트롱, 비룡소, 2002)

이런 활동도 있어요

- 세이브 더 칠드런: 국제 어린이 마라톤(마라톤을 통한 기부+후원 이벤트)
- 어머나 운동본부: 소아암 환우를 위한 머리카락 나눔
- 유니세프 아동의회: 아동 권리 및 사회 문제에 대한 다양한 활동

하브루타 한 걸음: 용돈 쓰기 계획

어릴 때부터 유달리 돈에 관심이 많았던 아이는 책을 통해 주식에
도 관심을 가졌다. 우리 부부는 그런 아이를 어떻게 교육해야 할지
많은 이야기를 나누었다. 그러던 중 《세 개의 잔》을 아이와 함께 읽
게 되었고 돈에 대한 계획을 세울 기회가 만들어졌다.

엄마 : 책에 나오는 '세 개의 잔' 중에서 제일 인상적인 잔은 무엇
　　　 이었니?

아이 : 나눔의 잔이 제일 인상적이었어요. 실제로 어려운 사람들을
　　　 돕는 것을 보니 감동이었어요.

엄마: 너도 세 개의 잔에 돈을 모아 보고 싶니?

아이 : 네. 저도 세 개의 잔을 만들어 보고 싶어요.

엄마 : 그래. 학교도 들어갔으니 엄마가 이제부터 용돈을 줘야겠
　　　 네. 엄마는 우선 일주일 단위가 좋을 것 같은데 네 생각은
　　　 어떠니?

아이 : 좋아요.

엄마 : 그럼 일주일에 얼마만큼의 용돈이 적당하다고 생각해?

아이 : 엄마와 약속한 일들을 하고 하루에 1000원 씩 받기로 했으
　　　 니, 일주일에 5000원의 돈을 받았으면 좋겠어요.

엄마 : 그럼 우리 책에서처럼 용돈을 나눠서 관리하는 것에 대해서도 생각해 볼까? 먼저 '쓰기 잔'부터 생각해 보자. 엄마가 준 용돈을 어디에 어떻게 쓰고 싶어?

아이 : 저는 마트 앞에 있는 뽑기를 하거나 피아노 학원 마치고 풍선껌을 사 먹고 싶어요.

엄마 : 그럼 일주일에 쓰는 돈은 얼마면 적당하다고 생각해?

아이 : 화요일과 목요일에는 500원씩, 1000원이면 될 것 같아요.

엄마 : 그러면 이번엔 '모으는 잔'에 대해 생각해 볼까? 돈을 모으게 되면 꼭 사고 싶은 것이 있어?

아이 : 휴대폰을 가지고 싶지만, 엄마가 반대할 것 같으니 나만의 미니컴퓨터를 사고 싶어요.

엄마 : 컴퓨터는 많이 비쌀텐데. 5000원에서 얼마를 '모으는 잔'에 넣을 거니?

아이 : 3000원이요. 2학년까지 꾸준하게 모을 거예요.

엄마 : 2학년까지 꾸준하게 모아도 컴퓨터를 사기에는 많이 부족할 것 같은데…. 하지만 그때까지 열심히 모으면 일부는 엄마가 도와줄 수도 있겠다. 그럼 '나눔의 잔'에는 1000원을 넣게 되는 거네? 적당하다고 생각하니?

아이 : 네. 적지만 항상 어려운 사람을 조금이라도 돕겠다는 마음으로 기쁘게 넣을 거예요.

엄마 : 기쁘게 넣는다니, 멋진 표현인걸. 그럼 나누는 잔의 돈으로 어떤 사람을 도와주고 싶어?

아이 : 책에서 만난 가난하고 아픈 친구들이요.

엄마 : 그럼 얼마나 쌓이면 기부할까?

아이 : 얼마인지 보다는 제 생일에 기부하고 싶어요. 제가 아빠 엄마에게 사랑받는 만큼 사랑을 나눠주고 싶어요.

아이 이름으로 정기 후원을 하는 것도 생각해 보았지만 적은 돈이라도 아이의 힘으로 기부하는 것을 알려 주고 싶었다. 그래서 아이의 생일에 맞춰서 비정기적으로 기부할 수 있는 기관을 알아보고 기부 계획을 추가로 아이와 세워 보았다. 주체적으로 용돈을 관리하고 계획해 보면서 아이는 자신의 성장을 느끼며 뿌듯해했다. 《세 개의 잔》으로 시작한 이 작은 기회가 앞으로 아이의 경제 활동에 밑거름이 될 것이라 믿는다. 또한 아직은 아이가 어려서 스스로 돈을 쓸 일이 많지 않지만 학년이 올라가면서 돈을 쓸 일이 많아질 것이다. 그때마다 함께 이야기를 나누며 아이가 스스로 계획을 세워 돈을 쓸 수 있도록 도와준다면 현명한 소비와 저축, 나눔을 할 수 있지 않을까 생각한다.

하브루타 두 걸음: 나눔은 돈으로만 하는 것이 아니다

우리 집은 '세 개의 잔'으로 돈을 나누는 것 외의 기부 활동으로 머리카락 기부를 했었다. 내가 머리를 짧게 자른 적이 있었는데, 그때까지 긴 머리를 고수하던 첫째 아이가 엄마를 따라 짧게 잘라보고 싶다고 했다. 그래서 지금까지 기른 머리를 친구들에게 주는 것은 어떨까 물었다. 아이는 어떤 친구에게 나눠주게 되는지 궁금해했고, 아픈 아이들을 돕는 유니세프 인형에 관련된 《아우야 안녕》이라는 그림책을 함께 읽고 도움과 나눔에 관해 이야기를 나눈 뒤 머리카락을 기부했었다. 이번에는 《세 개의 잔》을 읽고 그때의 기억을 다시 되살려 이야기를 나눴다.

> 엄마 : 책에서처럼 우리도 이제 세 개의 잔이 거의 다 찼으니까 어떻게 쓸지도 생각해 보면 좋겠다. 그런데 우리는 이미 다른 사람들에게 우리의 것을 나눴는데 어떤 걸 나눴는지 기억나?
>
> 아이 : 난 여태까지 모으기만 했는걸? 나눠 준 게 있다고?
>
> 엄마 : 그럼. 전에 머리 길렀다가 자르고 어떻게 했었지?
>
> 아이 : 머리카락이 필요한 친구들한테 보내줬잖아.
>
> 엄마 : 맞아. 나에게 있는 것을 꼭 필요한 누군가에게 주는 것. 그것도 나눔이야.
>
> 아이 : 아. 그렇구나! 그러면 내가 입던 옷을 다른 동생들에게 물려주는 것도 나눔이야?
>
> 엄마 : 응. 그것도 나눔이지.
>
> 아이 : 머리카락도, 옷도 받은 친구들이 좋아하면 좋겠다.
>
> 엄마 : 돈을 모아서 다른 사람들에게 도움을 줄 수도 있지만, 이렇게 내가 가진 것에서 다른 사람에게 도움을 주는 건 어때?
>
> 아이 : 멋진 일이라 생각해. 나 다시 머리 열심히 길러서 또 다른 친구들에게 보낼래.

자기의 머리카락이나 옷이 그냥 버려지지 않고 다른 친구들에게 도움이 된다는 것을 안 딸은 많이 인상적이었던 것 같다. 자기한테는 크게 의미 없을 수도 있는 것이 남에게는 큰 도움이 될 수도 있다는 것에 기뻐했고, 나눔의 형태가 다양하다는 것을 알려 줄 수 있어서 의미 있는 시간이었다.

하브루타 세 걸음: 기부는 삶에 스며들어야 하는 것

회사 재직 시절 사회공헌부에 소속되어 학교 폭력 예방 프로그램, 소외계층 지원, 자원봉사 등을 기획하는 업무를 담당하다 보니 자연스럽게 나도 아이들도 기부와 봉사에 관심을 가지게 되었다. 그래서 우리는 한해를 마무리하는 연말에 다음 해의 기부 및 봉사를 함께 설계해 나갔다.

엄마 : 올해 가장 기억에 남는 기부나 봉사는 무엇이었니?

아이1 : 매년 해오던 기부 마라톤이요. 아쉬운 점은 예전처럼 재미있고 유익한 행사를 오프라인으로 진행하지 못한 점이지만요.

아이2 : 저는 신생아 모자 뜨는 것이 재미있었어요. 어려워서 엄마와 함께 떴지만, 안내서에 나온 대로 태어난 아이들이 내가 짜서 보내 준 초록색 모자를 써서 살아갈 수 있다고 생각하니 행복해요.

엄마 : 내년에 해 보고 싶은 기부나 봉사가 있을까?

아이1 : 1학년 때부터 매년 하던 기부 마라톤에 이번엔 제 돈을 스스로 기부하고 싶어요. 그리고 이 행사를 친구들에게 널리 알려서 같은 반 친구들도 좋은 의도를 가지고 함께 참석하게 하고 싶어요.

엄마 : 어머, 기특한 생각이구나. 어떻게 그런 생각을 했을까?

아이1 : 지금까지는 엄마가 기부금을 내주셨는데 작년부터는 저도 용돈을 받잖아요. 《세 개의 잔》이라는 책을 읽으며 쓰는 돈, 나누는 돈, 모으는 돈으로 나눠서 용돈을 분류하고 있어요. 그래서 그 나누는 돈을 어디에 써야 할까 고민하다가 나온 생각이에요. 남는 나누는 돈은 다음 해 제 생일날 생일이 같은 아이를 찾아서 기부하고 싶고요.

기부나 봉사는 시간을 가지고 아이들의 삶에 서서히 스며들어야 하는 것 같다. 지나치면 단기성으로 그치게 되는 경우를 많이 봐 왔기 때문이다. 우리 집은 내가 하던 업무의 특성상 약 4년 정도의 시간 동안 자연스럽게 기부와 봉사에 대해 아이들이 매일 이야기를 들었다. 아들이 어렸을 적에 아들의 친구들은 안전 우산을 제작해 NGO에 기부하던 엄마의 회사를 '우산 공장'이라고 부르기도 했다. 이처럼 오랜 기간 소소한 기부와 봉사 그리고 다양한 행사들에 참석하면서 기부는 아이들 삶의 일부가 되었다.

처음에는 단순히 엄마가 하던 봉사와 기부에 함께 참여하던 아이들이 성장해 나가며 자신만의 기부 계획을 세우기도 하는 모습에 놀랐다. 거금을 기부하는 것은 아니지만 진심 어린 마음으로 꾸준하게 기부와 봉사의 삶을 살아간다면 우리 아이들도, 이 사회도 아름다워질 것이다.

〈세 개의 칸〉으로 만나는 20가지 질문

- 여덟 번째 생일이 특별한 이유는?

- 은행장은 아이에게 왜 사탕을 주었을까? 사탕이 의미하는 것은?

- 세 가지 잔을 모으는 것이 어떻게 모험일 수 있을까?

- 세 개의 잔 중 어떤 잔이 제일 마음에 드는가?

- 돈이 아닌 나눔을 실천할 수 있는 방법은 어떤 것이 있을까?

- 몇 살부터 용돈이 필요다고 생각하는가?

- 왜 돈을 모아야 하는 것일까?

- 돈은 어떻게 관리해야 할까?

- 기부는 무엇이라고 생각하는가?

- 우리 가족이 실천하고 있는 기부는 어떤 것이 있는가?

- 보기에 부모님의 씀씀이는 어떠한가?

- 은행에 가 본 적이 있나? 가봤다면 어떤 느낌이 들었나?

- 기부는 부자들만 할 수 있을까?

- 저축/소비/기부를 할 때 어떤 기분이 드는가?

- 돈 하면 생각나는 것은 무엇인가?

- 용돈은 얼마가 적당하다고 생각하는가?

- 요즘에는 카드나 전자거래를 주로 이용하는데 3개의 잔을 어떻게 활용할 수 있을까?

- 저축과 투자의 차이는 무엇인가?

- 돈을 모으고 쓰는 데 나만의 노하우가 있는가?

- 쓰는 잔에 돈을 모아서 자신이 원하는 것을 사는데, 그 시간이 너무 오래 걸려도 기다릴 수 있는가?

동심 만나기

어휘 하브루타

.

추운 겨울, 아이다운 따뜻한 감성을 느끼고 싶은 날. 동심으로 돌아가 순수한 눈으로 세상을 바라보면 자연스레 행복에 젖어 들기도 한다. 그래서 12월에는 따뜻한 아이들의 순수한 세계인 동시 하브루타를 준비했다.

아이들의 상상력은 무한하다. 평소 동시를 좋아하지 않는 아이들도

《팝콘 교실》
저자: 문현식
출판사: 창비

멋진 동시를 쓸 수 있다. 아이들 마음에 말랑말랑함이 있어서일까? 몸은 추운 계절이지만, 마음만은 마시멜로처럼 포근함을 느껴보자.

《팝콘 교실》은 아이들의 눈높이에 맞춘 동시집이다. 현실을 재미있게 표현해서 아이들뿐만 아니라 잃어버린 동심을 찾을 수 있어서 어른들도 공감하는 동시집이다. 우리는 그 중 대표작 《팝콘 교실》로 동시 하브루타를 진행했다.

★ ★ ★ ★

열두 달 하브루타 포인트

**재미있는 동시를 읽고 대화하며 아이들의 시선에서
마음 깊은 곳을 들여다보자.**

이렇게 해 봐요

○ 〈팝콘 교실〉을 읽고 한 해 동안 교실에서 나의 행동, 모습, 마음가짐, 자세, 태도 등에 대해 하브루타를 해 보자.

○ 하르부타를 한 결과를 토대로 한 해 동안 나의 표정을 그려보고 이야기 나누자. 부정적인 표정일지라도 혼내지 말고 아이의 이야기를 경청해 주도록 한다. 한 해의 마무리로 내년의 나의 다짐을 그리거나 동시를 지어 보자.

이렇게도 할 수 있어요

○ 가족/친구 동시 릴레이 만들기

– 가족 또는 친구들이 모인 자리에서 동그랗게 둘러앉는다.

– 가운데 전지를 펼친다.

– 아이들이 원하는 주제를 함께 정하고 동시 첫 줄을 작성한다.

– 가족 또는 친구들 한 명씩 돌아가며 릴레이처럼 이어 동시를 지어 본다.

○ 아이들의 감성을 인정해 주고 아이들이 작성한 동시를 수정하지 않는다.

이 책도 좋아요

– 《웃는 얼굴》(이순구, 뜨인돌어린이, 2013)

– 《내 맘도 모르는 게》(유미희, 사계절, 2015)

– 《오늘은 어떤 놀이할까?》(이묘신, 크레용하우스, 2018)

하브루타 한 걸음: 우리 아이에게 맞는 속도로!

동시는 아이들과 함께 재미있게 놀이할 수 있는 요소다. 근데 '시'라는 장르의 특성상 함축적인 내용이 많다. 그 함축적 의미를 느끼고 유추해 내야 한다. 그래서 '시'를 어렵게 느끼는 사람들이 많이 있다. 하지만 함축적 의미를 가진 서정적인 단어와 문장들은 우리 아이들에게 감성 지능과 어휘력을 올려주는 문학이다. 〈팝콘 교실〉을 읽고 아이들과 함께 동시를 지어 보자 했더니, 두 아이가 눈만 끔뻑끔뻑 뜨면서 나를 쳐다봤다. 4세, 5세 아이에게 동시를 만드는 것은 어려운 일이었다. 그래서 방향을 바꾸었다. 컴퓨터를 켜서 〈팝콘 교실〉이라는 시를 적었다. 그리고 시 중간에 단어를 지우고 대신 괄호를 넣었다.

　　엄마 : '팝콘' 하면 뭐가 생각나?

　　아이 : 음… 팝콘은 달콤하고 맛있어. 엄마, 우리 놀이동산 가서 팝콘 먹었잖아.

엄마 : 맞아. 놀이동산에서 팝콘 먹었지~. 또 '팝콘' 하면 뭐가 생
각날까?

아이 : 영화 보러 가서도 팝콘 먹었어.

엄마 : 그렇네. 얼마 전 뽀로로랑 까투리 보러 가서 팝콘 먹었지?
그런데 왜 옥수수 알갱이를 서른 개라고 했을까?

아이 : 음…, 많이 먹고 싶어서 그런 게 아닐까? 엄마, 근데 그림에
는 의자가 8개 밖에 없어.

엄마 : 그러네. 그럼 팝콘 8개밖에 못 앉겠다.

아이 : 같이 앉으려고 그러나 보다.

엄마 : 선생님은 왜 팝콘을 다 먹어 버리는 걸까?

아이 : 에이~, 당연하지. 맛있잖아~. 선생님도 맛있는 거 좋아하
잖아.

아이의 생각을 듣는 순간 아이스러워서 웃음이 나왔다. 아이와 《팝
콘 교실》 책을 보며 한참을 더 이야기하고 괄호를 채워보기로 했다.

동시 만들기가 어렵다고 말하던 아이는 괄호를 신나게 채워나갔
다. 그리고 더 하고 싶다고 말했다. 아이의 흥미를 낚아챈 순간이었
다. 나도 엄마이기 때문에 내 아이가 더 잘했으면 하는 욕심이 있
다. 우리 아이가 내가 바라는 대로 따라왔으면 하는 순간들이다. 나
는 그때마다 읊조렸다. "우리 아이에게는 우리 아이의 속도가 있다."
〈팝콘 교실〉 속 팝콘들이 각각 튀어 오르는 속도가 다르고 튀어 오
르는 높이가 다르듯이 우리 아이도 우리 아이만의 속도가 있는 것이
다. 우리 아이의 속도는 아이가 정하는 것이지 내가 인위적으로 정
해 줄 수 없다. 그러니 지금 아이의 속도와 흥미에 맞추는 것이 나의

〈팝콘 교실 1〉

커다란 (우리 집 냄비 속)에
옥수수 알갱이 (백) 개가
노릇노릇 익으면서
(퐁퐁) 튄다.

알갱이들아
(잘 익으며) 튀어라.
멈추면 (내가) 냠냠
다 먹어 버릴지도 몰라.

〈팝콘 교실 2〉

커다란 (우리 집)에
옥수수 알갱이 (만) 개가
노릇노릇 익으면서
(엄청 맛있게) 튄다.

알갱이들아
(달콤 고소하게) 튀어라.
멈추면 (엄마가) 냠냠
다 먹어 버릴지도 몰라.

역할이다.

하브루타 두 걸음: 아이의 학교생활은 어떨까?

초등학교에 입학하고 어느덧 2학기를 맞았다. 평소 학교생활에 대해 말이 없던 아이인지라 아이의 학교생활이 궁금했다. 그러다 〈팝콘 교실〉을 읽어줬더니 그동안의 학교생활에서 힘들었던 점을 쏟아 놓았다.

아이 : 엄마, 우리 학교에 진짜 왕 팝콘 같은 친구가 있어.

엄마 : 정말? 어떤 친군데?

아이 : 내가 저번에 말했잖아. 내 앞에 앉는 친구. 나 그 친구 때문
　　　에 너무 힘들어.

엄마 : 1학기가 지났는데 아직도 그 친구가 학교 생활에 적응하기가 힘든가 보구나.

아이 : 엄마, 며칠 전에는 그 친구가 정리를 너무 못해서 선생님이 나보고 도와주라고 하셨어. 그리고 게임할 때 계속 짝꿍이 되어서 난 게임 시간이 제일 싫어. 그 친구가 게임을 잘 못해서 매번 지거든. 그런데 매번 나보고 바보래. 말도 참 못된 말을 많이 해.

엄마 : 그동안 많이 힘들었구나. 2학기도 되었으니 선생님께서 자리를 다시 바꿔주시지 않을까?

아이 : 아니, 1학기 때랑 똑같은 규칙으로만 자리가 바뀐대. 나 계속 그 친구 뒷자리야. 그 친구가 수업 시간에도 가만히 앉아 있지 않으니 내 가림막이 다 찌그러졌을 정도야. 너무 힘들어.

엄마 : 그동안 정말 많이 힘들었구나. 어떻게 하면 해결할 수 있을지 생각해 본 적 있어?

아이 : 선생님께 도움을 요청했는데 자리가 달라지는 건 없었어. 그러니 계속 반복되는 것 같아.

엄마 : 그랬구나. 그동안 선생님께 도움을 요청했다니 너 나름대로 많이 노력했구나. 그럼 이번에는 엄마가 도와줘야겠구나.

아이에게 닥치는 어려움을 바로 해결해 주는 부모가 되지 말자고 생각했다. 스스로 해결할 수 있도록 옆에서 많은 조언과 격려를 하며 키웠다. '선생님께 이렇게 말해 보면 어떨까?', '어떻게 하면 괜찮을까?' 아이가 스스로 생각하길 바랐다. 하지만 그 오만함이 엄마에게 어려움을 쉽게 토로하지 못하는 아이로 만든 것은 아닐까? 2학기 담임선생님과의 상담 끝에 선생님께 아이의 힘든 마음을 전달해 드렸고 아이는 행복한 2학기를 맞이하게 되었다.

> 엄마 : 너에게 일어나는 작은 일이라도 엄마에게 말해 줄 수 있어? 엄마는 언제나 너의 편이야. 그리고 네가 잘 클 수 있도록 항상 지켜주고 도와줄게.
>
> 아이 : 엄마, 고마워. 엄마는 언제나 나의 편이라는 걸 잊지 않을게!

육아에 대한 이론과 실제가 달라 헤맬 때가 종종 있다. 〈팝콘 교실〉이라는 시 한편이 힘들었던 아이의 마음을 터뜨려주었듯이 그때마다 하브루타는 길을 찾아 준다. 엄마도 엄마가 처음이라 많이 서툴지만 글 속에서 아이와 마음을 나누며 엄마로서 또 성장할 수 있어 다행이다.

하브루타 세 걸음: 마음속 이야기를 동시로 표현하기

올해 우리 세 아이는 전학과 입학이라는 상황에 놓여 있었다. 아이들의 교실 생활이 궁금하던 차에 〈팝콘 교실〉이라는 동시를 읽게 되었다. '교실'이라는 공간을 동시로 지었기에 그 시를 읽고 아이의 교실에 관해 질문을 했다.

> 엄마 : 학교를 처음 가보니 어땠어?
>
> 아이 : 나는 아직 한글을 잘 모르니까 걱정되고 무서웠어.

엄마 : 언제 가장 무서웠어?

아이 : 수학 학습지 풀 때.

엄마 : 지금은 어때?

아이 : 좋은 것도 많은데 학습지 푸는 건 싫어. 엄마는 왜 나 유치원 안 보냈어? 아이가 컸으면 유치원 보내고 공부시켰어야지.

엄마 : 엄마는 초등학교 때부터 공부해도 된다고 생각했어. 어린이집에서 매일 산으로 놀이터로 놀러 다녀서 행복하지 않았어?

아이 : 근데 내가 지금 공부를 너무 못하잖아.

엄마 : 네가 공부를 못하는 거 같구나. 이제부터 하면 돼. 3월에 입학할 때 한글 잘 몰랐는데 지금은 책도 읽을 수 있고 엄청 많이 늘었네. 엄마랑 매일 책 읽고 공부도 하면 2학년 때는 친구들과 비슷해질 수 있어.

아이 : 울고 싶을 때도 있었어.

엄마 : 언제 그랬어?

아이 : 나만 모르니까…. 근데 초등학생이니까 참았어.

엄마 : 잘했어. 기특하네.

아이 : 근데 좋은 점도 많아. 공부만 빼면. 친구들이랑 게임 같은 거도 하고 봄 소풍 놀이 한 것도 너무 좋았어. 돗자리도 가져가서 과자도 친구들이랑 나눠 먹고 재미있게 노는 시간도 있으니까 좋아.

엄마 : 그동안 궁금했던 너의 교실 모습을 많이 말해 주니까 너무 좋다. 앞으로도 엄마한테 많이 이야기해 줘.

아이 : 내가 말해 주니까 좋아?

엄마 : 그럼, 너무 좋아. 우리 지금 나눈 이야기로 〈팝콘 교실〉처럼
　　　동시 써볼까?

아이 : 음… 그럼 내가 말하면 엄마가 적어주면 안돼?

엄마 : 좋아, 그렇게 해 보자.

I학년 I학기
학습지를 풀 때
모르겠어서
내 마음 속
팝콘이 망가졌다

펑펑 튀지가 않는다
내가 점점 작아진다

울고 싶지만
학교에서 참는다

그래도 학교가 좋은 건
게임도 하고
봄 소풍도 하고
재미있게 놀아서

내 마음속

팝콘이 펑펑 튀었다

아이의 결과물이 기대 이상이었다. 우리의 대화가 모두 녹아 있었고, 함께 읽었던 〈팝콘 교실〉에서 읽은 표현을 자기의 감정과 연결한 부분에서 깜짝 놀랐다. 또한 이 시를 통해 조금이라도 아이의 교실 생활을 들을 수 있었던 점이 좋았다.

〈팝콘 교실〉로 만나는 20가지 질문

- 동시란 무엇일까? 동시의 뜻은 무엇일까?
- 동시는 어린이만 쓰고 읽는 것일까?
- 내가 좋아하는 동시는 무엇인가?
- 내가 아는 동시집이 있는가? 누구의 동시집인가?
- 팝콘은 무엇을 의미할까?
- 왜 30개의 팝콘일까?
- 왜 "알갱이들아 계속 튀어라"라고 했을까?
- 왜 멈추면 먹어 버린다고 했을까?
- 팝콘처럼 튀는 아이들은 어떤 아이들일까?
- 나는 교실에 있을 때 팝콘 같은 학생인가?
- 내가 생각하는 나는 어떤 학생인가?
- 좋은 학생은 어떤 학생일까?
- 나는 지금 우리 반을 좋아하는가?
- 내가 바라는 우리 반의 모습은 어떤 모습인가?
- 내가 제일 좋아하는 선생님은 누구인가?
- 그 선생님을 좋아하는 이유는 무엇인가?

- 올 한 해 우리 학교/유치원 생활은 어땠나?

- 내가 잘한 것과 조금 부족했던 것은 무엇인가?

- 내년에 꼭 고쳤으면 하는 나의 모습이 있는가?

- 내년을 위한 나의 다짐은 무엇인가?

《0.1%의 비밀》, 조세핀 김. 김경일, EBS books, 2020.

《13세 전에 시작하는 엄마표 독서육아》, 유애희, 이담북스, 2018.

《갈매기의 꿈》, 리처드 바크, 현문미디어, 2015.

《내 아이를 살리는 비폭력 대화》, 수라 하트. 빅토리아 킨들 호드슨, 아시아코치센터, 2009.

《내가 만약 대통령이 된다면》, 카트린 르블랑 글, 롤랑 가리그 그림, 책과콩나무, 2012.

《내 아이의 부자수업》, 김금선, 한국경제신문, 2021.

《다시 아이를 키운다면》, 박혜란, 나무를심는사람들, 2013.

《다시, 초등고전 읽기 혁명》, 송재환, 글담출판, 2018.

《달력으로 배우는 우리 역사 문화수업》, 오정남, 글담출판, 2020.

《대한민국 엄마표 하브루타》, 김수진 · 방은정 · 이미경 · 이혜민 · 윤지영 · 최윤정 · 공명, 2018.

《더도 말고 덜도 말고 한가위만 같아라》, 김평 글, 이김천 그림, 책읽는곰, 2008.

《메타인지 학습법》, 리사손, 21세기북스, 2019.

《문해력 수업》, 전병규, 알에이치코리아, 2021.

《보물지도》, 모치즈키 도시타카, 나라원, 2017.

《부모라면 유대인처럼 하브루타로 교육하라》, 전성수, 위즈덤하우스, 2012.

《북극곰이 녹아요》, 박종진 글, 이주미 그림, 키즈엠, 2017.

《사계절 우리 전통 놀이》, 강효미, 미래엔아이세움, 2020.

《생각의 근육 하브루타》, 김금선 · 염연경, 매일경제신문, 2018.

《서울대 삼 형제의 스노볼 공부법》, 윤인숙, 심야책방, 2022.

《서찰을 전하는 아이》, 한윤섭 글, 백대승 그림, 푸른숲주니어, 2011.

《세 개의 잔》, 토니 타운슬리, 살림어린이, 2012.

《시골쥐의 서울 구경》, 방정환 글, 김동성 그림, 길벗어린이, 2020.

《아이들은 놀이가 밥이다》, 편해문, 소나무, 2012.

《안녕》, 안녕달, 창비, 2017.

《어린이라는 세계》, 김소영, 사계절, 2020.

《엄마의 말 공부》, 이임숙, 카시오페아, 2020.

《엄마의 하브루타 대화법》, 김금선, 위즈덤하우스, 2019.

《영어 그림책, 하브루타가 말을 걸다》, 이영은, 바이북스, 2020.

《영어 하브루타 공부법》, 오혜승, 다온북스, 2021.

《완전학습 바이블》, 임작가, 다산에듀, 2020.

《우리 아이 두뇌를 깨우는 똑똑한 질문법》, 호원희, 예담, 2009.

《유대인 하브루타 경제교육》, 전성수, 매경출판, 2014.

《유아 하브루타 대화법》, 양정연, 태인문화사, 2021.

《이게 정말 나일까》, 요시타케 신스케, 주니어김영사, 2020.

《이스라엘식 밥상머리 공부법 하브루타》, 조둘연 · 정은아 · 김옥경 · 김현경, 느티나무가있는풍경, 2020.

《임포스터》, 리사손, 21세기북스, 2022.

《자녀의 5가지 사랑의 언어》, 게리 채프먼 · 로스 캠벨, 생명의말씀사, 2013.

《조지 할아버지의 6 · 25》, 이규희, 바우솔, 2021.

《진북 하브루타 독서 토론》, 유현심 · 서상훈, 성안북스, 2021.

《질문하고 대화하는 하브루타 독서법》, 양동일 · 김정완, 예문, 2016.

《질문하는 아이로 키우는 엄마표 독서수업》, 남미영, 김영사, 2020.

《책 읽는 아이, 심리 읽는 엄마》, 김미라 · 노규식, 경향에듀, 2010.

《초등 공부 전략》, 방종임, 스몰빅에듀, 2021.

《초등 매일 공부의 힘》, 이은경, 가나출판사, 2019.

《초등 메타인지 독서법》, 윤옥희, 헤리티지, 2022.

《초등 1학년 공부, 하브루타로 시작하라》, 전병규, 21세기북스, 2021.

《초등 자기주도 공부법》, 이은경 · 이성종, 한빛라이프, 2020.

《친구의 전설》, 이지은, 웅진주니어, 2021.

《커다란 포옹》, 제롬 뤼에, 달그림, 2019.

《코로나로 아이들이 잃은 것들》, 김현수, Denstory, 2020.

《팝콘교실》, 문현식 글, 이주희 그림, 창비, 2015.

《핀란드 교실 혁명》, 후쿠타 세이지, 비아북, 2009.

《하루 한 편, 식탁 위 하브루타 대화법》, 김금선, 필름, 2021.

《하브루타 네 질문이 뭐니》, 하브루타문화협회, 경향BP, 2019.

《하브루타 놀이 가이드 북》, 질문배움연구소, 경향BP, 2020.

《하브루타 독서의 기적》, 김종순, 동양북스, 2021.

《하브루타 독서토론》, 박형만 · 이상희 · 신현정 · 서옥주 · 장현주 · 임현주, 해오름, 2020.

《하브루타 디베이트 밀키트》, 고현승. 정진우, 글라이더, 2022.

《하브루타 부모 수업》, 김혜경, 경향BP, 2017.

《하브루타야 부탁해》, 권문정, 산지, 2021.

《하브루타 스피치》, 노우리, 피톤치드, 2021.

《하브루타 아기놀이》, 오희은, 유아이북스, 2021.

《하브루타 엄마표 영어》, 장소미, 서사원, 2021.

《하브루타 육아》, 김희진, 산지, 2020.

《하브루타 일상수업》, 유현심. 서상훈, 성안북스, 2018.

《하브루타 질문 놀이》, 이진숙, 경향BP, 2017.

《하브루타 질문 독서법》, 김혜경, 경향BP, 2018.

《함께 읽기는 힘이 세다》, 송승훈 · 김진영 · 김현주 · 김현미 · 정태윤 · 남승림 · 김재광 · 우현주 · 허진만, 서해문집, 2014.

《K-하브루타》, 김정진, 샘앤파커스, 2020.
《Rain: 비 내리는 날의 기적》, 샘 어셔, 주니어RHK, 2018.
《STEAM 초등 과학 실험 캠프》, 조건호 글, 민재희 그림, 바이킹, 2022.
《The Rainbow Fish》, 마르쿠스 피스터, Nord-sud Verlag, 1996.

참고 자료

"영화를 활용한 딜레마 토론 교육 방법 모색", 김경애, 〈사고와 표현〉, 제9집 3호, 2016, 125-150.
"지속과 변신의 순환을 통한 성장으로서 자기교육 고찰 다큐멘터리 영화 '나의 문어 선생님(My Octopus Teacher)'을 중심으로", 김세희 · 신창호, 〈교육사상연구〉, 제35권 제3호, 2021, pp.51-67.
"토론식 학습법을 원용한 영상 텍스트의 읽기 교육 방안 연구", 김경애, 〈현대영화연구〉, vol. 12, 2011, pp91-124.
〈2021 통일의식조사〉, 자료집, 서울대학교 통일평화연구원, 2021.
〈"통일 필요 없다"… '통일 냉소' 매년 늘어〉, 김민순, 한국일보, 2022.2.18.
〈나의 문어 선생님〉, 피파 얼릭 · 제임스 리드 감독, 넷플릭스, 2020.
〈마당을 나온 암탉〉, 권정생 원작, 오성윤 감독, 롯데, 2011.